牡丹 DNA 分子标记研究

侯小改　郭大龙　宋程威　著

科学出版社

北京

内 容 简 介

本书是国内外第一部有关牡丹种质资源及分子标记研究的著作。共15章，基本涵盖了目前牡丹DNA分子标记研究领域的各个层面，包括：牡丹种质资源研究、DNA分子标记技术概述、DNA分子标记实验技术、牡丹随机扩增多态性DNA分子标记、牡丹扩增片段长度多态性标记、牡丹相关序列扩增多态性标记、牡丹目标起始密码子多态性标记、牡丹保守DNA衍生多态性标记、牡丹简单重复序列分子标记引物开发、牡丹简单重复序列分子标记、牡丹简单重复序列区间分子标记、牡丹反转录转座子序列的分离、牡丹序列特异扩增多态性分子标记、牡丹iPBS分子标记、牡丹RRSAP分子标记、基于牡丹叶绿体DNA和核糖体DNA的分子标记。

本书适用于植物分子生物学领域，尤其是牡丹遗传育种研究领域的科研人员、教师、研究生阅读参考。

图书在版编目（CIP）数据

牡丹DNA分子标记研究/侯小改，郭大龙，宋程威著. —北京：科学出版社，2017. 2
  ISBN 978-7-03-045950-3

  Ⅰ. ①牡… Ⅱ. ①侯… ②郭… ③宋… Ⅲ. ①牡丹–脱氧核糖核酸–分子标记–研究 Ⅳ. ①S685. 110. 3

  中国版本图书馆CIP数据核字(2015)第241194号

责任编辑：王海光 王 好 / 责任校对：李 影
责任印制：张 伟 / 封面设计：北京图阅盛世文化传媒有限公司

科学出版社 出版
北京东黄城根北街16号
邮政编码：100717
http://www.sciencep.com

北京京华虎彩印刷有限公司印刷
科学出版社发行 各地新华书店经销

*

2017年2月第 一 版 开本：720×1000 1/16
2017年2月第一次印刷 印张：18
字数：380 000
定价：118.00元
(如有印装质量问题，我社负责调换)

序

  《牡丹 DNA 分子标记研究》一书是河南科技大学侯小改团队以自己多年从事牡丹种质资源调查、遗传多样性分析、牡丹新品种选育及相关的 DNA 分子标记技术研究为基础，同时广泛吸纳了国内外相关研究成果写成的专著。这是国内第一本较为全面系统地介绍 DNA 分子标记技术在牡丹研究领域应用的著作。从总体上看，该书反映了牡丹应用基础研究方面的新动态、新成就，同时著者也在努力做到"体系完整、理论简明、技术实用，知识性与前沿性、理论性与实践性的有机统一"。我怀着兴奋喜悦的心情阅读了书稿，肯定了成绩，也提出了修改建议。

  读过该书，使我得到不少启发，并想借此机缘谈些感受。

  首先，芍药科芍药属牡丹组植物为什么会在国内外广受关注？原因不外乎以下几个方面：一是牡丹不仅是中国传统名花，而且是"花中之王"，是中国国花的首选！二是牡丹组植物为我国特产，在植物系统学、进化生物学及其他相关学科中，具有重要的研究价值；三是牡丹不仅有重要的观赏价值和药用价值，而且近年来发现其种子油含有丰富的不饱和脂肪酸，其中对人体健康有重要影响的α-亚麻酸占 40%以上。以杨山牡丹（凤丹牡丹）和紫斑牡丹为主体的油用牡丹的发展已上升到保障国家粮油安全的战略层面。

  随着牡丹产业的发展，一个学术研究热潮也在迅速兴起。由于以往有关牡丹的应用基础研究薄弱，研究积累还不够多，因而与该书类似的著作并不多见。我们期待有更多的优秀著作出现，以活跃牡丹研究领域的学术气氛，推动牡丹产业的快速发展。

  其次，我们许多认识和概念要随着科学发展而做到与时俱进。这里举两个例子。一是芍药属的地位。在 20 世纪初以前，芍药属一直被置于毛茛科中。自 Worsdell（1908）发现其雄蕊群离心发育与毛茛科不同而将其从毛茛科中分离单独成立芍药科以来，形态学、解剖学、细胞学、遗传学、胚胎学等诸多方面的研究，都支持成立芍药科（Paeoniaceae）并为各分类学派所接受，在学术界早已形成共识。但现在我们还有不少学术论文仍然提到牡丹属于"毛茛科芍药属"！二是关于"牡丹（*Paeonia suffruticosa* Andr.）"种名的界定。1804 年，英国学者 Andrews 根据引种到英国的牡丹栽培品种定了拉丁学名。按照《国际植物命名法规》，*Paeonia suffruticosa* Andr. 是最早定名的、有效的拉丁学名。但按其模式图，所记应为栽培种，因此，该书按栽培种处理无疑是正确的。不过需要注意，该栽培种只代表牡丹栽培品种中的一部分，即传统的中原品种及其在各地引种驯化的产物，其他牡丹栽培类群还有由 *Paeonia rockii*（紫斑牡丹）起源的主要分布于甘肃中部的西北品种，由 *Paeonia oscii*（杨山牡丹）起源的江南及全国各地以药用、油用栽培为主的凤丹品种系列（*Paeonia ostii* Fengdan Group）等。而广义的"牡丹"一词所指应为牡丹组植物，即 *Paeonia section Moutan* DC.，如果仍用"牡丹（*Paeonia suffruticosa*）"表述，显然就不恰当了。

再次，随着分子生物学、分子系统学及相关的生物统计学、生物信息学的发展，遗传标记技术已由形态学标记、细胞学标记、生化标记发展到 DNA 分子标记。而 DNA 分子标记也已由 1974 年提出的第一代标记发展到现在的 SNP 等第三代标记。研究手段的提高使人们对牡丹组物种起源、系统演化、遗传多样性及进化生物学中一些重大问题的认识不断提高。然而，不少研究中也存在分子分析与表型分析并不完全一致，应用不同方法研究所得结果也不完全一致等问题。需要有更高分辨率的分子标记技术的应用，也表明各种方法都有其优点和局限性，科学家还未找到一种可以完全取代其他方法的技术。从经典的形态学标记，到当代的 DNA 分子标记，都能从不同角度提供有价值的信息。由此可见，根据研究对象的具体情况和特点，采用以 DNA 分子标记为主的多学科综合研究方法，仍然是值得重视的研究策略。

最后，科学探索永无止境。目前，据我所知，牡丹基因组测序工作已在紧张进行之中。据初步研究，牡丹具有超大基因组（12.06G）和巨大染色体，属于高杂合（1.11%）、高重复（64.97%）的复杂基因组。该项研究既是一项重大的技术挑战，也具有重要的科学价值。这项研究完成之后，我们对牡丹生物学领域中许多重大问题会有不少新的认识，但是新的更艰巨的任务又会向我们招手！

在攀登科学高峰的征途上，我们既要付出艰辛的劳动，也会享受取得某些成就带来的喜悦和美好时光！这本著作即将由科学出版社出版，在此，我谨向著者表示热烈的祝贺，也期待他们今后取得更好的成就！

李嘉珏　教授

中国花卉协会牡丹芍药分会副会长

2015 年 8 月 2 日

前　言

牡丹是中国传统名花，素有"国色天香"、"百花之王"的美誉，深受国内外人民的推崇和喜爱，是美好、幸福、吉祥、富贵的象征。我国是全部牡丹种类的原产地，是品种起源、演化和发展的中心，拥有丰富的牡丹种质资源。牡丹以其极高的观赏价值和经济价值，正受到世人越来越多的关注，成为研究的热点。

牡丹观赏栽培距今有 1600 余年，在其长期的驯化栽培、自然和人工选择下，形成了丰富的遗传变异。开发牡丹 DNA 分子标记技术，对牡丹进行种质资源评价，在牡丹系统演化、生物多样性保护和牡丹栽培品种培育及改良等一系列研究中具有重要的价值。

多年来，课题组采用形态学标记、细胞标记等标记方法对部分牡丹种质资源进行了评价。2003 年以来，采用多种 DNA 分子标记技术对牡丹种质资源亲缘关系、遗传多样性、遗传图谱构建等进行了研究，积累了大量的实验数据和资料。本书是课题组近年来最新研究成果的系统总结和提炼。

全书共分 15 章，首先详细介绍了牡丹种质资源研究进展。其后，从牡丹各种 DNA 分子标记技术原理及详细操作技术、牡丹分子标记方法开发及其在牡丹种质资源研究中的具体应用等方面，系统介绍了牡丹分子标记研究进展；从牡丹随机扩增多态性 DNA 分子标记、牡丹扩增片段长度多态性标记、牡丹相关序列扩增多态性标记、牡丹目标起始密码子多态性标记、牡丹保守 DNA 衍生多态性标记、牡丹简单重复序列分子标记引物开发、牡丹简单重复序列分子标记、牡丹简单重复序列区间分子标记、牡丹反转录转座子序列的分离、牡丹序列特异扩增多态性分子标记、牡丹 iPBS 分子标记、牡丹 RRSAP 分子标记、基于牡丹叶绿体 DNA 和核糖体 DNA 的分子标记 14 个方面阐述了牡丹分子标记领域的研究成果；在介绍牡丹分子标记研究进展的基础上，从各种分子标记开发、牡丹种质资源遗传多样性分析、牡丹种质资源鉴定及亲缘关系分析等方面对牡丹分子标记研究进行了阐述。在撰写过程中，力求做到体系完整、理论简明、技术实用，知识性和前沿性、理论性和实践性的有机统一。

本书的研究得到了国家自然科学基金和河南省高校科技创新团队支持计划的资助。中国花卉协会牡丹芍药分会副会长李嘉珏教授对本书提出了宝贵的修改意见，河南科技大学农学院的研究生王娟、张曦、贾甜、段亚宾、魏冬峰、张琳、郭琪等在试验研究、资料收集等方面做了大量工作。在撰写过程中，得到了有关同事的大力支持和帮助，参考和引用了有关人员的研究资料和成果。在此，我们一并表示最诚挚的谢意。

由于著者水平有限，编写时间仓促，书中疏漏之处在所难免，敬请广大读者和专家学者批评指正。

著 者

2015 年 6 月

目　　录

第一章　牡丹种质资源研究

牡丹是芍药科（Paeoniaceae）芍药属（*Paeonia*）牡丹组（sect. *Moutan* DC.）木本植物，是我国的传统名花，其花大色艳，形美香浓，素有"国色天香"、"花中之王"的美誉，深受国内外人民的推崇和喜爱。牡丹作为我国特有的传统名贵花卉，集观赏、药用及食用价值于一身，集经济、生态和社会效益于一体。牡丹种植业的快速发展带动了牡丹深加工产业的不断深化，其开发价值和前景不可估量（李嘉珏等，2011；李艳梅，2014）。牡丹的根皮俗称"丹皮"，是我国传统中药，具有清热凉血、活血散瘀、抗凝血、降压、抗炎、抑制中枢神经系统等功能（章灵华等，1996；吴少华等，2002；An et al.，2006；丁彩真等，2014）。牡丹花瓣具有较强的抗氧化活性，可提取精油，制作花茶等（冯志文等，2009）。牡丹花粉富含氨基酸、蛋白质、多种维生素、β-胡萝卜素、磷脂、黄酮和矿物元素等营养成分（王宪曾，2012；王宪曾等，2012；刘娟等，2012；贺春玲等，2015）。牡丹籽油富含人体需要的不饱和脂肪酸、氨基酸、维生素等多种成分，且不饱和脂肪酸含量高达92%以上，其中 α-亚麻酸占42%左右。在降血脂、降血糖、抗氧化、抗癌、保肝、延缓衰老及防晒等方面具有突出作用，是一种优质的保健食用油（戚军超等，2005；周海梅等，2009；翟文婷等，2013；李育才，2015；韩继刚等，2014）。

牡丹最早的药用记载见于《神农本草经》，距今已有 2000 年历史。作为观赏植物栽培最早始于晋朝，到隋唐五代时期开始兴盛，至两宋时期达到栽培的鼎盛时期（蓝保卿等，2004）。我国是全部牡丹种类的原产地和原生多样性中心，是品种起源、演化和发展的中心，拥有丰富的牡丹种质资源。目前牡丹栽培已相当广泛，在国内已形成了中原、西北、江南和西南四大栽培品种群；国外在日本、美国和欧洲等地的栽培面积也逐年增加。牡丹以其巨大的观赏价值和经济价值，正受到世界上越来越多人的关注，成为研究的热点。牡丹在其长期的驯化栽培、自然和人工选择下，形成了丰富的遗传多样性。但到目前为止，对牡丹组植物的亲缘关系和遗传多样性仍然缺乏深入系统的了解。因此，开发牡丹的 DNA 分子标记技术，对牡丹进行种质资源评价，在牡丹系统演化、生物多样性保护及栽培牡丹品种培育和改良等一系列研究中，具有重要的意义。

第一节　牡丹种质资源

种质资源又称为遗传资源，包括栽培品种（古老的地方品种、新培育的推广品种）、野生种、近缘野生种和特殊遗传材料在内的所有可利用的遗传材料。牡丹种质资源在牡丹品种改良中起着重要作用，是新品种选育和种质创新的重要物质基础。

一、牡丹野生种质资源

我国牡丹野生种质资源丰富，牡丹组所有种（含亚种、变种、变型）均原产于我国，因而可以说，中国是牡丹资源大国。洪德元和潘开玉（1999）在前人研究的基础上，通过大量的野外考察、取样分析，对芍药属牡丹组的分类进行了全面、系统的修订，将牡丹组分为 8 个种，其中 3 个种各包含 2 个亚种，另有 2 个杂交种。随后他们又对部分种分类进行了多次补充修订（Hong and Pan，2005；洪德元和潘开玉，2005，2007）。但其中部分种类仍存在不同看法。李嘉珏等（2011）将芍药属牡丹组分为 10 个种，包含 1 个栽培种和 9 个野生种，有 2 个种包含 2 个亚种，1 个种含 3 个变种。

根据牡丹组植物花盘质地和形态的不同可分为 2 个亚组，即革质花盘亚组和肉质花盘亚组。

（一）革质花盘亚组

革质花盘亚组包括 1 个栽培种和 5 个野生种（李嘉珏等，2011）。栽培种主要分布于中国中原一带，野生种主要分布于黄土高原林区及秦巴山地。

1. 牡丹 *Paeonia suffruticosa* Andr.

落叶灌木，株高 0.5～2 m 不等。叶互生，多为二回三出复叶，小叶多缺刻，顶小叶宽卵形，3 裂至中部，中裂片又常 2～3 裂。花单生枝顶，花色有白、粉、红、深红、紫、淡黄、绿等，花朵有单瓣、半重瓣及重瓣等；心皮 5（10），离生，密生柔毛。蓇葖果长圆形，密生黄褐色硬毛。

该种是 1804 年英国植物学家安德鲁斯（H. C. Andrews）根据从中国引种到英国的一个名叫粉球的重瓣品种定的拉丁学名，实际上代表中国中原一带的栽培种。

2. 矮牡丹 *Paeonia jishanensis* T. Hong et W. Z. Zhao［(*P. spontanea*（Rehder）T. Hong et W. Z. Zhao）］

也称为稷山牡丹。落叶灌木，株高 0.5～1.5 m。二回三出复叶，小叶 9 枚，叶卵圆形至圆形，1～5 裂，叶背面脉上被绒毛。花单生枝顶，白色，稀基部粉色或淡紫红色；雄蕊多数；心皮 5，密被黄白色粗丝毛；柱头暗紫红色。该种自然分布于山西稷山、永济，河南济源、新安，陕西华阴、铜川及延安宜川等地。生长在海拔 900～1700 m 山坡灌丛和次生落叶阔叶林中。

3. 卵叶牡丹 *Paeonia qiui* Y. L. Pei et D. Y. Hong

落叶灌木，株高 0.6～0.8 m。二回三出复叶，叶卵形或卵圆形，表面多呈紫红色，通常全缘，顶生小叶浅裂或具齿。花单生枝顶，粉色或者粉红色；雄蕊多数；心皮 5，密被白色或浅黄色柔毛。该种仅零星分布于湖北神农架及保康一带山区，河南西峡县及陕西商南县山地也有分布。生长在海拔 900～2100 m 的山地灌丛草坡、落叶阔叶林下或悬崖峭壁上。

4. 杨山牡丹 *Paeonia ostii* T. Hong et J. X. Zhang

落叶灌木，株高约 1.5 m。二回羽状复叶，5 小叶，小叶卵状披针形至狭长卵形。花单生枝顶，白色，稀花瓣基部粉色或淡紫色晕；雄蕊多数；心皮 5。主要分布于陕西留坝县张良庙、眉县太白，河南嵩县杨山、内乡宝天曼，西峡县，湖北保康，甘肃两当，湖南龙山、永顺，安徽巢湖、宁国等地。生长在海拔 800～1600 m 山坡灌丛及落叶阔叶林下。

该种由洪涛等于 1992 年首次命名发表。该种长期以来作为药用牡丹栽培，凤丹白为其主要药用品种，安徽铜陵、南陵一带为其栽培中心。因铜陵凤凰山一带所产丹皮最佳而将这一带的丹皮特称为凤丹，凤丹牡丹因此得名，并在适生地区大量推广。近二三十年来凤丹亦广泛用于观赏种植。2011 年以来，全国油用牡丹发展迅速，该品种也作为主要的油用牡丹品种广泛种植（李嘉珏等，2011）。

5. 紫斑牡丹 *Paeonia rockii*（S. G. Haw et L. A. Lauener）T. Hong et J. J. Li ex D. Y. Hong

落叶灌木，高 1.5～2.5 m。二回至三回羽状复叶，小叶片（15）19～60 枚，卵状椭圆形或长圆状披针形。花单生于枝顶，常为白色，稀淡粉色、红色，腹面基部具有黑紫色大斑；雄蕊多数；心皮 5；子房密被黄色短硬毛。

该种分为两个亚种。

5a. 紫斑牡丹（原亚种，或称为全缘叶亚种）*Paeonia rockii* subsp. *rockii* D. Y. Hong （*P. rockii* subsp. *linyanshanii* T. Hong et G. L. Osti）

该亚种小叶为卵状椭圆形至长圆状披针形，全缘或顶小叶偶有裂。主要分布于甘肃南部山地，陕西秦岭南坡，河南伏牛山，湖北神农架、保康一带。生长在海拔 1100～2800 m 山地阔叶落叶林下或灌丛中。

5b. 太白山紫斑牡丹（或称为裂叶亚种）*Paeonia rockii* subsp. *atava*（Brühl）D. Y. Hong & K. Y. Pan（*Paeonia rockii* subsp. *taibaishanica* D. Y. Hong）

该亚种小叶为卵形或宽卵形，有裂或有缺刻。分布于陕西秦岭北坡的太白山及陇县、甘泉、富县、延安，甘肃西秦岭、小陇山（北部）、子午岭一带。

6. 四川牡丹 *Paeonia decomposita* Hand.-Mazz.（*P. szechunica* Fang）

落叶灌木，株高 0.7～1.5 m，各部均无毛。叶多为三回，稀为四回三出复叶，小叶（29）33～63 枚。花单生枝顶，淡紫色至粉红色；雄蕊多数；心皮 4（6）。该种又被分为两个亚种。

6a. 四川牡丹（原亚种）*Paeonia decomposita* subsp. *decomposita*

该亚种小叶卵形或倒卵形，有裂。分布于四川马尔康、金川、丹巴、康定一带，甘肃南部迭部县亦见。在金川段大渡河流域 2050～3100 m 山地灌丛中较为多见。

6b. 圆裂四川牡丹 *Paeonia decomposita* subsp. *rotundiloba* D. Y. Hong

该亚种小叶卵圆形，叶裂片较圆钝，先端圆或急尖。心皮多为 3～4。在四川岷江流域的汶川、茂县、黑水、松潘和理县有分布。见于海拔 2100～3100 m 山地灌丛、次生林或针叶林中。

洪德元于 2011 年将圆裂四川牡丹亚种提升为种的等级：*Paeonia rotundiloba* D. Y. Hong。

四川牡丹是形态特征和分布区域均介于革质花盘亚组与肉质花盘亚组之间的一个种。

革质花盘亚组中有两个杂交种（洪德元和潘开玉，1999）。一个是延安牡丹（*Paeonia yananensis* T. Hong et M. R. Li），是太白山紫斑牡丹和矮牡丹的天然杂交种，分布于延安万花山及其周围。另一个是保康牡丹（*Paeonia baokangensis* Z. L. Dai et T. Hong），是紫斑牡丹与卵叶牡丹的杂交种。

洪德元等（1998）曾经发表过一个牡丹的亚种——银屏牡丹（*Paeonia suffruti-cosa* Andrews subsp. *yinpingmudan* D. Y. Hong, K. Y. Pan et Z. W. Xie）。并认为这个亚种是中国栽培牡丹的祖先，现在只剩下两株了。此后不久，沈保安（2001）又将该亚种提升为种的等级，即银屏牡丹[*Paeonia yinpingmudan*（D. Y. Hong, K. Y. Pan et Z. W. Xie）B. A. Shen]。2007 年，洪德元和潘开玉对上述分类作了修订，认为原来发表的亚种银屏牡丹依据的两份标本中，来自安徽巢湖银屏山单株实际上是凤丹（杨山牡丹 *Paeonia ostii*）而加以排除，并将另一个单株，即河南嵩县木植街乡石磴坪村一退休教师庭院中栽植的牡丹提升为种的等级—— 中原牡丹（*Paeonia cathayana* D. Y. Hong & K. Y. Pan）。Zhou 等（2014）认为中原牡丹是中原牡丹品种群的主要野生祖先。但是，迄今为止，中原牡丹并未发现野生居群，其形态特征与中原栽培牡丹品种基本相同（李嘉珏等，2011），分子标记研究中也与栽培品种聚类在一起，与栽培种的叶绿体基因组完全相同（张金梅等，2008）。

（二）肉质花盘亚组

肉质花盘亚组根据李嘉珏等（2011）分类处理约有 4 个种，包括紫牡丹、黄牡丹、狭叶牡丹和大花黄牡丹。分布于云南中北部、西北部，贵州西部，四川西南部及西藏东南部。根据 Hong 等 1998 年的分类处理则为 2 个种，其中紫牡丹、黄牡丹、狭叶牡丹归并为滇牡丹（*Paeonia delavayi*），没有种下类型。本书按照李嘉珏等（2011）分类系统处理。

1. 紫牡丹（滇牡丹）*Paeonia delavayi* Franch.

落叶亚灌木，株高约 1.5 m，全体无毛。当年生小枝草质，暗紫红色。叶为二回三出复叶，小叶羽状分裂，裂片披针形至长圆状披针形，叶背灰白色。每枝着花 2～5 朵，常 3 朵，生枝顶和叶腋，红至红紫色；雄蕊多数；花盘肉质，包住心皮基部；心皮 2～5。主要分布于云南西北部，四川西南部（木里）亦见，西藏东南部仅见于札囊。多见于海拔 2300～3700 m 山地阳坡，生长在灌丛、疏林中或针叶林地草丛中。该种是中国西南地区的特有种，是芍药属分布最南的一个牡丹类群。

2. 黄牡丹 *Paeonia lutea* Delavay ex Franch［*P. delavayi* Franch var. *lutea*（Delavay ex Franch）Fint & Gagnep］

落叶亚灌木，高 0.5～1.5 m。茎圆形，无毛；一年生枝紫红色，二年生以上枝条表皮条块状剥落。二回三出复叶，小叶深裂，二回裂片又 3～5 裂，小裂片披针形。每枝着花 2～3 朵，稀为单花；黄色或黄绿色；雄蕊多数；花盘肉质，黄色，齿裂；心皮 3～6，常为 5。分布于云南中部、北部、西北部，四川西南部，贵州西部及西藏东南部。该种种下类型丰富，花朵、叶型变化大，且适应不良生境能力极强。该种引种到甘肃兰州、河南洛阳等地生长良好。该种有不少种下类型在育种上有其重要价值（李嘉珏，2006）。

2a. 棕斑黄牡丹 *Paeonia lutea* var. *brunnea* J. J. Li（*P. delavayi* var. *brunnea* J. J. Li）

该变种株高约 1.5 m，花瓣腹部有大型棕褐色斑。产于云南丽江鲁甸海拔 2300 m 山地灌丛或疏林下及大理苍山花甸坝一带。

2b. 矮黄牡丹 *Paeonia lutea* var. *humilis* J. J. Li et D. Z. Chen（*P. delavayi* var. *humilis* J. J. Li et D. Z. Chen）

该变种植株低矮，株高仅 0.5 m，叶密花茂。产于云南香格里拉（中甸）哈拉村海拔 2200 m 山间疏林地及灌丛中。

2c. 银莲牡丹 *Paeonia lutea* var. *alba* J. J. Li（*P. potanini* f. *alba*；*P. delavayi* var. *alba* J. J. Li）

该变种花白色，见于云南维西北部，香格里拉（中甸）零星分布。花有芳香。

3. 狭叶牡丹 *Paeonia potanini* Kom.（*Paeonia delavayi* Franch. var. *angustiloba* Rehder & E. H. Wilson）

也称为保氏牡丹。落叶亚灌木，高 1.0～1.5 m。茎圆，光滑。二回三出复叶，裂片线形至狭披针形，宽 0.5 cm 左右。花红色至红紫色，花朵小；雄蕊多数；花盘肉质，高 2～3 mm。主要分布于四川西部巴塘、雅江、乾宁、道孚、康定一带；云南昆明、丽江、嵩明及东川一带 2300～2800 m 的山地也有分布。生于海拔 2800～3700 m 的山地灌丛中。

4. 大花黄牡丹 *Paeonia ludlowii*（Stern & Taylor）Hong［*P. ludlowii*（Stern& Taylor）J. J. Li et D. Z. Chen; *P. lutea* var. *ludlowii* Stern et Taylor］

落叶大灌木，高可达 3.5 m。叶片大型，为二回三出羽状复叶，小叶 9 枚，3 深裂，裂片再 2 次齿裂。每枝着花 3～4 朵；花纯黄色，稀白色；雄蕊多数；花盘肉质，黄色，乳突状；心皮 1（2），稀为 3。该种分布区相当狭窄，仅分布于西藏东南部藏布峡谷米林至林芝一线海拔 3000～3700 m 的坡地上。

大花黄牡丹植株高，叶片大，株丛密，花朵盛开时美丽动人，可在适生地区作为绿化栽培。

二、牡丹栽培品种资源

中国不仅是牡丹的原产地和多样性中心，也是栽培牡丹的发源地，是品种起源、演化和发展的中心。随着中国牡丹向世界各地的传播，在日本、美国和欧洲等多个国家和地区的园林中广泛栽培应用。

（一）中国牡丹品种资源

中国牡丹栽培品种的形成主要由野生种驯化改良、芽变选择、天然杂交选育和人工杂交选育而来。目前，牡丹栽培范围几乎遍布全国。根据牡丹园艺品种栽培地区、生态习性和野生原种的不同，主要分为四大品种群：以河南洛阳和山东菏泽为中心的中原品种群；以甘肃兰州、临洮和临夏为中心的西北品种群；以安徽宁国和铜陵为中心的江南品种群；以四川彭州和重庆垫江为中心的西南品种群。而且在不同的栽培地区还形成了特有的品种群或品种亚群，如延安牡丹品种亚群、鄂西（保康）牡丹品种亚群等（王莲英，1997；李嘉珏，1998，1999，2006；李嘉珏等，2011）。

1. 中原牡丹品种群

中原牡丹品种群是中国栽培牡丹中起源最早、栽培历史最悠久、品种资源最丰富、在国内外影响最大的栽培类群。该品种群为多元起源与多地起源，李嘉珏（2006）及李嘉珏等（2011）认为其祖先种以矮牡丹（*Paeonia jishanensis*）为主，也有紫斑牡丹（*P. rockii*）、杨山牡丹（*P. ostii*）的种质渗入，Zhou 等（2014）认为中原牡丹品种群以中原牡丹（*P. cathayana*）为主要野生祖先，但也混杂了另外 4 个野生种（杨山牡丹、卵叶牡丹、矮牡丹和紫斑牡丹）的不少基因。山东菏泽、河南洛阳为主要栽培中心和苗木生产基地。中原地区西北为黄土高原，其南则有秦岭山脉及其东延余脉伏牛山。秦岭山脉及黄土高原上的一些山地有野生牡丹广为分布，其中洛阳北部山地分布有矮牡丹（*Paeonia jishanensis*），南部及西部山地分布有紫斑牡丹（*P. rockii*），部分地区分布有杨山牡丹（*P. ostii*）。目前该品种群有品种 1000 个左右，属温暖湿润生态型（李嘉珏，2006）。

中原牡丹品种目前大体上由以下几部分组成：①中原牡丹品种群的品种，这是中原栽培牡丹的主体；②国内各地引进品种，特别是西北紫斑牡丹品种；③国外引进品种，主要是日本品种，此外还有法国、美国品种；④近年来菏泽、洛阳新选育品种。

2. 西北牡丹品种群

西北牡丹品种群是中国第二大品种群，其主要野生原种是紫斑牡丹裂叶亚种（*P. rockii* subsp. *atava*）（李嘉珏等，2011；Yuan *et al.*，2014）。基本特征有植株高大，生长旺盛，抗寒、抗旱、适应性强。小叶片数目多（一般在 15 枚以上），叶片较小；花瓣基部具有墨紫色或紫红色大斑，花心（含柱头、房衣、花丝）白色或黄白色，部分花心为紫红色。该品种群分布以甘肃兰州、临洮、临夏、陇西为中心，但几乎遍及甘肃全省。其分布范围东至陕西西部、西至青海东部，北及宁夏中南部。

3. 江南牡丹品种群

江南牡丹品种群分布于安徽、江苏、浙江等省。铜陵、宁国、杭州、上海等地为栽培中心。主要野生原种为杨山牡丹。主要特征有植株高大，开花早，耐湿热。该品种群结构较为复杂。一是以杨山牡丹（*P. ostii*）为主发展演化而来的品种，通常称为凤丹系列，包括中原牡丹南移品种与当地品种的杂交后代；二是中原牡丹南移经长期驯化后保留下来的品种，如安徽宁国的徽紫系列，湖南邵阳的香丹系列，也包括北方紫斑牡丹品种经长期驯化保存下来的品种（王莲英，1997；李嘉珏等，2011）。

4. 西南牡丹品种群

西南牡丹品种群主要分布在四川西北部、彭州及峨眉山，重庆垫江，贵州毕节、遵义、安顺、六盘水、贵阳及都匀等地，云南昆明、楚雄、武定及大理至丽江一线，西藏拉萨、日喀则、八一镇及各地寺院均有牡丹栽培，其中四川彭州、重庆垫江是重要栽培中心。主要特征有植株高大，生长势强，花型演化程度高，多为台阁花品种，花径大，花期较长。该品种群主要是中原牡丹南移后经长期风土驯化实生选育而来，也有部分品种与西北牡丹杂交，再经实生选育而来（王莲英，1997；李嘉珏等，2011）。

5. 其他

除上述地区外，近年来东北地区牡丹栽培发展迅速，并在耐寒品种选育上取得成就。例如，黑龙江尚志曾从当地引进的西北紫斑牡丹实生后代中选育出耐−44℃低温的紫斑牡丹品种，值得关注。但从总体上看，沈阳往北地区仍应以紫斑牡丹品种为主，越冬时需适当加以保护。对中原品种的引进要采取慎重态度。

（二）世界各地的牡丹品种资源

在中国牡丹栽培发展的同时，日本、英国、法国、美国等国家也进行着牡丹的引种和杂交育种工作（成仿云和李嘉珏，1998；成仿云等，1998），目前已形成各具特色的牡丹品种群。

1. 日本牡丹品种群

早在公元 7 世纪，中国牡丹就传到日本，之后又进行过多次引种。虽然经过日本长时间的改良，但其遗传基础和中国中原牡丹品种群仍然一样。日本现有牡丹品种 300 余个，其中约 200 个为日本培育的品种。其重要特征是萌动迟，花期晚，花茎挺立，花开叶上，丰花、花朵大、色彩艳丽纯正、适应性强。日本曾选育出一类秋冬之交易于开花的性状特殊的品种——寒牡丹（*Paeonia suffruticosa* var. *hiberniflora* Maino），可以不需要特殊管理就能在冬季露地气温较低的条件下正常生长并开花。这类品种对于牡丹抗寒育种及培养二次开花品种具有重要意义（李嘉珏等，2011）。

2. 欧洲牡丹品种群

欧洲品种大多源于远缘杂交，法国 Lemoine 系牡丹品种于 1900 年前后育出，主要由黄牡丹（*Paeonia lutea*）与引进的中国中原品种杂交培育形成的黄色系的杂交种后代，是世界上第一批纯黄色的牡丹亚组间远缘杂交种。其重瓣性强，花头下垂，但花期晚，且花期较长，至今仍在世界各地广为流行。

欧洲牡丹中，还有一类品种与中国牡丹完全相同，是在欧洲气候条件下对中国牡丹品种进行改良的产物。

3. 美国牡丹品种群

美国牡丹品种在 20 世纪 20 年代以后陆续育成，美国牡丹品种群主要由紫牡丹（*Paeonia delavayi*）和黄牡丹与日本牡丹品种杂交选育而来，其花朵多有芳香，半重瓣居多，生长健壮，花期特晚。花色以墨紫色系和黄色系为主。

4. 其他

国外还有一类品种叫伊藤杂交种，属于牡丹、芍药之间的组间远缘杂交种，性状介于牡丹、芍药之间，虽然有牡丹的基因，但芍药的性状仍表现得较为明显。流行的品种均为黄色，但新育成品种中已经有了粉、红、杂色等变化。伊藤杂交种有许多优点：一是花期特晚，二是花期很长，三是抗性强。目前，我国引进的伊藤杂交种花期在 4 月下旬到 5 月上旬。有的品种像芍药一样，每个枝上有花 3～4 朵，顶花开过后，侧花又由下而上依次而开，因而单株花期较长，群体花期可达 25～30 天。对延长牡丹、芍药观赏期，扩大牡丹栽培范围具有重要意义。

目前，我国科学家自己选育的组间杂交种也已陆续面世。

第二节　牡丹种质资源研究进展

一、牡丹种质资源研究方法

目前，牡丹种质资源研究方法主要有形态学标记、细胞学标记、生化标记和 DNA 分子标记 4 种类型。

（一）形态学标记

形态学标记是与目标性状紧密连锁，表型上可识别的等位基因突变体，是指利用植物的外部特征特性进行的一种标记方法。牡丹的形态学标记主要是运用牡丹的株型、叶型、花型、花色、花粉的形态等性状对牡丹种质资源进行研究。

张忠义等（1997）选择牡丹 9 个主要特征（性状），如花色、花期等，在建立专家打分系统及种质资源定量评估的基础上对洛阳牡丹品种资源进行了评估模型研究，根据方差分析结果将牡丹品种划分为优、良、一般和差 4 级。李嘉珏和陈德忠（1998）通过对大花黄牡丹与黄牡丹的形态特征、生长和繁殖特征的综合比较，表明二者之间在株高、心皮数、花色等形态特征方面存在明显差异，同时核型、带型、核蛋白亚基构成的分析中也表明大花黄牡丹与黄牡丹之间存在差异，结合大花黄牡丹的地理分布与生境等特点，认为大花黄牡丹应该上升为种的级别。周志钦等（2003）对牡丹组全部野生种的 40 个居群构建了在 25 个形态学性状基础上的距离树和最大简约树，通过基于形态学证据的系统学分析，首次提出了野生牡丹的系统发育关系，在距离树中牡丹（*P. suffruticosa*）、矮牡丹、卵叶牡丹、紫斑牡丹、凤丹、大花黄牡丹、四川牡丹、滇牡丹的所有居群首先形成一个单系类群，然后才与其他种的居群相聚，不同种的单系群的自展值不同，而在简约树中牡丹、滇牡丹和凤丹的全部群体则未能形成一个单系群。袁涛和王莲英（2003）通过实地调查、标本查阅和引种观察对我国芍药属革质花盘亚组各种不同居群、种间杂交种及凤丹白实生苗的叶型、小叶数、小叶形、花和枝条等形态特征及当年生枝长、年生长量等数据进行观察和统计，提出了该亚组野生牡丹的分类性状，认为卵叶牡丹和矮牡丹较原始，其次为杨山牡丹，紫斑牡丹较为进化，四川牡丹为该亚组中较为进化的种。此后（袁涛和王莲英，2004），根据其提出的野生牡丹在种级水平上的分类性状，重点观察了中国栽培牡丹在种级水平上的分类性状，略去花型、瓣型、重瓣性等观赏性状，认为中国栽培牡丹以多源杂交起源为主，如中原品种、西南品种、大多数江南品种和大多数西北品种，起源种为矮牡丹、紫斑牡丹、杨山牡丹、卵叶牡丹，少量品种为单种起源，如凤丹系列品种起源于杨山牡丹。蔡祖国等（2008）对济源太行山区的野生牡丹的根系、茎、叶、花、果实和种子等形态性状进行观察，根据其形态特征表明太行山区的野生牡丹具有矮牡丹的一般特征，认为其为矮牡丹。李宗艳和张海燕（2011）观察了不同地理种源的 22 份黄牡丹材料的 12 个形态性状，进行了黄牡丹形态变异和表型多样性的研究，通过形态学数据的主成分分析表明黄牡丹表型变异贡献最大的形态指标主要是花的形态指标，欧氏距离聚类可将 22 份材料聚为三大类，依据地理种源的远近、花色、斑块色形及萼片和苞片总数可将不同类群的黄牡丹进行初步分类。周波等（2011）通过花径、花瓣数量等数量性状和花色、叶型等 41 个形态学性状对引自美国、法国、日本的 68 个国外牡丹品种和 21 个国内牡丹品种进行了多样性分析，同时通过主成分分析来研究 41 个性状中哪些性状可以更好地用于不同牡丹品种的区分，结果表明不同来源的牡丹品种具有丰富的多样性，主成分分析将41 个性状总和为 10 个主成分，其中 7 个主成分主要反映花部特征，3 个主成分主要反映叶片片特征；聚类分析结果将绝大多数国外品种聚为一类，部分国外品种和国内品种聚为一类，其研究结果表明，足够的形态学性状和充分的样本量可获得较可靠的聚类结果，从而应用于牡丹遗传多样性的研究。

袁涛和王莲英（1999）初步建立了牡丹花粉形态的量化指标，将花粉外壁纹饰划分为小穴状纹饰、穴状纹饰、网状纹饰、粗网状纹饰 4 个类型，并总结出其演化趋势；同时分析了 5 个牡丹野生种的亲缘关系为卵叶牡丹与矮牡丹亲缘关系最近，其余依次为杨山牡丹和紫斑牡丹，四川牡丹与其他品种的亲缘关系都较远。此后（袁涛和王莲英，2002），又通过扫描电子显微镜观察了 25 个中原牡丹品种、14 个西北牡丹品种、8 个江南牡丹品种和 1 个西南牡丹品种的花粉形态，根据花粉形态探讨了中国栽培牡丹的起源，提出绝大多数栽培品种起源于多个野生原种的观点，认为矮牡丹、紫斑牡丹、杨山牡丹为最主要的起源种，卵叶牡丹作用较小，而四川牡丹没有参与现有中国栽培牡丹品种的形成与演化。何丽霞等（2005）对牡丹组 9 个野生种 23 个居群的花粉形态进行研究，表明花粉形态与植物的外部形态特征有一定关系，花粉分析对牡丹组种的区分具有一定的参考价值。魏乐（2007）对紫斑牡丹、杨山牡丹和矮牡丹 3 个种的 7 个品种花粉形态研究显示，花粉表面纹饰具有许多共同特征，同时也表现出明显的种间差异，杨山牡丹为细网状纹饰，矮牡丹为网状纹饰，紫斑牡丹 4 个品种具大的粗网状纹饰，表明可将花粉形态视为鉴定的重要指标之一。杨秋生等（2010）对中原牡丹品种群、西北牡丹品种群和日本牡丹品种群的 36 个牡丹栽培品种的花粉形态进行了比较研究，供试的所有牡丹品种的花粉均以单粒形式存在，具 3 孔沟，外壁纹饰为网孔状，但是各品种群间在极轴长、赤道轴长、网脊宽和网孔直径等花粉形态方面表现出明显的多样性，聚类分析表明日本牡丹品种群与中原牡丹品种群亲缘关系较近。李奎等（2011）对 40 个野生"滇牡丹"居群进行了花粉形态研究，表明其花粉有较明显的多样性，同时按照数量分类学性状对 40 个居群进行了亲缘关系的聚类分析，结合表型性状特征分析认为花粉形态与植株不同群体及花色等密切相关。

形态学标记是最早被使用和研究的一类遗传标记方法，具有简单直观、易于识别和掌握、经济方便等优点，被广泛用于遗传变异检测、杂交种后代幼苗检测、牡丹分类研究等方面。但由于表型性状与其基因型之间存在着基因表达、调控、个体发育等复杂的中间环节，所以易受环境条件、人为因素及基因显隐性等因素的影响，存在标记数量少，遗传表达不稳定等缺点，使得牡丹形态学标记的应用具有一定的局限性。

（二）细胞学标记

细胞学标记主要是根据细胞染色体核型及带型特征进行的一种标记方法（张传军等，2006）。核型是植物体细胞染色体所有可测定的表型特征的总称，主要是指染色体的数目和形态特征（包括染色体长度、着丝点、次缢痕及随体的数目和位置等）。目前，牡丹野生种的核型主要有 3 种：①$2n=2x=6m+2sm+2st$；②$2n=2x=8m+2st$；③$2n=2x=8m+2sm$。它们均为二倍体，属 2A 型核型（侯小改等，2006a；王莲英和刘淑敏，1983；张赞平和张益民，1989）。核型分析结果可为确定野生种分类地位、演化关系及为遗传育种工作提供细胞学依据。

不同研究者对牡丹各个种的核型及不同种染色体上随体数目和位置的研究结果也不尽相同。于兆英等（1987）在太白山紫斑牡丹及延安矮牡丹染色体中均未观察到随体；洪德元等（1988）报道太白山野生紫斑牡丹染色体最多见到 6 个随体，而在太白山牡丹栽培品种白花类型染色体则最多见到 4 个随体。龚洵等（1991）对黄牡丹 7 个居群细胞学研究表明，西山居群、鲁甸居群、卓干山居群、翁水居群和尼西居群有随体的存在，但是在不同居群间其随体的数目和位置不同，而在梁王山居群和土官村居群中则没有观察到随体的存在。裴颜龙（1993）在矮牡丹、杨山牡丹、卵叶牡丹、四川牡丹、紫斑牡丹野生种研究中发现，5 个野生种的第 5 对染色体上均观察到随体，大部分种的第 4 对染色体也有随体存在；张赞平和侯小改（1996）在杨山牡丹中观察到 6 个随体，它们分别位于第 1、第 2、第 4、第 5 对染色体短臂上。

不同研究者对不同品种染色体上随体的数目和位置的报道也有差异。王莲英和刘淑敏（1983）报道牡丹 7 个品种染色体均未见到随体；张赞平（1988）对 10 个洛阳品种的核型研究表明，仅有 5 个品种观察到有随体存在；于玲等（1997）

报道的牡丹 10 个栽培品种染色体中也未观察到随体。从以上结果可以看出，牡丹种及品种间随体的变化很复杂，随体数目从 0～6 变化不等，随体位置涉及第 1、第 2、第 4、第 5 对染色体短臂及长臂。尽管有研究表明，随体的数目、大小、分布位置的差异往往具有种的特异性，但由于牡丹染色体的随体属于微型随体，在过渡浓缩的中期染色体上往往看不到或看不全，加之其变异较大及常规制片技术的不同，导致识别和观察比较困难。因此，仅凭随体的有无、数目及位置差异，进行种及品种间的核型结构比较是很难的。目前的研究表明，从核型整体水平上看，多数牡丹种及品种核型比较稳定，核型多样性比较贫乏，仅个别染色体出现一定范围内的变异，而随体数目和位置差异又不可靠，因此仅用基于核型的遗传标记较难进行种类鉴别。

带型是用染色体分带技术体产生的明显的染色带（暗带）和未染色的明带相间的带纹，使染色体呈现鲜明的个体性。因此，可以把染色体带型作为一种遗传标记，有效地识别不同物种之间、同一物种不同染色体之间的差异。染色体带型有 C 带、N 带、G 带等类型，通过比较牡丹不同种及品种染色体带差异，可以作为区分和鉴别牡丹不同种及品种的重要依据。在牡丹栽培品种 C 带研究中，张赞平等（1990）报道了 5 个品种的 C 带特征，每品种均有位于染色体短臂上的 6 个端带，但分布位置有差异，4 个品种具有中间带，但其分布位置亦不同，同时还发现无论是端带还是中间带，都表现出明显的杂合性，而且不同品种中 C 带杂合现象在染色体上的分布位置也不同。裴颜龙（1993）研究了牡丹 8 个野生居群的 C 带，仅在 3 个野生居群中发现染色体具中间带，而 8 个野生居群均具着丝点带。肖调江和龚洵（1997）研究了滇牡丹复合群 5 个类群的 Giemsa C 带，仅在银连牡丹第 1 对染色体短臂上发现微弱的中间带，而在 5 个类群中均发现着丝点带。于玲等（1997）对 3 个甘肃紫斑牡丹品种和 3 个中原牡丹品种 C 带特征进行了分析，所有材料均观察到了数目不等的 C 带，主要是位于染色体长、短臂上的端带，而且端带和中间带均表现有同源染色体 C 带杂合现象，且具有品种特异性。龚洵等（1999）研究了黄牡丹 8 个居群的 Giemsa C 带，8 个居群的所有染色体都在着丝点附近显示出 C 带，所有的染色体长臂上均未显示 C 带，而短臂上的 C 带数量和位置在不同的居群间则表现出一定的差异。因此，通过比较牡丹不同种及品种带型，可以作为区分和鉴别牡丹不同种及品种的重要依据。

细胞学标记虽然克服了形态学标记的某些不足，能进行一些重要基因的染色体或染色体区域定位，但这类标记材料的产生需要较多的人力和花费较长的时间来培育，而且，植物染色体的分带技术仍不够完善成熟，研究者的制片技术及分析方法、栽培条件或地理位置的变化等都可能影响到分析结果。并且其技术本身仍缺乏相对的稳定性，而且，染色体内部基因变化细节难以发现，对于染色体数目等形态特征一致、植物外观形态相似的品种或种群均难以分辨。此外基于牡丹染色体带型的遗传标记其标记数目有限。所以，细胞学标记的应用受到了一定的限制。

（三）生化标记

生化标记是以基因表达的直接产物——蛋白质为特征的遗传标记，它包括同工酶标记和贮藏蛋白标记（杨玉珍和彭方仁，2006）。同工酶是指同一种属中功能相同但结构不同的一组酶，它是由不同基因位点或等位基因编码的多肽链单体、纯聚体或杂聚体，它与基因进化和物种的演变有关，因此，同工酶可作为遗传标记在生物群体的遗传进化和分类研究中应用。贮藏蛋白与种子的萌发等发育过程有关，也具有生物种属的特异性，可以作为遗传标记（周延清，2000）。陈道明和蒋勤（1989）对来自中国和日本的牡丹品种进行酯酶同工酶分析，各条酶带在不同品种牡丹中出现的频率存在着明显的差异，Q 型聚类分析将 49 个不同品种材料聚为 8 类，表明日本牡丹引种于中国的多个栽培类群，同时根据其亲缘关系的远近为牡丹杂交育种中的亲本选择提供参考依据。李娟等（2008）对铜陵牡丹和垫江牡丹 POD 和 EST 同工酶进行了电泳分析，POD 同工酶中，二者共有酶带 3 条，铜陵牡丹较垫江牡丹多出 4 条特有酶带，EST 同工酶中，铜陵牡丹和垫江牡丹共有酶带 5 条，并各具特征酶带，表明 2 个品种的亲缘关系相近，两者在基因分化上存在差异，在植株形态上有明显的不同。

与形态学标记和细胞学标记不同，生化标记能直接反映基因代谢产物差异，受环境影响较小，从而比较不同研究对象之间的基因代谢产物差异，其准确性优于形态学标记和细胞学标记。另外，生化标记具有简便、经济、快速等优点。但是同工酶标记易受植株生长环境、栽培条件和生长阶段的影响，并且有些酶的染色方法和电泳分离技术具有一定难度，同样存在标记数目有限的缺点，因此，生化标记的实际应用受到一定限制。

（四）DNA 分子标记

DNA 分子标记是基于 DNA 分子多态性建立起来的一类标记方法（张传军等，2006）。DNA 水平的数据能更好地反映植物的遗传多样性，是一种较为理想的遗传标记形式，近年来发展迅速，从 1974 年第一代 DNA 分子标记技术 RFLP 的诞生至今已发展到几十种标记方法（Zou et al.，2001；周延清，2005；白玉，2007；黄映萍，2010；Seibt et al.，2012）。与前 3 种遗传标记相比较，DNA 分子标记具有诸多优点：能对生物各发育时期的个体、组织、器官和细胞进行检测，直接以 DNA 的形式表现，不受环境影响，不存在基因表达与否的问题；数量丰富，遍及整个基因组；遗传稳定；多态性高；操作简便、快速等。这些优点使其广泛应用于植物遗传育种、基因组作图、基因定位、物种亲缘关系鉴别、基因库构建、基因克隆等方面。目前牡丹中已经开发出 RAPD、AFLP、SRAP、SCoT、SSR、ISSR、SSAP、iPBS、RRSAP 等多种分子标记技术。

二、牡丹野生种质资源亲缘关系研究

　　国内外研究人员应用形态学、孢粉学、细胞学、基因序列分析等手段，对野生牡丹种间亲缘关系进行了研究。整个牡丹组所有野生种的染色体数目均为二倍体（$2n=2x=10$），但其栽培品种的染色体数目有变化，多数品种仍为 $2n=10$，只有首案红为三倍体 $2n=3x=15$，在核型上没有明显的差异（李懋学，1982；裴颜龙，1993；张赞平，1988）。裴颜龙（1993）认为卵叶牡丹与矮牡丹具有较近的亲缘关系。袁涛和王莲英（1999）对革质花盘亚组几个种的花粉形态和植株的外部形态特征分析数据表明，在种间关系上，卵叶牡丹与矮牡丹亲缘关系最近，它们与其他种的远近关系依次为杨山牡丹和紫斑牡丹，四川牡丹与其余 4 种牡丹的亲缘关系最远。袁涛（1998）通过形态学分析及其他分子生物学分析，表明革质花盘亚组中卵叶牡丹、矮牡丹与杨山牡丹亲缘关系最近，紫斑牡丹与上述 3 种关系稍远，而四川牡丹与其他各种间的差异较大，与其他各种的关系较远；肉质花盘亚组中黄牡丹与狭叶牡丹亲缘关系较近，大花黄牡丹与黄牡丹差异较大。蛋白质谱带的研究表明，牡丹野生种的蛋白质谱带构成具有种间特异性，紫斑牡丹、四川牡丹、矮牡丹间存在一定亲缘关系，黄牡丹与狭叶牡丹间也有较近的亲缘关系，与大花黄牡丹种间的亲缘关系较远（于玲等，1998）。

　　近年来，随着 DNA 分子标记技术的发展，越来越多的研究人员采用不同的 DNA 分子标记技术对牡丹野生种间的亲缘关系进行了研究。对牡丹两个亚组内各野生种间的亲缘关系研究也取得了重要进展。邹喻苹等（1999a）使用 RAPD 分子标记对牡丹野生种的亲缘关系研究表明，滇牡丹与大花黄牡丹聚为一类；矮牡丹、紫斑牡丹、杨山牡丹、卵叶牡丹及四川牡丹聚为一大类，这两类的划分与肉质花盘亚组和革质花盘亚组相对应。此结果与洪德元根据形态性状对该组所做的分类处理基本相符。其中，紫斑牡丹、杨山牡丹和卵叶牡丹关系密切，延安牡丹与稷山牡丹亲缘关系很近。Tank 和 Sang（2001）认为四川牡丹与紫斑牡丹关系最近。赵宣等（2004）通过 *GPAT* 基因的 PCR-RFLP 分析同样表明，大花黄牡丹与滇牡丹聚类关系较近；矮牡丹、卵叶牡丹、凤丹（杨山牡丹）和银屏牡丹具有较近的亲缘关系，四川牡丹与紫斑牡丹有非常密切的亲缘关系。林启冰等（2004）基于 *Adh* 基因家族序列的研究结果表明，滇牡丹和大花黄牡丹、四川牡丹和紫斑牡丹、银屏牡丹（巢湖）和凤丹（杨山牡丹）及矮牡丹与卵叶牡丹关系紧密。张金梅等（2008）通过芍药属牡丹组植物 DNA 条形码数据的系统发育分析，揭示了牡丹组植物的进化谱系及其与分类上"物种"的关系。认为，肉质花盘亚组和革质花盘亚组无论形态上还是遗传上都是两个分化明显的类群，滇牡丹不同群体的 DNA 序列没有显著差异，支持肉质花盘亚组包含滇牡丹和大花黄牡丹的分类方式；关于革质花盘亚组，两个基因组都有两条主进化谱系，如叶绿体基因组的谱系一条包括牡丹、中原牡丹、杨山牡丹、四川牡丹的理县和茂县居群，以及紫斑牡丹的西部居群；另一条包括矮牡丹、卵叶牡丹、四川牡丹的马尔康居群，以及紫斑牡丹的东部居群。而核基因 *GPAT* 的进化线一条贯穿于中原牡丹-牡丹-杨山牡丹-卵叶牡丹-矮牡丹，另一条则贯穿于紫斑牡丹和四川牡丹。这几条进化线基本反映了革质花盘亚组内物种间亲缘关系的远近（李嘉珏等，2011）。冯玉兰等（2015）通过对牡丹组全部 9 个野生种 15 个居群及凤丹的叶绿体 *psbA-trnH* 和 *trnL-F* 序列分析表明，支持牡丹组分为两个亚组的分类方法；*psbA-trnH* 序列基因树表明大花黄牡丹与黄牡丹的亲缘关系最近，而基于 *trnL-F* 序列的结果表明，大花黄牡丹与黄牡丹的亲缘关系较近，黄牡丹和狭叶牡丹的亲缘关系也较近；革质花盘亚组内，基于 *psbA-trnH* 和 *trnL-F* 序列的研究结果大体一致，分歧主要在四川牡丹的地位问题。基于 *psbA-trnH* 序列的结果表明，四川牡丹与紫斑牡丹的关系最近，而基于 *trnL-F* 序列的结果表明，四川牡丹与卵叶牡丹的关系较近；*psbA-trnH* 序列和 *trnL-F* 序列基因树分别表明杨山牡丹与凤丹具有最近或较近的亲缘关系。

　　不同的研究结果的不一致可能与其研究中取样覆盖的程度、取样的数量、不同的试验方法及数据分析方法、评判标准有关，但是通过 DNA 分子标记技术对牡丹组野生种种质资源进行全面系统的研究对牡丹遗传多样性的研究具有重要意义。

　　肉质花盘亚组的分类中对滇牡丹的处理，分歧较大。洪德元和潘开玉（1999）仅区分为滇牡丹和大花黄牡丹两个种，而李嘉珏等（2011）的分类处理仍然将肉质花盘亚组分为紫牡丹、黄牡丹、狭叶牡丹和大花黄牡丹 4 个种。

　　洪德元和潘开玉（2005）认为，紫牡丹、黄牡丹、狭叶牡丹等几个种的主要形态性状没有稳定的数量特征，从整个分布区来看表现为连续的变异，因而将这个分类群作为一个多变的种处理。而李嘉珏对滇牡丹仍分作几个种的处理有以下依据：首先，通过引种栽培试验表明，在兰州引种的紫牡丹、黄牡丹、狭叶牡丹等 9 个居群在引种地经过数代繁殖表明其遗传性状相当稳定；其次，通过蛋白质谱带的研究表明肉质花盘亚组内各个种的不相似系数明显高于革质花盘亚组，其中狭叶牡丹与其他种的不相似系数很高，与紫牡丹、黄牡丹的不相似系数也达到 31.3 和 40.0；再次，3 个类群中并非所有性状都是连续的，如黄牡丹与紫牡丹二者的花色素组成截然不同，黄牡丹主要成分为查尔酮，紫牡丹主要是类黄酮，二者有着不同的花色素演化途径；另外，黄牡丹分布区域比较大，而紫牡丹、狭叶牡丹分布区域相对较小，存在一定的生殖隔离。在黄牡丹分布区中西藏黄牡丹花朵较大、侧开，与云南一带的黄牡丹花小而低垂明显不同也存在明显分离（李嘉珏，2006；李嘉珏等，2011）。洪德元和潘开玉（2005）的研究结果得到不少研究者的支持，同时，也有众多的研究表明滇牡丹种内的遗传分化较大，作为一个多变的种的处理不合理。Zhao 等（2008）基于多基因序列和形态性状的研究支持将滇牡丹作为一个种的处理，张金梅等（2008）认为，滇牡丹不同群体的 DNA 序列没有显著差异，支持肉质花盘亚组包含滇牡丹和大花黄牡丹的分类方式；而王晓琴（2009）通过 ISSR 分子标记对香格里拉滇牡丹的研究，也能将滇牡丹区分为橙色组、复色组、黄色组、红色组及墨紫色组，并且其不同组间的聚类关系远近也不一致，但是其支持将所有类群归为一个种，即滇牡丹，同时也认为滇牡丹种下除原变种（*Paeonia delavayi* var. *delavayi*）外，还存在黄牡丹（*Paeonia delavayi* var. *lutea*）、矮黄牡丹（*Paeonia delavayi* var. *humilis*）等类群。李奎等（2011）对40 个野生滇牡丹居群进行了花粉形态分析，其研究结果支持将黄牡丹作为一个独立的种。此外，李奎等（2011b）通过 RAPD 分子标记对滇牡丹的分类进行了研究，16 个野生居群通过 RAPD 分子标记能够区分开来，黄色花系居群与红紫色花系居群各占一支，维西居群被独立开来，通过与形态学特性相结合，认为滇牡丹作为涵盖该类群所有分布区域的种名不合理，作为滇牡丹复合群处理也不合理。

DNA 分子标记分辨率的提高并结合其他标记技术对该分类群进行更加深入的研究，也许是解决这种问题的关键所在。

近年来，DNA 分子标记技术广泛地应用到牡丹野生种质资源的遗传多样性研究中。杨淑达等（2005）利用 ISSR 分子标记对滇牡丹 16 个自然居群和 1 个迁地保护居群进行分析，居群间的遗传分化系数明显大于居群内水平，表明滇牡丹遗传多样性水平较高，居群间遗传分化较大。唐琴等（2012）应用 SRAP 标记对西藏特有植物大花黄牡丹的遗传多样性进行研究，表明大花黄牡丹具有丰富的遗传多样性，大多数居群内的个体表现出较为密切的亲缘关系，但也有一些居群的个体未聚在一起。

三、栽培牡丹与野生种遗传关系的研究

通过牡丹栽培品种与野生原种遗传关系的研究，从而了解哪些牡丹组物种的遗传资源参与到栽培品种演化中，以及现有的栽培品种的主要遗传资源是来自于哪个种或哪些种，这对牡丹的栽培起源的研究，品种及品种群之间的亲缘关系分析，对各地品种鉴定与名称统一，特别是新品种培育具有重要意义。

不同研究人员通过形态学的分析研究，认为野生牡丹对栽培牡丹的起源具有重要作用。李嘉珏（1992，1998，1999）根据对全国各地现有栽培品种形态特征的分析比较，提出了建立在品种群（亚群）概念上的我国栽培牡丹"多地、多元"起源的观点。将牡丹各品种群的起源归纳为 3 条途径：①由野生种驯化改良与演化而来；②由外地品种驯化改良或杂交选育而来；③以上两种途径的综合作用。"多元"是指牡丹品种遗传背景复杂，不同品种群（亚群）起源于不同的野生祖先，如矮牡丹、紫斑牡丹、杨山牡丹、卵叶牡丹等。认为以革质花盘亚组中的矮牡丹、紫斑牡丹、杨山牡丹 3 个品种对中原牡丹栽培品种的影响最大，四川牡丹和卵叶牡丹的影响较小，特别是四川牡丹并未观察到直接影响的依据。肉质花盘亚组的

几个种对中国现有栽培牡丹没有直接的影响，但其中的黄牡丹和紫牡丹先后被法国和美国的育种专家用于与普通牡丹品种（主要是中原牡丹品种与日本品种）杂交，育出一系列新的亚组间杂交种，其中一些黄花品种又经日本引到中国。而裴颜龙（1996）的研究认为，栽培牡丹起源复杂，涉及牡丹组两个亚组的全部野生类群。裴颜龙的这一观点并未得到广泛认同。袁涛和王莲英（2002，2004）对不同品种群的重要形态性状和花粉外壁纹饰差异比较，认为中国栽培牡丹以多源杂交起源为主，起源种为矮牡丹、紫斑牡丹、杨山牡丹和卵叶牡丹，少数栽培牡丹是单种起源的，它们直接起源于紫斑牡丹或杨山牡丹。孟丽和郑国生（2004）利用 RAPD 技术对牡丹组的 11 个野生牡丹类群和 12 个栽培牡丹品种间亲缘关系的研究表明，革质花盘亚组各野生种与栽培品种间的亲缘关系都比较近，亲缘关系从近到远依次为杨山牡丹、四川牡丹、卵叶牡丹、紫斑牡丹和矮牡丹。索志立等（2005a）以紫斑牡丹为母本进行杂交试验，通过 ISSR 技术对杂交后代与父母本进行分析，从 DNA 分子水平上证实存在由紫斑牡丹向栽培牡丹品种群遗传渗入的途径，支持基于形态特征推测紫斑牡丹是参与中国栽培牡丹品种起源的主要野生种之一的观点。侯小改等（2006c）采用 AFLP 分子标记对 4 个牡丹野生种和中原地区 26 个矮化及高大品种间的亲缘关系的研究结果表明，与栽培牡丹亲缘关系从近到远依次为杨山牡丹、矮牡丹、紫斑牡丹和卵叶牡丹。其研究结果与李嘉珏观点基本相符，仅杨山牡丹排序靠前，但它们之间的遗传距离相差不大；但是与孟丽和郑国生（2004）的研究结果除杨山牡丹排序一致外，其余野生种与栽培牡丹的亲缘关系的排序恰恰相反。Han 等（2008a）利用 SRAP 分子标记结果，同样也表明杨山牡丹与栽培牡丹的聚类关系较近，同时大花黄牡丹和滇牡丹分别独立的聚在一起，并且与栽培牡丹表现出较远的遗传距离。王惠鹏（2012）通过 RAPD 分子标记的结果表明，肉质花盘亚组野生种与栽培品种的亲缘关系较远，革质花盘亚组与现有栽培品种间的亲缘关系由近到远依次为卵叶牡丹、紫斑牡丹、四川牡丹，除四川牡丹排序靠前外，其余结果与孟丽等的研究结果较一致。李宗艳等（2015）通过 ISSR 标记对西南牡丹品种的起源进行研究。西南牡丹品种栽培起源较复杂，天彭牡丹比云南牡丹与中原牡丹有着较近的亲缘关系，云南牡丹不可能是天彭牡丹直接引种驯化产物，推测云南牡丹品种可能是由几个祖先品种演化的产物，但本地黄牡丹参与起源的可能性较小。

通过 DNA 分子标记技术对牡丹栽培品种与野生原种的研究，较一致地支持了形态学研究推测的野生牡丹对栽培牡丹的起源具有重要作用的观点，同时也更加客观地表明，中国牡丹栽培品种主要起源于革质花盘亚组的野生种，可能属于"多种方式"起源，而肉质花盘亚组很少甚至没有参与到我国牡丹栽培品种的形成。但是同时也暴露 DNA 分子标记在牡丹栽培品种与野生原种的研究中存在的问题：不同的 DNA 分子标记技术所获得的研究结果存在一定的差异，甚至同一种分子标记技术也存在这种现象。造成这种结果的原因可能是由于不同物种的分化时间不同，遗传物质变异积累时间不同，导致 DNA 序列差异不同等，而不同的 DNA 分子标记技术对基因组 DNA 扩增的位点有所不同，也可能导致研究结果不一致；另外在不同研究中所采用的牡丹品种不同、品种数量不同、采样地点不同特别是野生种采样居群不同等，也可能导致研究结果不一致。因此，进一步提高分子标记研究水平，寻找更加高效、高分辨率，能够反映牡丹组内近缘物种的种间关系、进化关系的 DNA 分子标记技术，对牡丹栽培种与野生原种相互关系的研究具有重要意义。

四、牡丹栽培品种研究

（一）牡丹品种分类研究

牡丹栽培品种的研究主要以品种的分类研究为主。牡丹品种分类研究大体可区分为两个阶段（李嘉珏等，2011）。

第一阶段为品种花型分类阶段。这一阶段以周家琪（1962）发表的《牡丹芍药花型分类的探讨》一文为标志。同年，陈俊愉、周家琪共同提出了中国花卉二元分类法，其要点是强调品种分类既能反映品种演化关系，又便于实际应用。牡丹品种花型演进关系是品种演进过程中最能代表品种演化程度和水平的重要标志。除周家琪方案外，较有代表性的方案有喻衡方案（喻衡和杨念慈 1962），之后又陆续发表了秦魁杰和李嘉珏方案（1990）、王莲英（1997）方案等，但基本依据是一致的。随着多年来研究的不断深入，人们对牡丹花器官的演化过程都有了比较深入的了解，不断有新的花型分类方案和品种分类系统发表。成仿云和陈德忠（1998）提出了包括色、类、型、组和品种共 5 个等级的牡丹品种分类系统。李嘉珏（1999，2006）及李嘉珏等（2011）提出了以植物学分类为基础的种以下兼顾花色、花型的品种分类方案。成仿云等（2005）根据对西北品种的研究结果，提出一个花色与花型相结合的分类方案，以后又作了修正。其特点为，一是将花色分类放在第一，花型分类放在其次；二是完全取消台阁花型，并将花型简化到7 个。在此期间，牡丹组的植物学分类及相关研究也取得重要进展，从而使得各个品种群的起源关系和遗传背景有了较为明晰的认识，品种分类系统也得以建立在更加科学的基础上。

第二阶段以分子标记为代表的系统分类研究阶段。20 世纪 90 年代，随着孢粉学、同工酶分析、分子标记技术等手段和数量分类方法引入品种分类，牡丹组品种分类工作发生了新的变化。

刘春迎和王莲英（1995）选取 56 个表型性状，对 60 个芍药品种进行了数量分类研究，提出 16 个花型的芍药品种花型分类方案。1997 年，王莲英将此方案用于牡丹，成为牡丹花型分类中花型种类最多、最为复杂的分类方案之一。此后，分类实践中倾向于适当简化，特别是台阁品种的分类最后简化到只有千层台阁型和楼子台阁型两个花型。2004 年，Wang 等将数量分类方法应用到牡丹的化学分类上，所得表型分类结果与基于形态学特征和分子系统学证据的分类结果基本一致。

通过牡丹品种分类的研究对牡丹品种进行识别、描述、记载和鉴赏，厘清品种间的亲缘关系，对牡丹新品种的选育工作具有重要价值。近年来 DNA 分子标记技术大量地运用于牡丹栽培品种亲缘关系的研究，通过与形态特征相结合，可以对牡丹品种分类提供更为客观、可靠的信息，是牡丹品种分类研究的重要手段。

Hosoki 等（1997）对日本 19 个牡丹品种间亲缘关系进行 RAPD 分析表明，遗传聚类组的划分与花色并不完全一致。陈向明等（2002）研究结果表明，来源相同、花色相同的品种间亲缘关系相对较近，但多数遗传组的划分与花色系列间并未有一致的关系，其分析结果与 Hosoki 等（1997）的研究结果有相似之处。侯小改等（2006b）利用 AFLP 荧光标记技术对 30 个牡丹栽培品种进行了亲缘关系研究，多数来源地相同的牡丹种质表现出较为密切的亲缘关系，而多数聚类结果与形态特征间并没有一致的关系，此外，不同生态区牡丹品种间遗传差异相对较大。刘萍等（2006）通过 AFLP 标记对河南来源的牡丹品种进行分析时，其聚类结果与花朵数目和花型一致，而与花色却没有明显的一致性。Guo 等（2009a）对不同花色牡丹种质资源进行了 SRAP 分析，聚类分析花色相同或相近的品种通常聚在一起。Hou 等（2011b）又采用 EST-SSR 标记技术研究了来自美国、日本、法国，以及国内中原、西北、江南 3 个品种群的 55 份牡丹品种间亲缘关系，同样揭示了产地来源对牡丹品种的亲缘关系的影响比较大。王娟等（2011）采用 SRAP 分子标记技术同样表明，聚类结果与牡丹品种的花型间可能有一定的相关性，但并未有完全一致的关系。石颜通等（2012）对国外和国内不同牡丹栽培品种的亲缘关系研究结果同样也表明遗传组的划分与来源地具有较为一致的关系。

牡丹栽培品种亲缘关系 DNA 分子标记的研究结果表明，DNA 分子标记的结果与形态学的分类结果并不一致，形态学分类的基本分类标准是花型和花色，而 DNA 分子标记聚类结果却与不同栽培品种的来源地具有较高的一致性，与形态特征的一致性较低，从而在一定程度上揭示了牡丹栽培品种起源方式的复杂性、多样性，可能属于"多种方式"起源。也说明现有的分子标记技术尚不足以解决花型、花色的分类问题。同时 DNA 分子标记的结果对牡丹新品种选育提供了一定的参考依据，在进行牡丹杂交育种时，应尽可能选择生态类型差异较大、遗传距离相对较远的品种进行杂交，以使杂交后代有更多机会出现理想的性状组合，培育出更多更好的牡丹新品种。

全国各地牡丹引种过程中存在牡丹的"同名异物"、"同物异名"现象，如菏泽、北京称紫二乔，洛阳称洛阳红；菏泽、北京称赵粉，洛阳称童子面或冰凌罩红石等，对进一步选育新品种造成诸多困难。苏雪等（2006）应用 RAPD 技术对甘肃栽培紫斑牡丹品种的分类研究中发现，其中分属不同色系、不同花型的春红争艳和怀念两个品种间的遗传距离远低于其他同一品种不同个体间的遗传距离，这一结果暗示，以往对甘肃栽培牡丹品种的分类中很可能存在同品种异名及异品种同名的现象。

（二）牡丹杂交后代的早期鉴定

DNA 分子标记技术在牡丹新品种选育工作中具有重要应用价值。通过 DNA 分子标记技术可以筛选合适的杂交组合，并且可以对杂交后代进行早期分子鉴定，对于缩短育种周期、鉴定真假杂交种等方面具有重要的应用价值。

索志立等（2004）通过 ISSR 标记对 3 个牡丹杂交组合的亲本及 F_1 代共 9 个植株进行多态性分析，发现杂交 F_1 代存在偏父性遗传和偏母性遗传现象。张栋（2008）利用 AFLP 分子标记技术对以紫斑牡丹不同无性系为母本，正午为父本杂交所得子代中的 22 个杂交子代进行杂交种鉴定，根据条带统计结果及聚类分析发现多数子代确实是紫斑牡丹与正午（海黄）的杂交后代，而且属于偏母本类型的杂交种，同时也有部分子代为假杂交种。关坤（2009）利用 RAPD 分子标记对牡丹亚组间远缘杂交后代进行了早期鉴定，从而鉴定出部分杂交种为假杂交种；另外两个杂交种华夏一品黄和华夏玫瑰红则出现了肉质花盘亚组和革质花盘亚组特有带，并且出现了父本和母本的特异性条带，认为其为真正的远缘杂交种后代，为亚组间杂交真杂交种。

对牡丹品种进行 DNA 分子标记的研究，对解决牡丹栽培品种分类、澄清引种过程中出现的同物异名及同名异物现象、牡丹杂交亲本选择及杂交后代早期鉴定等问题可以提供一定客观、准确的结果供参考，对牡丹新品种选育工作具有重要应用价值。

五、牡丹核心种质研究

核心种质（core collection）是指采用一定方法，从某种植物种质资源总收集品中遴选出能最大限度代表其遗传多样性而数量又尽可能少的种质材料作为核心收集品（核心种质），以方便种质资源保存、管理及进一步评价与利用。核心种质并不是对植物全种质资源收集品的简单压缩，它是利用尽可能少的种质材料的核心收集品，最大限度地代表其遗传多样性，具有代表性、有效性、差异性、动态性、实用性等特点。有利于识别种质资源中分布频率较低的重要性状，有利于提高种质资源的保存、评价、鉴定、研究与利用，核心种质的构建对新品种选育具有重要意义。

核心种质的构建一种是采用样本的表型性状进行构建，另一种是利用分子标记技术进行构建。不过当利用分子标记技术构建核心种质时也需要利用样本的表型性状。

李保印（2007）及李保印等（2011）根据牡丹品种来源、分类体系等基本数据和形态、分子标记特征数据，构建了中原牡丹 400 个品种的表型数据库和 120 个品种的分子数据库。首先以形态学数据构建了中原牡丹初级核心种质；然后通过 ISSR 和 AFLP 分子标记，对初级核心种质的品种进行分析，从分子水平上进一步证明了初级核心种质具有丰富的遗传多样性；最后分别使用表型数据、分子标记和表型数据+分子标记的压缩方式对初级核心种质进行抽样压缩，构建了 8 个各自含有 60 个品种的核心种质候选群体。

六、牡丹遗传图谱研究

遗传连锁图是指以遗传标记（已知性状的基因或特定 DNA 序列）间重组频率为基础的染色体或基因位点的相对位置线性排列图。它是通过计算连锁的遗传标志之间的重组频率，确定它们的相对距离，一般用厘摩（cM）来表示。

遗传图谱的构建，是对基因组进行系统性研究的基础，遗传图谱的构建一是需要适当的分离群体和家系，二是需要大量能揭示亲本多态性的遗传标记。遗传作图的发展由最开始的利用遗传重组值作图，发展到利用形态学标记作图、利用生化标记作图，到最近的利用 DNA 分子标记进行遗传图谱的构建（徐吉臣和朱立煌，1992；刘旭，1997；李凤岚和马小军，2008）。

构建高密度的遗传图谱可进行数量性状基因座（quantitative trait locus，QTL）定位的研究，利用分子标记进行数量性状的 QTL 作图，可以确定控制某一性状 QLT 数目、QTL 在染色体上的位置、各个 QTL 之间的相互作用及它们与环境之间的互作，为分子标记辅助育种提供理论基础。遗传连锁图谱可为植物生长、抗性、产量、品质等主要性状的早期测定提供依据，提高早期测定的精确度和可靠性。利用分子标记构建的遗传图谱使育种亲本的选择直接基于 DNA 水平，通过早期选择缩短了育种的时间，同时大大提高了选择的可靠性。通过构建高密度的遗传连锁图谱，可有效地、快速地定位目的基因。利用作图群体中性状分离与标记分离的相关性，确定性状与标记间的连锁，从而可确定与目的基因连锁的分子标记。

遗传图谱具有重要的应用价值，在牡丹上已经利用 DNA 分子标记技术构建了第一张遗传图谱（Cai et al.，2015）。蔡长福等（2015）以凤丹植株为母本，分别与中原牡丹红乔、日本牡丹花王和黑龙锦为父本进行杂交，制备了 3 个规模较大的 F_1 杂交分离群体。通过 SSR 分子标记技术，对这 3 个分离群体亲本进行多态性检测，结果表明凤丹和红乔的杂交组合，其分离群体亲本间的多态性水平最高，同时对该作图群体中子代进行基因型检测，表明该群体适合作为构建牡丹遗传图谱的作图群体。之后其课题组基于该作图群体，利用特异位点扩增片段测序（genotyping by specific-locus amplified fragment sequencing，SLAF-seq）标记技术，构建了牡丹第一个遗传图谱（Cai *et al.*，2015）。该遗传连锁图包括 5 个连锁群，1189 个标记，跨越 920.699 cM，平均标记间的距离为 0.774 cM。

第三节　牡丹 DNA 分子标记研究意义

目前，国内外分子标记技术研究得到快速的发展，并在牡丹组植物的许多研究领域中得到应用并取得了重要成果。DNA 分子标记技术在牡丹野生种质资源分类及物种多样性、遗传多样性研究中得到广泛应用，在构建牡丹核心种质、牡丹遗传图谱的工作方面也取得了一定的成果，这些成就对提高种质资源的保存、研究与利用，以及新品种选育等工作具有重要价值。

此外，DNA 分子标记技术在牡丹栽培品种亲缘关系研究、栽培品种与野生原种亲缘关系研究，以及栽培品种起源研究等工作中起着重要作用。这些研究对解决全国各地品种鉴定与名称统一，克服"同名异物"、"同物异名"现象的发生具有重要意义。在杂交育种中，特别是远缘杂交中采用 DNA 分子标记对杂交后代的早期鉴定具有实用价值。

但是，目前 DNA 分子标记在牡丹上的研究与应用仍然比较有限，基于不同的研究目的所开发出的分子标记种类较少，在分子标记开发过程中也存在许多问题亟待解决。

本书将通过对 DNA 分子标记技术系统的介绍，以及不同 DNA 分子标记技术在牡丹上的应用研究，以期为牡丹的 DNA 分子标记技术的开发提供一定的理论基础，并且对 DNA 分子标记在牡丹上的研究与应用提供必要的参考。

第二章　DNA 分子标记技术概述

遗传标记（genetic marker）是基因型特殊的易于识别的表现形式，是表示遗传多样性的有效手段，是指可追踪染色体、染色体某一区段或者某个基因座在家系中传递的任何一种遗传特性。它具有两个基本特征，即可遗传性和可识别性，因此生物的任何有差异表型的基因突变型均可作为遗传标记。遗传标记伴随遗传学说的创立而发展起来，随着遗传学的不断发展，人们对遗传标记的认识经历了由表到里、由浅到深的过程。从遗传学的建立到现在，遗传标记的发展主要经历了 4 个阶段，即形态学标记、细胞学标记、生化标记和 DNA 分子标记。其中前 3 种遗传标记都是以表现型为基础的，是对基因表达结果的间接反映，而 DNA 分子标记则是以核苷酸序列变异为基础的新的标记方法，是 DNA 水平上遗传多态性的直接反映。上述各个层次的标记方法都有各自的优势和局限性，并不相互排斥，可以同时采取几种方法进行研究，以便多层次、多角度、更全面地揭示物种或种群间的遗传多样性水平。

第一节　DNA 分子标记类型

DNA 分子标记技术是随着分子生物学的发展而诞生发展的，是根据基因组 DNA 存在丰富的多态性而发展起来的可直接反映生物个体在 DNA 水平上差异的一类遗传标记，它是继形态学标记、细胞学标记、生化标记之后发展起来的新型遗传标记技术（Gupta and Rustgi，2004；白玉，2007；Bonin *et al.*，2007；Gupta *et al.*，2008；Agarwal *et al.*，2008；Appleby *et al.*，2009）。

1974 年，Grodzicker 等利用经限制性内切核酸酶酶切后的 DNA 片段，鉴定温度敏感的性腺病毒 DNA 突变体时，首创了 DNA 分子标记技术，也就是 RFLP 标记（第一代分子标记技术）。随后 DNA 分子标记技术得到迅速发展，在植物的研究中也得到广泛应用。第一代分子标记技术，主要是 RFLP 分子标记技术，其技术特点是利用 Southern 杂交，整个过程复杂、繁琐，并且对 DNA 多态性检出的灵敏度不高。随着聚合酶链反应技术的出现，第二代分子标记技术诞生并得到快速发展。随着生物技术的发展，DNA 分子标记技术也得到快速发展，Theo 等于 1994 年提出的 SNP 分子标记，开启了第三代 DNA 分子标记技术的研究。SNP 是指同一位点的不同等位基因之间仅有个别核苷酸的差异或只有小的插入、缺失等，能够从分子水平上对单个核苷酸的差异进行检测（李兆波等，2010；Bamberg *et al.*，2015）。在 DNA 分子标记的发展历程中，不同的分子标记技术之间既具有一些共同特性，又具有其各自独特的技术特点，同时又存在各自的局限性，利用分子标记技术进行科学研究时，科研工作者需要根据自身要解决的问题及所研究的背景选择理想的分子标记方法（周延清，2005；郭树春等，2007；Meudt and Clarke，2007；Schulman，2007；Soltis *et al.*，2009；Poczai *et al.*，2013）。

通常将 DNA 分子标记技术分为基于分子杂交的分子标记技术、基于 PCR 技术的分子标记技术及基于 DNA 序列和芯片的分子标记技术三大类。

一、基于 Southern 杂交的分子标记

基于 Southern 杂交的分子标记属于第一代 DNA 分子标记方法，是利用限制性内切核酸酶酶解不同生物体的基因组 DNA 分子后，用特异探针进行 Southern 杂交，通过放射性自显影或同位素来检测 DNA 的多态性。其中最具代表性的也是发现最早的分子标记技术是限制性片段长度多态性（restriction fragment length polymorphisms，RFLP）分子标记，由 Grodzicker 等（1974）首次创立，其可靠性高，是共显性标记。但是由于受酶切位点的限制，RFLP 所揭示的多态性较差，且涉及同位素的应用和 Southern 杂交等，操作复杂，费时，所需 DNA 量大，因此这一技术应用受到限制（刘旭，1997；Agarwal *et al.*，2008；黄映萍，2010）。

除 RFLP 外，该类分子标记技术还有单链构象多态性 RFLP（single-strand conformation polymorphism-RFLP）、原位杂交（*in situ* hybridization）等。

二、基于 PCR 技术的分子标记

聚合酶链反应（polymerase chain reaction，PCR）是一种用于扩增特定 DNA 片段的分子生物学技术。基于 PCR 技术的分子标记是第二代 DNA 分子标记。通过 PCR 技术扩增目的片段，然后通过琼脂糖或聚丙烯酰胺凝胶电泳检测扩增产物的多态性。与第一代 DNA 分子标记技术相比较，它省去了 Southern 杂交、放射性自显影等过程。主要有以下几种方法。

1）采用随机引物或对基因组 DNA 序列随机扩增的分子标记技术，这一类技术包括：随机扩增多态性 DNA（randomly amplified polymorphic DNA，RAPD）、DNA 扩增指纹（DNA amplification fingerprinting，DAF）、任意引物 PCR（arbitrarily primed polymerase chain reaction，AP-PCR）、单引物扩增反应（single primer amplification reaction，SPAR）技术等。

2）采用特定引物或单引物对基因组 DNA 进行扩增的标记技术主要有：序列特异性扩增区域（sequence characterized amplified region，SCAR）、相关序列扩增多态性（sequence-related amplified polymorphism，SRAP）、序位标记位点（sequence tagged site，STS）、单链构象多态性（single strand conformational polymorphism，SSCP）、目标起始密码子多态性（start codon targeted polymorphism，SCoT）、保守 DNA 衍生多态性（conserved DNA-derived polymorphism，CDDP）、靶位区域

扩增多态性（target region amplified polymorphism，TRAP）等。

3）PCR 与酶切相结合的标记技术主要是指扩增片段长度多态性（amplified fragment length polymorphism，AFLP）和切割扩增多态性（cleaved amplified polymorphic sequence，CAPS），其中 AFLP 标记是先酶切，再用特殊设计的引物进行扩增，而 CAPS 标记是先扩增，再酶切扩增片段，检测酶切片段的长度多态性。这类标记为共显性，其多态性、分辨率都较高，稳定性强，重复性好，自动化程度高。但其成本高，操作复杂，且 AFLP 是受专利保护的技术，只能用于非盈利的科学研究。

4）基于微卫星的分子标记技术是基于基因组中普遍存在的微卫星或简单重复序列而开发出的分子标记技术。主要有微卫星 DNA（microsatellite DNA），又称为简单重复序列（simple sequence repeat，SSR）分子标记，简单重复序列区间（inter-simple sequence repeat，ISSR）分子标记，短重复序列（short repeat sequence，SRS）分子标记和串珠式重复序列（tandem repeat sequence，TRS）标记等分子标记技术。这些标记操作简便，自动化程度高。

5）基于反转录转座子的分子标记是基于真核生物基因组中普遍存在的反转录转座子序列而开发的分子标记技术，主要有序列特异扩增多态性（sequence-specific amplified polymorphism，SSAP）、反转录转座子内部扩增多态性（inter-retrotransposon amplified polymorphism，IRAP）、反转录转座子-微卫星扩增多态性（retrotransposon-microsatellite amplified polymorphism，REMAP）、反转录转座子插入位点多态性（retrotransposon-based insertional polymorphism，RBIP）、反转录转座子与酶切位点扩增多态性（retrotransposon and restriction site amplified polymorphism，RRSAP）、iPBS 分子标记（inter-primer binding site，iPBS）等。

三、基于 DNA 序列和芯片的分子标记

基于 DNA 序列和芯片的分子标记为第三代 DNA 分子标记，如单核苷酸多态性。单核苷酸多态性（single nucleotide polymorphism，SNP），是指在基因组水平上单个核苷酸位置上存在转换、颠换、插入、缺失等变异所引起的 DNA 序列多态性。

另外，还有表达序列标签、基于叶绿体 DNA 的分子标记、基于核糖体 DNA 的分子标记等。表 2-1 为目前已开发的主要分子标记技术，此外还有在这些分子标记技术的基础上进行改进而开发的其他分子标记技术，如 EST-SSR、EST-SNP 等。图 2-1 则标示了这些技术开发的时间进程。

表 2-1 主要的分子标记技术

基于 Southern 杂交的分子标记	限制性片段长度多态性（restriction fragment length polymorphism，RFLP）
	单链构象多态性 RFLP（single strand conformation polymorphism-RFLP，SSCR-RFLP）
	变性梯度凝胶电泳 RFLP（denatured gradient gel electrophoresis-RFLP，DDGGE-RFLP）
	原位杂交（*in situ* hybridization）

	随机扩增多态性 DNA（randomly amplified polymorphic DNA，RAPD）
	任意引物 PCR（arbitrarily primed polymerase chain reaction，AP-PCR）
	单引物扩增反应（single primer amplification reaction，SPAR）
	DNA 扩增指纹（DNA amplification fingerprinting，DAF）
	序列特异性扩增区（sequence characterized amplified region，SCAR）
	相关序列扩增多态性（sequence-related amplified polymorphism，SRAP）
	序位标记位点（sequence tagged site，STS）
	靶位区域扩增多态性（target region amplified polymorphism，TRAP）
	单链构象多态性（single strand conformational polymorphism，SSCP）
	目标起始密码子多态性（start codon targeted polymorphism，SCoT）
	保守 DNA 衍生多态性（conserved DNA-derived polymorphism，CDDP）
	扩增片段长度多态性（amplified fragment length polymorphism，AFLP）
基于 PCR 技术的分子标记	简单重复序列（simple sequence repeat，SSR）
	简单重复序列区间（inter-simple sequence repeat，ISSR）
	短重复序列（short repeat sequence，SRS）
	串珠式重复序列（tandem repeat sequence，TRS）
	切割扩增多态性（cleaved amplified polymorphic sequence，CAPS）
	序列特异扩增多态性（sequence-specific amplified polymorphism，SSAP）
	反转录转座子内部扩增多态性（inter-retrotransposon amplified polymorphism，IRAP）
	反转录转座子-微卫星扩增多态性（retrotransposon-microsatellite amplified polymorphism，REMAP）
	反转录转座子插入位点多态性（retrotransposon-based insertional polymorphism，RBIP）
	iPBS 分子标记（inter-primer binding site，iPBS）
	反转录转座子与酶切位点扩增多态性（retrotransposon and restriction site amplified polymorphism，RRSAP）
基于 DNA 序列和芯片的分子标记	单核苷酸多态性（single nucleotide polymorphism，SNP）
其他 DNA 分子标记	表达序列标签（expressed sequence tag，EST）
	基于叶绿体 DNA 的分子标记
	基于核糖体 DNA 的分子标记

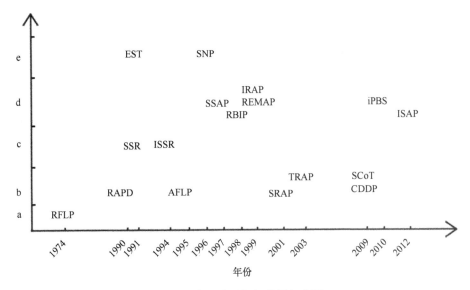

图 2-1　主要分子标记发展年代图
a. 基于 Southern 杂交的分子标记；b. 基于 PCR 技术的 DNA 分子标记；c. 基于微卫星的 DNA 分子标记；
d. 基于反转录转座子的 DNA 分子标记；e. 基于 DNA 序列和芯片的分子标记

第二节　主要 DNA 分子标记技术多态性原理及在牡丹中的应用

DNA 分子标记具有诸多的优越性，其多态性的产生有其各自的分子基础，不同的 DNA 分子标记技术开发基于不同的技术原理。随着 DNA 分子标记技术的发展，越来越多的分子标记技术被开发出来，部分标记技术被运用于牡丹组的亲缘关系、遗传多样性、核心种质构建、遗传图谱构建及新品种选育等研究中。

目前，用于牡丹的 DNA 分子标记技术主要有：AFLP、SRAP、TRAP、SCoT、CDDP、SSR、ISSR、EST-SSR、SSAP、iPBS、RAPD、RRSAP、SNP、基于叶绿体 DNA 的分子标记、基于核糖体 DNA 的分子标记等 10 余种分子标记技术。

一、基于通用引物的 DNA 分子标记

RAPD 分子标记技术是由 Williams 等（1990）创立的一种 DNA 分子标记技术，是建立于 PCR 技术基础上，它是利用一系列随机引物，对所研究基因组 DNA 进行 PCR 扩增，对于任一引物，在双链模板上有互补位点，且其扩增产物在一定的长度范围之内，就可扩增出 DNA 片段，如果基因组在这些区域发生插入、缺

失或碱基突变就可能导致这些特定结合位点分布发生变化，从而产生多态性（盖树鹏和孟祥栋，1999；刘春林等，1999；白生文和范惠玲，2008；Gulsen *et al.*，2010；Panwar *et al.*，2010；Gorji *et al.*，2011；Goryunova *et al.*，2011）。RAPD分子标记具有引物无种属特异性，模板用量极少、灵敏度高，标记计数量多，方便快捷，实验成本低，使用范围广等优点；同时其操作技术对反应条件极为敏感，导致其稳定性较差，反应条件的细微变化可能会影响扩增结果的重复性的缺点。目前该分子标记技术已经广泛应用于牡丹的种质资源、遗传多样性、亲缘关系等方面的研究（裴颜龙和邹喻苹，1995；邹喻苹等，1999a，1999b；陈向明等，2001，2002；苏雪等，2006；Bang *et al.*，2007）。

SRAP 分子标记是由美国加利福尼亚大学蔬菜作物系 Li 和 Quiros（2001）提出的一种 DNA 分子标记技术，是通过独特的引物设计对可读框（open reading frame，ORF）进行扩增，由于内含子、启动子和间隔序列在不同物种甚至不同个体间变异很大，因此表现出 SRAP 标记的多态性（李莉等，2006；Yu *et al.*，2007；Gulsen *et al.*，2010；孙佳琦等，2010）。SRAP 是一种新型高效的分子标记系统，为共显性标记，操作简单，稳定性和重复性好，在不同物种间通用性高，且便于选择性条带的测序，对于近亲缘关系品种的基因多样性检测，SRAP 分析比 SSR、ISSR 和 RAPD 标记分析更有效。目前在牡丹的种质资源、遗传多样性、亲缘关系及新品种选育的研究中广泛应用（郭大龙等，2008；Guo *et al.*，2009a；Wang *et al.*，2011；王娟等，2011；唐琴等，2012；孙逢毅等，2014）。

TRAP 分子标记是由美国农业部北方作物科学实验室 Hu 和 Vick（2003）首先提出，是基于已知的 cDNA 或 EST 序列信息进行 DNA 分子标记。TRAP技术使用双引物，一个长度为 16～20 bp 的固定引物（fixed primer），以及另一个任意引物（arbitrary primer）。固定引物以公用数据库中的靶 EST 序列设计，任意引物为一段以富含 AT 或 GC 为核心、可与内含子或外显子区配对的随机序列。通过对目标区域进行 PCR 扩增，从而产生围绕目标候选基因序列的多态性标记（李莉等，2006；Yu *et al.*，2007）。

SCoT 分子标记是 Collard 和 Mackill 于 2009 年开发的目的基因分子标记技术，是基于单引物扩增反应的新型分子标记方法。该方法根据植物基因中的ATG 翻译起始位点侧翼区域的保守性来设计单引物，充当上下游引物，可同时结合在双链 DNA 的正负链上，从而扩增出两结合位点之间的序列，表现出多态性（Collard and Mackill，2009a；Gorji *et al.*，2011）。SCoT 分子标记是一种目的基因分子标记技术，结合了 ISSR 标记和 RAPD 标记的优点，具有操作简单、成本低廉、多态性丰富，能有效产生与性状联系的标记，有利于辅助育种；引物设计简单，并且引物可以通用等优点。目前，已应用于不同花色牡丹的亲缘关系研究（侯小改等，2011b）。

CDDP 分子标记同样是 Collard 和 Mackill 于 2009 年开发的目的基因分子标记技术，通过植物功能基因或基因组中的保守序列设计单引物，如果在基因组 DNA 中存在目标基因或者保守序列，PCR 扩增产物就可扩增出 DNA 片段，如果不存在目的序列，则无扩增条带的产生，从而表现出多态性（Collard and Mackill，2009b；李莹莹和郑成淑，2013）。CDDP 分子标记也是一种目的基因分子标记技术，为显性标记，其根据功能基因保守序列设计的引物在不同物种间的通用性较好，具有较好的稳定性和重复性，且操作过程简单、快速、结果可靠。目前，已应用于不同花色牡丹遗传多样性的研究（李莹莹和郑成淑，2013；王小文等，2014）。

AFLP 分子标记技术是由 Zabeau 和 Vos 在 1992 年共同开发的，1995 年以正式论文形式发表，是基于酶切和 PCR 结合的分子标记技术。不同物种的基因组 DNA 经限制性内切核酸酶酶切后，产生分子质量大小不同的酶切片段。然后，将酶切 DNA 片段与特定的双链接头连接作为扩增反应的模板，以特定的接头、酶切 DNA 片段及 3'端的 2～3 个选择性碱基为引物组，对模板 DNA 进行扩增，从而表现出 AFLP 标记扩增的多态性（Meudt and Clarke，2007；Gort et al.，2008；Arrigo et al.，2009；Song et al.，2012）。AFLP 是 RFLP 与 RAPD 相结合的分子标记技术，它既有 RFLP 标记的专一性、可靠性，又有 RAPD 标记的随机性、方便性，实验结果稳定可靠，重复性好。同时它是基于 PCR 技术的分子标记技术，具有 PCR 技术的高效性。AFLP 多态性强，谱带丰富且清晰，实验结果稳定性、重复性好。近几年来，研究人员不断地将这一技术完善、发展，使得 AFLP 成为迄今为止最有效的分子标记之一，同时也是在牡丹相关方面的研究中应用最广泛的分子标记技术之一。目前，AFLP 在牡丹的种质资源研究、核心种质构建、遗传多样性、亲缘关系及新品种选育的研究中广泛应用（侯小改等，2006b，2006c；刘萍等，2006；刘萍和芦锰，2009；王淑华，2010）。

此外，PCR-RFLP 分子标记也是酶切与 PCR 技术相结合的一种 DNA 分子标记技术。其操作步骤是先设计特异性引物，以基因组 DNA 为模板进行 PCR 扩增，得到目的基因或 DNA 序列，然后将 PCR 产物进行酶切，对酶切产物进行分析。PCR-RFLP 与 AFLP 分子标记技术的区别在于前者先进行 PCR 反应再进行酶切，后者反之，并且其分析方法也不同（赵宣等，2004）。

基于 PCR 技术的分子标记其多态性原理如图 2-2 所示。

二、基于重复序列的分子标记多态性原理

所有真核基因组中均含有一类 DNA 碱基序列，被称为微卫星或简单重复序列（simple sequence repeat，SSR），它们均由 1～6 个碱基组成的基本序列串联而

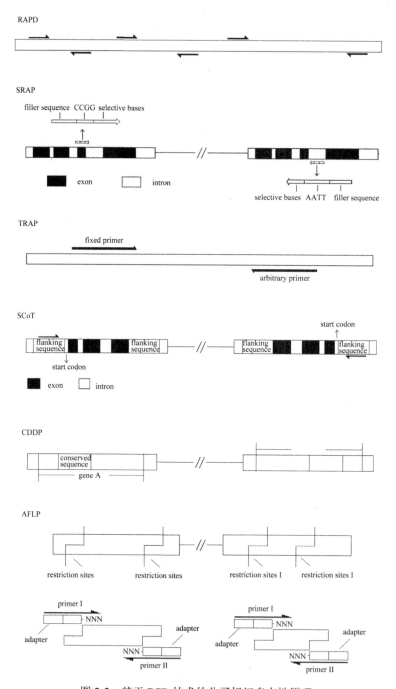

图 2-2　基于 PCR 技术的分子标记多态性原理

restriction site. 限制性位点；primer. 引物；**adapter**. 接头；N. 随机碱基；filler sequence. 填充序列；
selective bases. 选择性碱基；fixed primer. 固定引物；arbitrary primer. 任意引物；exon. 外显子；
intron. 内含子；flanking sequence. 侧翼序列；start codon. 启动子；conserved sequence. 保守序列

成，不同等位基因间的重复数存在丰富的差异，因而是许多真核基因组中普遍存在的遗传标记来源。

SSR 在基因组中分布广泛，如基因组中的二核苷酸$(AC)_n$估计有 6.5 万～10万个，平均 30～50 kb 就有一个。由于这些序列广泛存在于真核细胞的基因组，SSR 寡核苷酸的重复次数在同一物种不同基因型间差异很大，以及由于重复序列 DNA 在复制时的滑动或染色单体的不等交换而产生多态性，于是这一技术很快发展成为一种分子标记。SSR 标记由 Moore 等于 1991 年创立，在真核生物中，存在许多 2～5 bp 简单重复序列，称为微卫星 DNA，其两端的序列高度保守，根据微卫星序列两端互补序列设计引物，通过 PCR 反应扩增微卫星片段，由于核心序列串联重复数目不同，因而能够用 PCR 的方法扩增出不同长度的 PCR 产物，从而表现出多态性（唐荣华等，2002；郭瑞星等，2005；Yu et al.，2007；Liang et al.，2009；Panwar et al.，2010；Gulsen et al.，2010）。

SSR 标记技术应用瓶颈是引物的开发与设计，目前 SSR 标记引物的开发方法主要有：数据库查询、引物的转移扩增、磁珠富集法开发 SSR 引物、与分子标记技术结合开发 SSR 引物、二代测序技术开发 SSR 引物及一些其他引物开发方法。

SSR 标记在近缘物种中具有较高的保守性与通用性，同时具有多态性高、重复性高、多等位性、稳定性好等优点。SSR 分子标记是共显性，呈孟德尔遗传，可鉴别出杂合子和纯合子。根据 SSR 标记来源的序列性质的不同，SSR 标记可分为基因组 SSR 标记和 EST-SSR 标记。目前 SSR 分子标记广泛应用于牡丹种质资源的遗传多样性研究、亲缘关系研究等方面（Homolka et al.，2010；侯小改等，2011a；张艳丽，2011；Cheng et al.，2011；Hou et al.，2011b；Li et al.，2011；Zhang et al.，2012；于海萍，2013；Yu et al.，2013）。

ISSR 是 Zietkiewicz 等（1994）提出的基于简单重复序列的 DNA 分子标记。ISSR 标记是利用 SSR 本身设计引物，在 SSR 序列的 3′端或 5′端加上 2～4 个随机核苷酸，进行 PCR 扩增，从而扩增出反向排列、间隔不太长的重复序列间 DNA片段，不同 SSR 间序列的差异表现出 ISSR 标记的多态性（Simmons et al.，2007；Gorji et al.，2011；林志坤等，2014）。ISSR 分子标记具有 DNA 样品用量少、操作简单、实验成本低、重复性好、信息量大、多态性高等优点，该标记同样为共显性标记，呈孟德尔遗传。目前 ISSR 分子标记广泛应用于牡丹种质资源的遗传多样性、亲缘关系、核心种质构建及杂交育种等方面的研究（杨淑达等，2005；Suo et al.，2005；Jia，2006；索志立，2008；吴蕊等，2011；杨美玲和唐红，2012；石颜通等，2012）。

SSR 与 ISSR 标记均是基于简单重复序列的标记，其区别在于 SSR 根据简单重复序列侧翼序列设计引物来扩增简单重复序列，从而表现出多态性，而

ISSR 则是根据简单重复序列设计引物扩增出相邻 SSR 间序列，从而表现出多态性。

基于简单重复序列的主要分子标记多态性原理如图 2-3 所示。

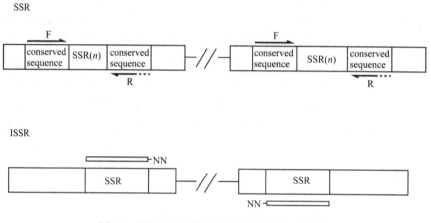

图 2-3　基于重复序列的分子标记多态性原理

conserved sequence. 保守序列；SSR. 简单重复序列

三、基于反转录转座子的 DNA 分子标记多态性原理

反转录转座子是植物基因组的重要组成部分，具有广泛存在性；它既可以由亲代传递到子代，进行纵向传递，也可以在不同物种间通过非有性途径进行横向传递；同一类型的反转录转座子具有较强的保守性，而同一类反转录转座子的同一家族，又具有高度的异质性。由于以上特性，植物的反转录转座子很容易作为一种分子标记，应用于遗传变异的研究中。基于反转录转座子的分子标记与常规分子标记技术比较，反转录转座子最大的优势在于它能覆盖全基因组，提供的信息更丰富，可作为高通量标记分析，具有很大的发展潜力（Kumar and Bennetzen，1999；Kumar and Hirochika，2001；王子成等，2003；陈志伟和吴为人，2004；Onofrio *et al.*，2010；Kalendar *et al.*，2011；郭玉双等，2011；汪尚等，2012；Finnegan，2012；Alzohairy *et al.*，2014），目前基于反转录转座子开发的分子标记技术已应用到牡丹组遗传多样性和亲缘关系的研究中（张曦，2013；Duan *et al.*，2014）。

IRAP 是 Kalendar 等（1999）开发的基于反转录转座子的分子标记，检测反转录转座子插入位点之间序列多态性。其原理是根据反转录转座子的长末端重复序列（long terminal repeat，LTR）包含的保守序列设计引物，也可根据反转录转座子中酶基因的相对保守序列设计引物，经过 PCR 扩增出相邻的同一家族的反转录转座子成员间的片段，形成多态性。理论上，在基因组中相邻的同一反转录转座子家族的任意 2 个成员可能以头对头、尾对尾和头对尾的 3 种方式排列。对于头对头、尾对尾排列形式，只需一个反向引物就可扩增出 PCR 产物。而对于头对尾的排列形式则必须同时使用 5'端和 3'端 LTR 引物或反转录转座子中酶基因的相对保守序列设计的正反引物，才可得到有效扩增（Branco et al.，2007；汪尚等，2012）。

REMAP 同样是 Kalendar 等于 1999 年开发的分子标记技术，根据反转录转座子的 LTR 保守序列和微卫星序列来设计引物，通过 PCR 扩增出反转录转座子与临近的微卫星之间的片段，检测反转录转座子与简单重复序列之间的多态性（Branco et al.，2007；黄映萍，2010）。

RBIP 分子标记是由 Flavell 等（1998）利用豌豆 PDRI 反转录转座子开发的 DNA 分子标记技术。该标记首先需要获得反转录转座子及其两侧翼的碱基顺序，再基于反转录转座子一侧的序列设计正向引物 A，另一侧设计反向引物 E，反转录转座子内部保守序列设计引物 C。在没有反转录转座子存在的情况下，以 A 和 E 为引物，可以通过 PCR 扩增出产物，而如果有反转录转座子插入该区域，则无法扩增出产物，此时以 C 和 E 为引物，则可以扩增出条带。通过扩增产物的有无及片段的大小可检测基因组中某遗传位点该反转录转座子的存在状态。分别用引物 A 和引物 E 与引物 C 和引物 E 扩增的产物做成 DNA 芯片，就可以很方便地检测该位点的多态性。基于反转录转座子开发的分子标记可基于 LTR 类反转录转座子、长散布核内元件（long interspersed nuclear element，LINE）、短散布核内元件（short interspersed nuclear element，SINE）开发此种分子标记（杜晓云等，2009；Alzohairy et al.，2014）。

ISAP 是 Seibt 等（2012）基于 SINE 类反转录转座子开发的分子标记，这种分子标记是在马铃薯中开发出来的。该标记首先需要获得 SINE 类反转录转座子家族和亚家族的序列，然后根据所获得的不同家族 SINE 类反转录转座子的保守序列设计引物，于 3'端设计正引物，5'端设计反引物，通过 PCR 扩增出同一家族相邻 SINE 类反转录转座子之间的片段，从而表现出多态性。该分子标记方法特异性高，可靠度较高，但同时需要一个较丰富的基因组数据和 SINE 反转录转座子数据（Poczai et al.，2013）。

SSAP 是 Waugh 等（1997）报道的一种检测反转录转座子与其邻近的酶切位点之间 DNA 片段扩增多态性的分子标记技术，由限制性内切核酸酶酶切基因组 DNA，经过接头连接，预扩增、选择性扩增等过程，最后通过 PAGE 胶上同一位置片段的有无来判断多态性。其操作过程中的酶切、连接、预扩增及凝胶电泳检测的步骤和 AFLP 基本相同，只是选择性扩增步骤 AFLP 采用的均为接头引物，而 SSAP 则将其中一个接头引物换为反转录转座子引物（Orengo and Taylor，1996；Syed et al.，2006；Syed ang Flavell，2007；杜晓云等，2010）。SSAP 分子标记兼具 AFLP 分子标记和基于反转录转座子开发分子标记的优点，被认为是多态性最丰富、灵敏度最高、反映的多态信息含量最多的一种类型，该标记多为共显性。目前该标记已应用于牡丹组植物种质鉴定和亲缘关系的分析研究（张曦，2013）。

基于反转录转座子的 DNA 分子标记多态性原理如图 2-4 所示。

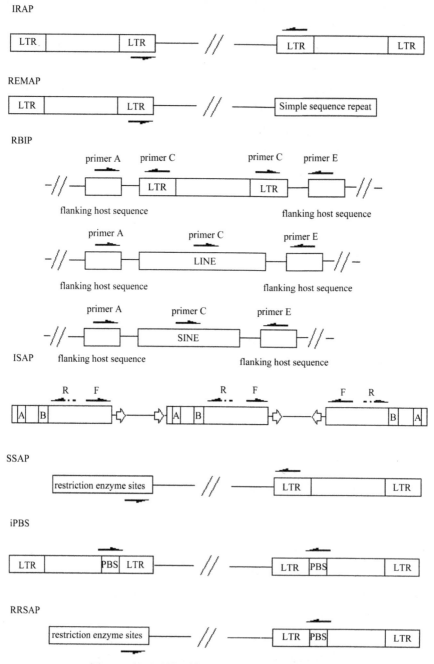

图 2-4 基于反转录转座子的分子标记多态性原理

LTR. 长末端重复序列；restriction enzyme site. 限制性酶切位点；flanking host sequence. 侧翼序列；A. Box A 结构；
B. Box B 结构；R. 正引物；F. 反引物；LINE. 长散布核内元件；SINE. 短散布核内元件；PBS. 反转录酶结合位点

iPBS 分子标记是 Kalendar 等于 2010 年开发的基于反转录转座子的分子标记技术。利用 LTR 反转录转座子中普遍存在的 PBS 序列设计引物,其多态性原理与 IRAP 标记相类似,均是通过 LTR 反转录转座子中的保守序列设计单引物,扩增出基因组 DNA 中相邻 PBS 位点间的 DNA 序列,从而表现出多态性(Kalendar *et al.*,2010;Andeden *et al.*,2013;Monden *et al.*,2014)。iPBS 分子标记引物开发设计简单、不需要预先获知目标序列,标记数量丰富,并且在不同物种间的通用性好,操作简单、快速。目前该标记已应用于牡丹遗传多样性的分析(Duan *et al.*,2014)。

RRSAP 分子标记技术是本课题组在牡丹研究中开发的基于反转录转座子的标记技术,原理与 SSAP 分子标记类似,SSAP 检测的是反转录转座子与相邻限制性内切核酸酶酶切位点间的扩增多态性,而 RRSAP 分子标记技术检测的是反转录转座子中 PBS 序列与相邻限制性内切核酸酶酶切位点间的扩增多态性。RRSAP 分子标记兼具 iPBS 分子标记的大部分技术优点,同时该标记与酶切技术相结合,同样也具有 AFLP 分子标记的优点。具有标记数量丰富、通用性好、灵敏度高、可靠性高、重复性好等优点。

第三章 DNA 分子标记实验技术

基于 PCR 技术的分子标记在操作过程中都要用到 PCR 技术。其主要的实验流程包括 DNA 的提取、DNA 的定量和纯度检测、引物设计、PCR 扩增、扩增产物电泳检测及最后进行电泳产物的条带统计与数据分析。其中有些分子标记，如 AFLP、SSAP 等还用到限制性内切核酸酶酶切技术。

由于不同的分子标记技术有其各自不同的实验技术和技术特点，本章着重介绍牡丹的不同 DNA 分子标记中共同的实验技术流程。

第一节 牡丹基因组 DNA 的提取

DNA 分子标记技术的研究对象是生物个体的基因组脱氧核糖核酸（deoxyribonucleic acid，DNA），因此，获得高质量的牡丹基因组 DNA 是 DNA 分子标记技术的基础。只有高质量的牡丹 DNA 才能进行有效的 PCR 扩增，才能得到理想的 DNA 谱带。为获得高质量的基因组 DNA，要求研究者在提取 DNA 的过程中既要保证牡丹基因组 DNA 的完整性，又要保证 DNA 的天然状态，同时还要防止 DNA 在提取过程中发生裂解和变性，并去除其他杂质，如 RNA、多酚、蛋白质等物质干扰，获得纯度较高、数量适宜的基因组 DNA（刘塔斯等，2006；王珍和方宣钧，2003；许婉芳，2002）。基因组 DNA 在提取的过程中必须要在温和的条件下，提取过程避免剧烈震荡，避免过酸或过碱的环境（Murray and Thompson，1980；Rogers and Bendich，1985；李希臣等，1994；刘萍等，1998；赵姝华和林凤，1998；安钢等，2008）。通过从牡丹多个组织提取的 DNA 对比，表明牡丹幼叶的基因组 DNA 提取较为方便，效果较好。主要的牡丹基因组 DNA 提取方法有改良 CTAB 法、SDS 法、月桂酰基肌氨酸钠法和牡丹基因组 DNA 的快速提取方法（朱红霞和袁涛，2005）。

一、改良 CTAB 法提取牡丹基因组 DNA

十六烷基三甲基溴化铵（cetyltriethylammonium bromide，CTAB），是一种阳离子去污剂，在低离子强度溶液中（<0.3 mol/L NaCl）中，能够沉淀核酸与酸性多聚糖；在高离子强度的溶液中（>0.7 mol/L NaCl），能够与蛋白质和多聚糖形成复合物，溶解核酸，最后通过有机溶剂抽提，去除蛋白质、多糖、酚类等杂质后，加入乙醇，基因组 DNA 不溶于高浓度的乙醇，析出沉淀。该方法是植物基因组

DNA 提取中应用最多的一种方法，研究人员以该方法为基础提出各种改良的 CTAB 法应用于不同物种的基因组 DNA 提取，均获得较好的效果（王培训等，1999；闫桂琴等，2004；徐纲等，2008；秦艳玲等，2011；李金璐等，2013）。

牡丹 DNA 提取的具体操作步骤如下。

1）将清洗过的牡丹幼嫩叶片，置于预冷的 2 ml 离心管中，加入聚乙烯吡咯烷酮（polyvinyl pyrrolidone，PVP），同时放入一颗钢珠，将离心管置于液氮中预冷后，通过高通量组织研磨仪批量研磨，然后迅速转入预冷的 1.5 ml 离心管中。

2）加入 700 μl 预热的 CTAB 提取液，同时加入 15 μl β-巯基乙醇、20 μl RNase A 溶液，充分混匀，于 65℃水浴锅中水浴 45 min，并每隔 5 min 轻轻颠倒混匀一次。

3）从水浴锅中取出离心管，冷却至室温，加入等体积的氯仿：异戊醇（体积比 24：1），轻轻颠倒混匀 10 min，然后 5000 r/min 离心 8 min。

4）取上清液转入另一离心管，加入与上清液等体积的氯仿：异戊醇（体积比 24：1），轻轻颠倒混匀 10 min，5000 r/min 离心 8 min。

5）取上清液转入另一离心管，加入 2/3 体积预冷的异丙醇或 2 倍体积冰冷的无水乙醇，混匀，直至絮状沉淀集结出现。

6）用枪头小心挑出絮状 DNA 沉淀，转入新的离心管中，加入 75%乙醇，静置 10 min，弃掉上清液（重复一次）。

7）将弃去上清液后的沉淀放在超净工作台上，自然风干，加入 500 μl TE 缓冲溶液使其充分溶解。

8）将所得 DNA 溶液用紫外分光光度计和琼脂糖凝胶电泳检测其质量和完整性，根据检测结果将 DNA 稀释到所需浓度后，于−20℃冰箱中低温保存，备用。

主要试剂的配制方法如下。

（1）1 mol/L Tris·HCl 缓冲液（pH 8.0）

将 121.1g Tris 碱溶解于 800 ml 去离子水中，待溶液冷却至室温，加入浓 HCl 将 pH 调至 8.0，定容至 1L 后灭菌。

（2）0.5 mol/L EDTA 缓冲液（pH 8.0）

将 186.1 g $Na_2EDTA·2H_2O$ 溶解于 800 ml 去离子水中，用 NaOH 溶液将 pH 调至 8.0，定容至 1L 后灭菌。

（3）5 mol/L NaCl

将 292.5 g NaCl 溶解于 800 ml 去离子水中，定容至 1 L 后灭菌。

（4）2% CTAB（m/V）提取液

将 20 g CTAB 溶解于 40 ml 去离子水中，加入 100 ml 1 mol/L Tris·HCl 缓冲液，

40 ml 0.5 mol/L EDTA 缓冲液，300 ml 5 mol/L NaCl 溶液，加热至完全溶解后，定容至 1L 后灭菌。使各种试剂的终浓度如下：100 mmol/L Tris·HCl（pH 8.0），20 mmol/L EDTA（pH 8.0），1.5 mol/L NaCl。

（5）TE 缓冲液（pH 8.0）

在 80 ml 去离子水中加入 5 ml 1 mol/L Tris·HCl 缓冲液，200 μl 0.5 mol/L EDTA 缓冲液，混匀后定容至 100 ml，高压灭菌。使各种试剂的终浓度如下：10 mmol/L Tris·HCl（pH 8.0），1 mmol/L EDTA（pH 8.0）。

改良 CTAB 法提取 DNA 是最为传统的 DNA 提取方法，牡丹的 DNA 提取主要运用该方法，提取的牡丹基因组 DNA 数量及纯度较好。但是，该方法提取牡丹基因组 DNA 的步骤较多、需要大量试剂的配制、提取过程较长（单次操作每批样品需 3～4 h，批量操作每批样品需 2～3 h）。

二、SDS 法提取牡丹基因组 DNA

十二烷基硫酸钠（sodium dodecyl sulfate，SDS）是一种阴离子去垢剂，由于在高温条件下能裂解细胞，使染色体离析，蛋白质变性，释放出核酸，并与细胞中多糖结合而被作为提取物质被广泛使用，并应用于基因组 DNA 的提取（王景雪和高武军，2000；王齐红等，2004；闫桂琴等，2004）。

其具体操作方法如下。

1）将清洗过的牡丹幼嫩叶片，置于预冷的 2 ml 离心管中，加入 PVP，同时放入一颗钢珠，将离心管置于液氮中预冷后，通过高通量组织研磨仪批量研磨，然后迅速转入预冷的 1.5 ml 离心管中。

2）加入 700 μl 65℃预热的 SDS 提取液，同时加入 15 μl β-巯基乙醇、20 μl RNase A 溶液，充分混匀，于 65℃水浴锅中水浴 45 min，并每隔 5 min 轻轻颠倒混匀一次。

3）从水浴锅中取出离心管，冷却至室温，加入等体积的酚：氯仿（pH 7.8），轻轻颠倒混匀 10 min，然后 10 000 r/min 离心 8 min。

4）取上清液转入另一离心管，加入与上清液等体积的氯仿，轻轻颠倒混匀，8000 r/min 离心 8 min。

5）取上清液转入另一离心管，加入预冷的异丙醇，加满，轻轻混匀，直至絮状沉淀集结出现，于–20℃冰箱中放置 1 h。

6）用枪头小心挑出絮状 DNA 沉淀，转入新的离心管中，加入 75%乙醇，静置 10 min，弃掉上清液（重复一次）。

7）弃上清液，将沉淀放在超净工作台，自然风干，加入 500 μl TE 缓冲溶液使其充分溶解。

8）将所得 DNA 溶液用紫外分光光度计和琼脂糖凝胶电泳检测其质量和完整性，根据检测结果将 DNA 稀释到所需浓度后，于–20℃冰箱中低温保存，备用。

主要试剂的配制方法如下。

（1）1 mol/L Tris·HCl 缓冲液（pH 8.0）

配制方法同 CTAB 法中溶液配制。

（2）0.5 mol/L EDTA 缓冲液（pH 8.0）

配制方法同 CTAB 法中溶液配制。

（3）5 mol/L NaCl

配制方法同 CTAB 法中溶液配制。

（4）2% SDS（*m/V*）提取液

将 20 g SDS 溶解于 40 ml 去离子水中，加入 100 ml 1 mol/L Tris·HCl 缓冲液，40 ml 0.5 mol/L EDTA 缓冲液，300 ml 5 mol/L NaCl 溶液，加热至完全溶解后，定容至 1000 ml 后灭菌。使各种试剂的终浓度如下：100 mmol/L Tris·HCl（pH 8.0），20 mmol/L EDTA（pH 8.0），1.5 mol/L NaCl。

（5）TE 缓冲液（pH 8.0）

配制方法同 CTAB 法中溶液配制。

SDS 提取牡丹基因组 DNA 较 CTAB 法运用的少，但将两种方法的提取效果加以比较，表明 SDS 法同样是提取牡丹基因组 DNA 的有效方法（李刚等，2007）。

三、月桂酰基肌氨酸钠提取牡丹基因组 DNA

月桂酰基肌氨酸钠（sodium lauroyl sarcosine）是一种较强的氨基酸类阴离子表面活性剂，可迅速裂解细胞膜、核膜，并且与蛋白质结合，通过进一步的纯化操作可提取高质量的基因组 DNA。

月桂酰基肌氨酸钠提取牡丹基因组 DNA 具体操作步骤如下。

1）将清洗过的幼嫩叶片称取 0.8 g 左右，置于预冷的 5 ml 离心管中，加入 PVP，同时放入一颗钢珠，将离心管置于液氮中预冷后，通过高通量组织研磨仪批量研磨，然后迅速将两个 5 ml 离心管中的研磨样品转入预冷的 10 ml 离心管中。

2）加入 2 ml 月桂酸钠抽提缓冲液，同时加入 50 μl β-巯基乙醇、50 μl RNase A 溶液，反复缓慢摇匀。

3）加入等体积（2 ml）酚：氯仿：异戊醇（25：24：1），反复缓慢摇匀。

4）12 000 r/min，4℃离心 20 min 后取出，小心吸取上清液于新的灭菌 10 ml

离心管中。

5）取上清液转入另一离心管，加入 1.3 ml 预冷的异丙醇，轻轻混匀，直至絮状沉淀出现。

6）用枪头小心挑出絮状 DNA 沉淀，转入新的 1.5 ml 离心管中，加入预冷的 70% 乙醇，加满，静置 10 min，弃掉上清液（重复一次）。

7）弃上清液，将沉淀放在超净工作台，自然风干，加入 500 μl TE 缓冲溶液使其充分溶解。

8）将所得 DNA 溶液用紫外分光光度计和琼脂糖凝胶电泳检测其质量和完整性，根据检测结果将 DNA 稀释到所需浓度后，于 –20℃ 冰箱中低温保存，备用。

主要试剂的配制方法如下。

（1）1 mol/L Tris·HCl 缓冲液（pH 8.0）

配制方法同 CTAB 法中溶液配制。

（2）0.5 mol/L EDTA 缓冲液（pH 8.0）

配制方法同 CTAB 法中溶液配制。

（3）5 mol/L NaCl

配制方法同 CTAB 法中溶液配制。

（4）1% 月桂酰基肌氨酸钠提取液（m/V）

准确称取月桂酰基肌氨酸钠 10 g 置于 1000 ml 烧杯中，加入 100 ml 1 mol/L Tris·HCl、40 ml 0.5 mol/L EDTA、20 ml 5 mol/L NaCl、800 ml ddH$_2$O，用盐酸调节 pH 至 8.0，定容至 1000 ml，灭菌后室温保存。使各种试剂的终浓度如下：100 mmol/L Tris·HCl（pH 8.0），20 mmol/L EDTA（pH 8.0），100 mmol/L NaCl。

（5）TE 缓冲液（pH 8.0）

配制方法同 CTAB 法中溶液配制。

通常 CTAB 法和 SDS 法所提取牡丹基因组 DNA 能够满足常规 DNA 分子标记技术的要求。但是后续步骤多次的苯酚氯仿抽提是在去除大部分蛋白质和多糖等物质的同时也导致 DNA 得率较低。月桂酰基肌氨酸钠提取的高质量牡丹基因组 DNA 完全满足一些对基因组 DNA 质量和浓度要求较高的分子生物学实验，如高通量测序、限制性内切核酸酶酶切等。

四、牡丹基因组 DNA 的快速提取方法

牡丹的 DNA 分子标记根据实验设计的要求，有时需要大量的牡丹 DNA 样品，

采用改良的 CTAB 法则需要消耗过长时间,尤其是在样品保存条件不好的情况下,可能会造成部分牡丹基因组 DNA 提取的效果不好。

牡丹基因组快速提取可以通过 DNA 提取试剂盒来操作。植物基因组 DNA 提取试剂盒采用可以特异性结合 DNA 的离心吸附柱和独特的缓冲液系统。研究人员可以根据实验要求购买不同公司的植物基因组 DNA 提取试剂盒。

采用试剂盒提取牡丹基因组 DNA 仍然需要根据实验设计进行必要的处理,如植物组织需要在液氮下研磨,提取的过程中需要加入去 RNA 酶,以避免杂质影响牡丹基因组 DNA 质量。采用 DNA 提取试剂盒提取基因组 DNA 的操作步骤按照试剂盒使用说明执行。

采用试剂盒提取牡丹基因组 DNA 的过程简单快速,一般试剂盒都能做到批量操作单个样品在 1～2 h 完成 DNA 提取。

第二节　牡丹 DNA 的定量与纯度检测

提取的基因组 DNA 在用于 DNA 分子标记的研究前,必须对其浓度、纯度进行检测,通过检测确定所提取的基因组 DNA 是否能够满足后续的实验要求。DNA 分子标记技术对基因组 DNA 的浓度及纯度要求较高。基因组 DNA 的纯度不够,含有酚类、多糖类等物质,会直接影响酶切和 PCR 的反应效果,甚至导致实验失败。基因组 DNA 的浓度也是一个关键因素。基于 PCR 的 DNA 分子标记技术必须要进行 PCR 反应,而 DNA 的浓度不确定会直接导致 PCR 反应模板量不确定,对 PCR 反应影响很大;另外,如 AFLP 分子标记还用到限制性内切核酸酶酶切技术,成功的酶切取决于 DNA 模板与限制性内切核酸酶的比例。牡丹基因组 DNA 的定量与纯度检测一般采用紫外光谱分析和二苯胺显色法分析。

一、紫外光谱分析

物质的吸收光谱就是物质中的分子和原子吸收了入射光中的某些特定波长的光能量,相应地发生了分子振动能级跃迁和电子能级跃迁的结果。由于各种物质具有各自不同的分子、原子和不同的分子空间结构,其吸收光能量的情况也就不会相同,因此,每种物质就有其特有的、固定的吸收光谱曲线,可根据吸收光谱上某些特征波长处吸光度的高低判别或测定该物质的含量。

DNA 分子的紫外吸收在 260 nm 附近有最大吸收值,表现出特异的紫外吸收峰,蛋白质在 280 nm 处有最大的吸收峰,盐和小分子则集中在 230 nm 处,测定其在不同波长下的吸光度值,即可利用核酸的比吸光系数计算溶液中核酸的量,方法简便、准确、快速,是基因组 DNA 定量及浓度检测最常用的方法。

其具体操作步骤如下。

1）将牡丹基因组 DNA 用灭菌双蒸水稀释 20 倍或更高倍数。

2）首先在里面一个通道放装有灭菌双蒸水的比色皿（放入比色皿后一定要把盖关闭），在波长为 230 nm、260 nm、280 nm 处分别调零。

3）在波长为 230 nm、260 nm、280 nm 处，在通道处放装有稀释的牡丹基因组 DNA 的比色皿，于 3 个波长下读取 OD 值，并记录。

牡丹基因组 DNA 浓度的计算公式为

$$C（\mu g/ml）=50 \times OD_{260} \times 稀释倍数$$

所提取牡丹基因组 DNA 的纯度可用 OD_{260} 和 OD_{280} 的比值来评判。对于基因组 DNA 其 OD_{260}/OD_{280} 值大约为 1.8，当结果高于 1.8 时表明所提取 DNA 可能有 RNA 污染，结果大于 2 时，则 RNA 浓度过高，影响后续实验。

二、二苯胺显色法分析

在酸性、加热条件下，DNA 中的嘌呤碱与脱氧核糖间的糖苷键发生断裂，生成嘌呤碱、脱氧核糖和脱氧嘧啶核苷酸，而 2-脱氧核糖在酸性环境中加热脱水生成 ω-羟基-γ-酮基戊糖，与二苯胺试剂反应生成蓝色物质，在 595 nm 波长处有最大吸收。DNA 在 40～400 μg，光吸收与 DNA 的浓度成正比。因此可利用此方法检测 DNA 的含量，从而确定基因组 DNA 的浓度。

其主要操作步骤如下。

1）制作 DNA 标准曲线。取 14 支试管，分成两组，第一组各加入 0.2 ml、0.4 ml、0.8 ml、1.0 ml、1.2 ml、1.6 ml、2.0 ml 的 DNA 标准液，加入双蒸水定容至 2 ml。另一组，全部加入 2.0 ml 双蒸水，作为对照，然后各加入 4 ml 二苯胺，混匀。于 60℃恒温水浴中保温 1 h，冷却后测 OD_{595} 值。以光吸收值为纵坐标，DNA 含量为横坐标，绘制标准曲线。

2）DNA 样品测定。取待测 DNA 溶液 2.0 ml 加入 4 ml 二苯胺试剂，混匀，于 60℃恒温水浴中保温 1 h，冷却后测 OD_{595} 值。

3）根据样品的吸光度值，利用标准曲线计算出该样品的 DNA 含量。

主要试剂如下。

（1）二苯胺试剂

称取 1 g 结晶二苯胺，溶于 100 ml 分析纯冰醋酸中，加 60%过氯酸 10 ml 混匀。临用前加入 1 ml 1.6%乙醛溶液。此溶剂应为无色。

（2）DNA 标准液

取标准 DNA 以 0.01 mol/L NaOH 配成 200 μg/ml 的标准液。

（3）DNA 样品液

提取的基因组 DNA 溶液，根据测定数据，调整样品液，控制其 DNA 含量在 50～100 μg/ml，提高数据的准确性。

二苯胺检测法由于其操作过程繁琐，DNA 标准液制备复杂，该方法检测基因组 DNA 使用较少。

三、琼脂糖凝胶电泳检测

琼脂糖凝胶电泳是用琼脂糖作为支持介质的一种电泳方法，它兼有"分子筛"和"电泳"的双重作用。琼脂糖凝胶具有网络结构，DNA 分子通过时会受到阻力，不同相对分子质量的 DNA 在琼脂糖凝胶中迁移的速率不同。通过溴化乙锭（EB）染色，待检测 DNA 在琼脂糖凝胶中与 EB 结合形成荧光混合物，或者通过核酸花菁染料与待检测 DNA 分子混合后，然后在琼脂糖中电泳检测，均能在紫外灯下观察到条带，而 DNA 含量的多少与检测观察的亮度成正比，因此可以利用琼脂糖进行 DNA 检测（Bendich and Bolton，1967）。

此方法简单便捷，能检测少量的 DNA，其分辨率较高，检测方法更直接（图 3-1）。

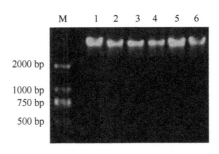

图 3-1 部分牡丹基因组 DNA 琼脂糖凝胶电泳检测图

M. DNA Marker DL 2000；1～6. 不同牡丹品种

其主要操作步骤如下。

1）琼脂糖凝胶配制：称 0.35 g 的琼脂糖，量取 35 ml 0.5×TBE 缓冲液，加热至沸 2～3 次，直至琼脂糖彻底溶解，然后拿出冷却至 60℃左右，均匀倒入制胶槽内，冷却凝固至少 30 min，均匀缓慢地拔出梳子。

2）点样：加上样缓冲液（2.5 μl 的 0.5%的溴酚蓝，1 μl 的 Ultra Power 核酸染料与 PCR 产物混匀，每孔点样 5 μl，DNA Marker DL 2000 为 1～2 μl。

3）电泳：PCR 产物在 1%琼脂糖凝胶上恒压电泳，电压为 100 V，电泳时间为 35 min。

主要试剂如下。

（1）0.5 mol/L EDTA

称取 186.1 g Na$_2$EDTA，置于 1L 烧杯中，加入约 800 ml 的双蒸水，充分搅拌，用 NaOH 调节 pH 8.0，加双蒸水定容至 1 L 即可。

（2）5×TBE 缓冲液

称量下列试剂置于 1L 烧杯中加入 54 g Tris, 27.5 g 硼酸, 20 ml 0.5mol/L EDTA（pH 8.0），加入约 800 ml 的去离子水，充分搅拌混匀，加双蒸水定容至 1 L，调 pH 8.0。

（3）0.5%溴酚蓝

取溴酚蓝 0.1 g，加 0.05 mol/L 氢氧化钠溶液 3.0 ml 使溶解，再加水稀释至 200 ml，即得。

四、Nanodrop 测定 DNA 浓度

Nanodrop 微量分光光度计是目前检测 DNA 浓度比较直接和准确的方法。其中 Nanodrop 2000 是目前国内外实验室中使用最为广泛的一款微量分光光度计，可用于常规紫外线波长下样品吸光值检测、DNA/RNA 检测、探针检测、细胞培养物检测、蛋白质检测、蛋白质标记检测等方面。

Nanodrop 2000 微量分光光度计具有两种操作模式：基座模式和比色皿模式。其中，比色皿模式与传统的分光光度计原理与操作基本相同，可用于检测 DNA/RNA 在 260 nm、280 nm 处的吸光值。基座操作模式的原理是应用液体的表面张力特性，在基座上包埋一根光纤（接受光纤），把待检测样本加到检测基座上，第二根光纤（光源光纤）放下来与液体样本接触，在两根光纤末端形成液柱，拉出固定的光径，由一个脉冲氙灯作为光源并且使用一个线性 CCD 阵列来检测通过液体的光信号，同时与计算机连接，通过计算机软件分析从而检测 DNA/RNA 浓度。

Nanodrop 2000 微量分光光度计方法检测 DNA/RNA 浓度，具有操作过程快速、简便，只需微量样品即可进行检测，同时不需对样品进行稀释，能够检测高浓度样品，检测结果准确等优点。同时该方法所用仪器价格较高，并没有在各个实验室普遍应用。

Nanodrop 2000 检测 DNA 浓度其主要操作步骤如下。

1）打开计算机与仪器，完成联机，在计算机主画面点选"Nucleic Acid"，在右上方拉选"Sample Type"选 DNA-50，在"Sample ID"位置输入样品名称。

2）空白对照：采用抬起检测臂，用移液枪吸取适量 BLANK 液体加到下光纤表面（BLANK 液体为溶解 DNA 溶液，注意区别 ddH$_2$O 和 TE buffer），放下检测

臂,点击"BLANK"做空白对照。

3)加样测量:抬起检测臂,将上下光纤表面的液体用滤纸吸干,吸取适量样品 DNA 溶液 1.5~2 μl(测量前务必将 DNA 溶液混匀),加到下光纤表面,放下检测臂,两个光纤之间会形成液柱,点击"Measure"测量,软件右边显示测量结果。

五、Qubit 测定 DNA 浓度

Qubit 是新一代核酸和蛋白质定量仪,能够对 DNA 和 RNA 浓度进行精准定量分析。Qubit 测定 DNA 浓度与其他所测定 DNA 浓度方法的原理不同,其他测定 DNA 浓度方法的原理均是测定不同紫外线波长下的紫外吸光度进行 DNA 浓度的检测,Qubit 测定 DNA 浓度则是采用荧光检测技术测定 DNA 浓度。其技术原理为,采用只有与 DNA 结合后才发出荧光的荧光染料与特异性的靶 DNA 分子结合,发出荧光信号,并不与游离核苷酸或降解核酸结合,然后通过荧光强度从而检测 DNA 浓度。

Qubit 测定 DNA 浓度同样具有操作过程快速、简便的优点,能够在较低的浓度范围内得出更准确、精密的结果,检测结果准确等优点。另外,其原理与其他 DNA 浓度检测方法不同,因其只与待检测样品中靶 DNA 分子结合,因此其定量结果一般低于 A_{260} 读数。

Qubit 测定 DNA 浓度的主要操作步骤如下。

1)打开仪器,选择要分析的标准品类型(DNA、RNA 或蛋白质)。

2)标准品校准:DNA 浓度测定采用两点校准,在操作界面上按下"Standards",进入标准品界面,按下"Yes",读取新的标准品,根据提示,在样品槽中先后插入 Standard#1,并按下"Read",Standard#2,并按下"Read",完成标准品校准。

3)DNA 浓度测定:选择"Sample"进入样品界面,在样品槽中插入样品,并按下"Read",测定结果会显示在界面上,显示的数字即为分析管中核酸或蛋白质的浓度。

Qubit 测定 DNA 需要专用的检测试剂盒,根据所测定的样品不同,选择不同的 Qubit 检测试剂盒。

第三节 引 物 设 计

寡聚核苷酸引物的选择,通常是整个 PCR 扩增反应成功的关键。所选的引物序列将决定 PCR 产物的大小、位置,以及扩增区域的 T_m 值这个和扩增物产量有关的重要物理参数。好的引物设计可以避免背景和非特异产物的产生,甚至在 RNA-PCR 中也能识别 cDNA 或基因组模板。引物设计也极大地影响扩增产量,若

使用设计粗糙的引物，产物将很少甚至没有；而使用正确设计的引物得到的产物量可接近反应指数期的产量理论值。当然，即使有了好的引物，依然需要进行反应条件的优化，如调整 Mg^{2+} 浓度，使用特殊的共溶剂，如二甲基亚砜、甲酰胺和甘油。

计算机辅助引物设计比人工设计或随机选取更有效。一些 PCR 反应中影响引物作用的因素，如溶解温度、引物间可能的同源性等，易于在计算机软件中被编码和限定。计算机的高速度可完成对引物位置、长度，以及适应用户特殊条件的其他有关引物的变换可能性的大量计算。通过对成千种组合的检测，调整各项参数，可提出适合用户特殊实验的引物。因此通过计算机软件选择的引物的总体"质量"优于通过人工设计的引物。

一、引物设计的主要步骤

1. 数据库搜索目的序列

登录 NCBI 网站，通过 Entrez 检索系统，查找到所要扩增的目的序列或者相关序列。具体操作：在 Search 对话框中选择"Nucleotide"，在对话框中填入所要查找的核苷酸序列名称，如图 3-2，输入"LTR peony"，点击"Go"即可搜索到与牡丹 LTR 相关的许多序列信息，可以通过左侧筛选条件进一步缩小筛选范围，从中选择所要扩增的物种的序列或者物种相近的序列，然后将其序列与 GenBank 中相关序列进行比较。

图 3-2　GenBank 中搜索牡丹 LTR 序列

2. 对所找到的序列进行多序列比对

将搜索到的目的序列进行多序列比对，可选工具有 Clustal W，也可在线分析 http://www.ebi.ac.uk/clustalw/。例如，采用 DNAStar 软件进行序列比对的操作步骤为，打开 DNAStar，点击 MegAlign，在 File 菜单中选择 Eenter Sequences，将上述序列导入，选择 Clustal W 比对，软件就自动把输入的所有序列进行比较，确定同源性区域（图 3-3）。找出同源性较高的区域，在该区域内选择出引物设计的模板。

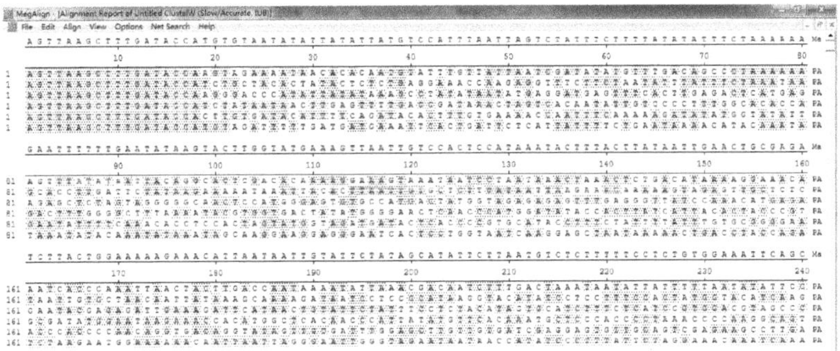

图 3-3 部分牡丹 LTR 序列的 Clustal W 比对结果

图中阴影部分为同源性较高的序列

3. 引物设计

引物的设计主要使用的是 Primer Premier 5.0 软件设计引物（目前已有 Primer Premier 6.0 版本）。Primer Premier 5.0 是用来设计最适合引物的应用软件，利用其高级引物功能，可进行引物数据库搜索、巢式引物设计、引物编辑和分析等，设计出有高效扩增能力的理想引物。其主要操作步骤为，进入 Primer Premier 5.0 主界面，通过"File"选项将目的序列导入，选择导入序列类型，然后点击"Primer"选项设计引物，通过"Search"可以选择引物搜索条件，最后通过"Edit Primers"进行引物复性温度、GC%、二级结构等信息筛选引物，如图 3-4（任亮等，2004）。

通过 Primer Premier 5.0 软件进行引物设计的具体步骤可参见软件使用说明。

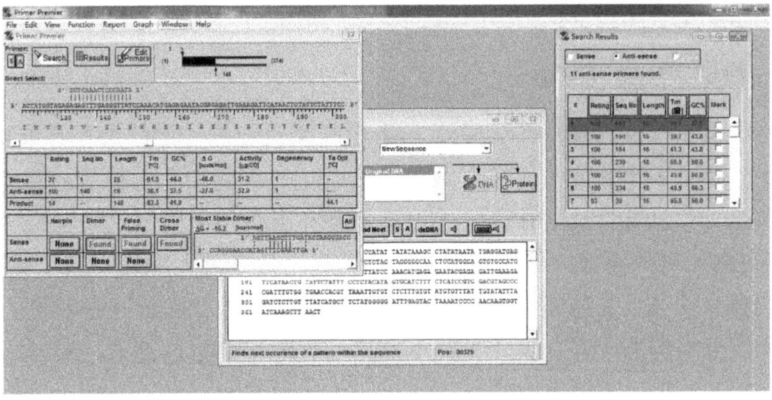

图 3-4 基于牡丹 LTR 序列设计的引物序列及序列信息

二、引物设计原则

PCR 中引物设计的好坏，直接影响 PCR 的结果，因此这一步很关键。成功的 PCR 反应既要高效，又要特异性扩增产物。引物的设计主要考虑以下原则。

1. 引物长度

引物过短会影响到扩增的特异性，过长会导致其延伸温度大于 74℃，每增加一个核苷酸，引物的特异性会提高 4 倍，这样，大多数应用的最短引物长度为 18 个核苷酸，引物越长，它复性结合到模板 DNA 上形成供 DNA 聚合酶结合的稳定双链模板的速率越小。引物设计时使合成的寡核苷酸链为 18～24 bp 的引物，既能保证实验的要求，又可适用于多种实验条件。

2. 引物的二级结构

引物的二级结构包括引物自身二聚体、发夹结构、引物间二聚体等。引物的二级结构会影响引物与模板 DNA 的结合，从而导致扩增结果不理想，甚至试验失败。选择扩增片段时最好避开模板的二级结构区域。通过计算机软件可以观察到所设计引物的二级结构。如果在引物设计时二聚体及发夹结构不可避免，应尽量使其 ΔG 值不要过高，ΔG 值是指 DNA 双链形成所需的自由能，它反映了双链结构内部碱基对的相对稳定性，ΔG 值越大，则双链越稳定。

3. 引物 GC 含量和 T_m 值

PCR 引物应该保持合理的 GC 含量。GC 比为 50% 的 20 bp 的引物，其 T_m 值在 56～62℃，这可为有效复性提供足够热度。一对引物的 GC 含量和 T_m 值应该协调，协调性差的引物对扩增效率和特异性都较差，因为降低了 T_m 值导致特异性的丧失。一般复性温度比 T_m 值低 5～15℃。如果是双引物，正反引物的 T_m 值最好相同，相差不要超过 3℃。

4. 引物的 3'端核苷酸组成

引物 3'端和模板的碱基匹配程度，对于 PCR 反应的扩增结果有着重要影响，3'端最后 5～6 个核苷酸的错配应尽可能的少。同时引物的 3'端碱基不能选择 A，最好选择 T。当 3'端的末位碱基为 A 时，即使在引物与模板发生错配的情况下，也能进行 DNA 链的合成，而为 T 时，错配的引发效率大大降低。G、C 碱基引发错配的效率介于 A、T 之间。另外，引物中 4 种碱基的分布最好是随机的，不要有聚嘌呤或聚嘧啶的存在。尤其 3'端不应超过 3 个连续的 G 或 C，因为这样会使引物在 GC 富集序列区错误引发。

5. 引物的修饰

引物的 5′端可以修饰，而 3′端不可修饰。在有些试验中需要进行引物的生物素、荧光等方式的修饰，引物的 5′端决定着 PCR 产物的长度，它对扩增特异性影响不大。因此，可以被修饰而不影响扩增的特异性。引物的延伸是从 3′端开始的，不能进行任何修饰。3′端也不能形成任何二级结构。

此外，引物的设计还有其他注意事项，研究人员应根据试验目的综合考虑设计合适、高效的引物。

不同类型及不同应用目的的引物其设计的原则也会有一定的差异。

设计简并引物时，一定要检查靶扩增区域选定氨基酸遗传密码的简并度以期通过选择简并度最低的氨基酸，达到提高特异性的目的；不同物种对密码子偏好性不同，基于某一物种进行引物设计时应选择该物种使用频率高的密码子，以降低引物的简并性；另外，应避免所设计引物 3′端的简并性；在一些多义位置可使用脱氧次黄嘌呤代替简并碱基。

测序引物的设计特异性的标准掌握得应该更严格一些，优先考虑的是引物的特异性。因为在测序反应中，如果引物与模板在非预期位置复性并引发链延伸，会给结果带来很大的干扰甚至造成结果无法识读；测序引物的 T_m 值适当高一些。有助于使反应顺利跨过待测模板的二级结构区，也有助于降低非特异反应。

探针的设计，根据不同的用途各有其设计特点，通常要注意以下几点：探针的长短一般在 20～50 bp，过长合成成本高，且易出现聚合酶合成错误，过短则会引起特异性下降；GC 比要控制在 40%～60%，同时一种碱基连续重复不超过 4 个，以免非特异性杂交产生；探针自身序列不能形成二聚体，也不能有发夹结构存在，对这一点的要求就要比普通引物设计严格得多。

第四节 聚合酶链反应

聚合酶链反应（polymerase chain reaction，PCR）是一种用于扩增特定的 DNA 片段的分子生物学技术，它可被看做是生物体外的特殊 DNA 复制，PCR 的最大特点，是能将微量的 DNA 大幅增加。PCR 是利用 DNA 在体外 95℃高温时变性会变成单链，低温时引物与单链按碱基互补配对的原则结合，再调温度至 DNA 聚合酶最适反应温度（72℃左右），DNA 聚合酶沿着磷酸到五碳糖（5′→3′）的方向合成互补链。基于聚合酶特性制造的 PCR 仪实际就是一个温控设备，能在变性温度、复性温度、延伸温度之间很好地进行控制。

一、PCR 操作步骤

PCR 反应主要操作步骤如下（以牡丹 LINE 类反转录转座子 RT 序列的扩增

为例)。

1. 试剂准备

PCR 反应试剂主要有：牡丹基因组 DNA 模板、正反引物（DVO144、10712）、10×PCR Buffer、2 mmol/L dNTPs mix：含 dATP、dCTP、dGTP、dTTP 各 2 mmol/L、Mg^{2+}、灭菌双蒸水、*Taq* DNA 聚合酶。

2. 主要操作步骤

1）将 PCR 仪打开，先设置程序，启动，进行 PCR 仪预热。

2）在冰浴中，按以下次序将各成分加入灭菌 PCR 管中。10×PCR buffer 2 μl、10 mmol/L 的 dNTPs mix 0.7 μl、20 μmol/L 正反引物各 0.8 μl、25 mmol/L Mg^{2+} 1.6 μl、DNA 模板 40 ng、*Taq* DNA 聚合酶（5 U/μl）0.2 μl、加 ddH$_2$O 至 20 μl，混匀以后瞬时离心，将反应混合液离心到管底。

3）将装有 PCR 反应液的 PCR 管置于 PCR 仪内，盖上盖子。

4）调整 PCR 反应程序（按照 PCR 操作说明进行 PCR 反应程序设定）。94℃ 5 min；94℃ 1 min，47～56℃ 1 min，72℃ 2 min；35 个循环；最后 72℃ 8 min。

5）结束反应，PCR 产物放置于 4℃待电泳检测或–20℃长期保存。

6）电泳检测：具体操作步骤见本章第五节。

二、PCR 反应体系的组成与反应条件的优化

PCR 反应体系由反应缓冲液（10×PCR Buffer）、脱氧核苷三磷酸底物（dNTPs mix）、耐热 DNA 聚合酶（*Taq* DNA 聚合酶）、寡聚核苷酸引物（Primer）、靶序列（DNA 模板）5 部分组成，各个组分都能影响 PCR 结果。在进行 PCR 反应的时候必须首先进行 PCR 反应体系的优化，从而达到有效的 PCR 扩增。

1. 反应缓冲液

一般随所购买 *Taq* DNA 聚合酶供应。PCR 缓冲液主要作用是为 *Taq* DNA 聚合酶提供反应环境。一般为 10×PCR Buffer，其用量视反应总体积而定，为反应总体积的 1/10。

2. Mg^{2+} 的浓度

Mg^{2+} 的浓度对反应的特异性及产量有着显著影响。Mg^{2+} 影响 PCR 的多个方面，不同浓度的 Mg^{2+} 会影响 DNA 聚合酶的活性，从而影响产量；影响引物复性，从而影响特异性；dNTPs 和模板与 Mg^{2+} 结合，会降低酶活性所需的游离 Mg^{2+} 的量。最佳的 Mg^{2+} 浓度对于不同的引物对和模板都不同，浓度过高，使反应特异性降低；浓度过低，使产物减少。在各种单核苷酸浓度为 200 μmol/L 时，Mg^{2+}

为 1.5 mmol/L 较合适。不同的 PCR 反应体系中 Mg^{2+} 浓度不同，若样品中含 EDTA 或其他螯合物，可适当增加 Mg^{2+} 的浓度。

3. dNTPs

dNTPs 是 PCR 反应体系中加入的 A、T、C、G 碱基的混合物。高浓度 dNTPs 易产生错误掺入，过高则可能不扩增；浓度过低，将降低反应产物的产量。PCR 中常用终浓度为 50～400 μmol/L 的 dNTPs。dNTPs 能与 Mg^{2+} 结合，使游离的 Mg^{2+} 浓度降低。因此，dNTPs 的浓度直接影响到反应中起重要作用的 Mg^{2+} 浓度。

4. *Taq* DNA 聚合酶

酶量过多将导致非特异性产物的产生，酶量过低则会导致反应效率降低。一般酶的用量仍不小于 5 U/ml，否则反应效率将降低。此外，*Taq* DNA 聚合酶的反应效果还会受到 Mg^{2+} 浓度的影响。

5. 引物

引物是决定 PCR 结果的关键，引物设计在 PCR 反应中极为重要。要保证 PCR 反应能准确、特异、有效地对模板 DNA 进行扩增，需要设计出合适、高效的引物（引物的设计与原则参见本章第三节）。

引物的用量同样会影响到 PCR 扩增结果。一般 PCR 反应体系中引物的终浓度为 0.2～1 μmol/L，在此范围内对 PCR 产物的影响不大，PCR 产物量基本相同。当引物过低时会造成产物量过低，而引物量过高时则会造成错配导致非特异性条带的产生，同时还会增加引物二聚体形成的概率，从而降低扩增产量。

6. 模板

PCR 反应对模板的要求不高，单、双链 DNA 均可作为 PCR 的样品。模板 DNA 可以是粗制品，有些反应的模板 DNA 甚至仅经过溶剂一步提取，即可用于扩增，但混有任何蛋白酶、核酸酶、*Taq* DNA 聚合酶抑制剂及能结合 DNA 的蛋白质，将会干扰 PCR 反应。PCR 反应的模板加入量一般为 10^2～10^5 个拷贝，因此根据不同的试验要求、不同试验物种的选择及不同的扩增模板其反应液中的模板量也不相同。此外，以质粒 DNA 和基因组 DNA 为模板的最适反应条件也不相同，质粒 DNA 较基因组 DNA 模板长度小、结构简单，因此 PCR 扩增时所需的酶量少、循环次数少、温度不如基因组 DNA 为模板的 PCR 反应要求严格。扩增的靶序列根据实验目标不同来设定，通常 PCR 扩增的靶序列在 1000 bp 以内，在优化条件或者选择高质量 *Taq* DNA 聚合酶，扩增产物也可达到 10～20 kb。一次扩增较长的序列操作难度大，并且错配概率较高，因此需要扩增较长的靶序列时可通过设计多个引物分段扩增，最后进行序列拼接。

7. PCR 反应操作注意事项

PCR 反应应该在一个没有 DNA 污染的干净环境中进行；纯化模板所选用的方法对污染的风险有极大影响；所有试剂都应该没有核酸和核酸酶的污染。操作过程中均应戴手套；PCR 试剂配制应使用高质量的灭菌双蒸水；试剂或样品准备过程中都要使用一次性灭菌的塑料瓶和管子，玻璃器皿应洗涤干净并高压灭菌；PCR 反应液样品应在冰浴上化开，反应液的配制应该在冰浴上进行，并且要充分混匀；当同时进行多个样品反应时，应该按照总体积配制反应混合液，然后进行分装，避免单个配制造成的时间浪费，以及样品量的不标准。

对于不同的实验所用的 PCR 反应体系及 PCR 反应程序各不相同，在进行实验前需要进行反应体系和反应程序的优化。

PCR 反应体系的优化通常采用正交设计进行。以牡丹 LINE 类反转录转座子 RT 序列的扩增为例，通过对模板 DNA 用量、Mg^{2+} 浓度、引物浓度和 dNTPs 浓度，设计 4 因素 4 水平的正交试验优化反应体系，获得最佳反应体系，正交表见表 3-1 所示。

表 3-1　正交设计优化扩增牡丹 LINE 类反转录转座子 RT 序列的 PCR 反应体系

水平	因素			
	模板 DNA 用量/（mg/L）	Mg^{2+}浓度/（mmol/L）	引物浓度/（μmol/L）	dNTPs 浓度/（μmol/L）
1	1.0	1.0	0.6	62.5
2	1.0	1.5	0.7	75.0
3	1.0	2.0	0.8	87.5
4	1.0	2.5	0.9	100
5	1.5	1.0	0.7	87.5
6	1.5	1.5	0.6	100
7	1.5	2.0	0.9	62.5
8	1.5	2.5	0.8	75.0
9	2.0	1.0	0.8	100
10	2.0	1.5	0.9	87.5
11	2.0	2.0	0.6	75.0
12	2.0	2.5	0.7	62.5
13	2.5	1.0	0.9	75.0
14	2.5	1.5	0.8	62.5
15	2.5	2.0	0.7	100
16	2.5	2.5	0.6	87.5

PCR 扩增程序的优化主要有反应时间、反应循环数和复性温度的优化，通常

复性温度是对 PCR 结果影响最大的因素，较高的复性温度可提高反应的特异性，但是温度过高可能导致扩增不出条带，较低的复性温度可降低特异性，但是复性温度过低会造成非特异性条带产生甚至出现条带弥散等现象。复性温度的优化通常采用梯度复性温度进行优化。

其主要操作是在设定 PCR 反应程序时设定梯度复性温度，根据 PCR 产物电泳结果，筛选合适复性温度。以牡丹 LINE 类反转录转座子 RT 序列的扩增为例，其梯度反应程序为 94℃ 5min；94℃ 1min，47～56℃ 1min，72℃ 2min；35 个循环；最后 72℃ 8min。

第五节　牡丹 DNA 分子标记电泳检测方法

基于 PCR 的 DNA 分子标记需要进行 PCR 扩增反应，扩增的产物检测可以通过琼脂糖凝胶电泳和聚丙烯酰胺凝胶电泳检测，根据电泳检测结果从而进行扩增产物的多态性分析。

一、琼脂糖凝胶电泳检测

琼脂糖凝胶电泳是分子生物学经常用到的电泳检测方法，浓度通常在 0.5%～2%，随着浓度的增加其分辨率也增加，但是普通的琼脂糖凝胶电泳其分辨率最高也只能达到几十个碱基。其分辨率较聚丙烯酰胺凝胶电泳低，但是在分子标记中的使用非常普遍，一些多态性不高的分子标记技术，如 RFLP、SRAP 等分子标记可以采用该技术进行检测，图 3-5 为不同花型牡丹 SRAP 标记电泳检测图。同时对于多态性较高的分子标记，如 SSAP 等，在优化扩增体系时也可以采用该技术进行初步检测，以缩短试验周期，图 3-6 为牡丹 SSAP 分子标记采用琼脂糖凝胶电泳进行初步检测和引物的筛选，图 3-7 为筛选引物牡丹 SSAP 分子标记聚丙烯酰胺凝胶电泳检测图。

琼脂糖凝胶电泳的主要操作步骤及试剂配制见本章第二节。

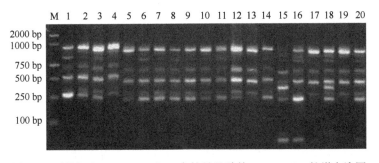

图 3-5　引物组合 me7/em2 对 20 个牡丹品种的 SRAP-PCR 扩增电泳图
M. DNA Marker DL 2000；编号 1～20 分别为 20 个不同花型牡丹品种

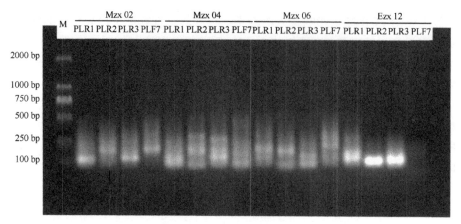

图 3-6 以洛阳红为材料筛选 SSAP 分子标记引物琼脂糖电泳图

M. DNA Marker DL 2000；Mzx02、Mzx04、Mzx06、Ezx12 为 4 种选择引物；PLR1、PLR2、PLR3、PLF7 为 4 种 LTR 引物

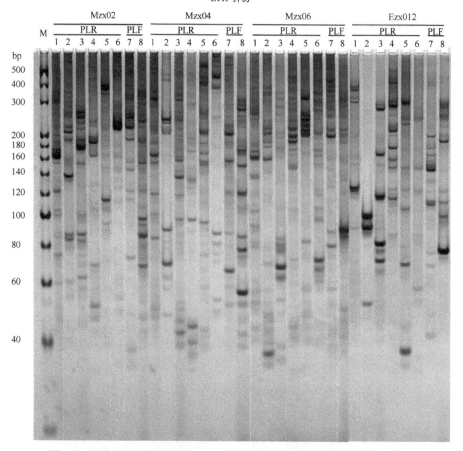

图 3-7 以洛阳红为材料筛选 SSAP 分子标记引物聚丙烯酰胺凝胶电泳图

M. DNA Marker DL 20；Mzx02、Mzx04、Mzx06、Ezx12 为 4 种选择引物；PLR1、PLR2、PLR3、PLR4、PLR5、PLR6、PLF7、PLF8 为 LTR 引物

二、聚丙烯酰胺凝胶电泳检测

聚丙烯酰胺凝胶（polyacrylamide gelelectrophoresis，PAGE）为网状结构，具有分子筛效应。PAGE 根据其有无浓缩效应，分为连续系统和不连续系统两大类，连续系统电泳体系中缓冲液 pH 及凝胶浓度相同，带电颗粒在电场作用下，主要靠电荷和分子筛效应。不连续系统中由于缓冲液离子成分、pH、凝胶浓度及电位梯度的不连续性，带电颗粒在电场中泳动不仅有电荷效应、分子筛效应，还具有浓缩效应，因而其分离条带清晰度及分辨率均较琼脂糖凝胶电泳佳。

聚丙烯酰胺凝胶电泳具有较高的分辨率，其分辨率是由丙烯酰胺浓度与加入的交联剂比例决定。琼脂糖凝胶电泳的分辨率较低但范围较大，可用来分析 70 个碱基对（3%琼脂糖凝胶）到 800 000 个碱基对（0.1%琼脂糖凝胶）长度的双链 DNA 片段，而聚丙烯酰胺凝胶的分辨率较高但分辨范围较窄，适用于分析含 6 个碱基对（20%丙烯酰胺）到 1000 个碱基对（3%丙烯酰胺）长度的双链 DNA 片段。

聚丙烯酰胺凝胶电泳具体步骤如下。

1）用 NaOH 溶液浸泡玻璃板，彻底清洗玻璃板上的杂质，然后将玻璃板用流动水清洗干净。

2）洗干净的玻璃板至于玻璃板架上晾干。

3）用乙醇擦洗玻璃板。

4）带凹口的背板涂上硅化剂，面板则涂上黏合剂，防止电泳完毕发生撕胶和脱胶的可能，涂抹过程要均匀。

5）面板在下，背板在上，两侧用塑料板密封，并用夹子夹好。调节底部，使之水平放置。

6）将加入催化剂后的凝胶沿凹口均匀倒下，插入梳子，注意此过程要小心谨慎，避免封条下留下气泡。

7）室温聚合 30min，小心取出凹口处梳子，用水冲洗加样孔（否则梳子所残留的丙烯酰胺在加样孔聚合产生不规则表面，引起 DNA 带变形）。

8）将凝胶固定在电泳槽里，带凹口背板朝里，面向缓冲液槽。

9）用 0.5×TBE 灌满电泳槽的缓冲液槽，接上电极，打开电源。调试工作环境为电压 1～8V/cm。预热 30min 左右。

10）点样：2.5μL 的 0.5%的溴酚蓝，与 PCR 产物混匀，每孔点样 1～3μl，DNA Marker DL 2000 为 1～2μl。

11）电泳至所需位置后，切断电源，拔出导线，回收缓冲液，卸下玻璃板。在工作台上，将背板撬起，放回原处。

12）将面板进行银染。

聚丙烯酰胺凝胶电泳试剂配制如下。

1)配制 30%丙烯酰胺：丙烯酰胺 29 g，N,N-亚甲双丙烯酰胺 1 g 加水至 100 ml，

4℃棕色瓶可保存两个月（丙烯酰胺是强烈的神经毒素，可经皮肤吸收。丙烯酰胺的作用具有累积性。称取粉末状丙烯酰胺及亚甲双丙烯酰胺时必须戴手套和口罩。取用含上述化学药品的溶液也要戴手套）。

2）配制 5×TBE 缓冲液：见本章第二节。

3）10%过硫酸铵：过硫酸铵 1 g 加水至 10 ml 可在 4℃保存数周。

图 3-8 为牡丹 SSAP 分子标记电泳图。

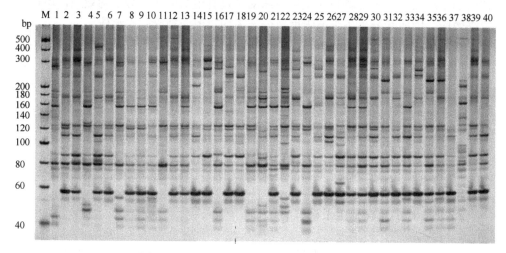

图 3-8　部分牡丹品种 SSAP 分子标记电泳图

M. DNA Marker DL 20；1～40. 不同品种牡丹

三、DNA 银染

电泳后对样品的显示有许多方法，目标产物的检测主要采取显色法，目前大多采用同位素放射自显影法、荧光染料标记法、溴化乙锭和银染法。放射自显影法具有灵敏度高、可靠性强等优点，但必须使用同位素标记，操作过程比较繁琐，且操作者易遭受同位素照射的危险，需特别的设备和防护措施，因而在应用中有一定的局限。荧光染料标记法虽然消除了同位素对人的危害性，但同时也降低了检测灵敏度，且操作过程同样繁琐，需要有荧光显微镜等设备，成本较高。溴化乙锭（EB）染色法方便易行，但聚丙烯酰胺对 EB 的荧光有猝灭作用，大大降低了溴化乙锭染色灵敏度，小于 10 ng 的 DNA 条带很难检测到，往往要求产物的量较大，且 EB 具有致癌性，使得对凝胶的操作和处理变得复杂。

使用银染法，可以有效地克服以上 3 种常见凝胶染色法的缺点。基本原理是先用固定液将核酸固定到凝胶上，然后使银染剂中的银离子与之牢固结合，再通过还原剂将银离子还原，从而发生显色反应，使得目标产物可见。银染法对试剂的要求不高，一般国产分析纯试剂即可满足要求，并且固定液和染色液可以重复使用，降低了试验成本，所用试剂安全稳定，对操作者的健康所造成的危害甚微，银染后的凝胶可以长期保存，更有利于对试验结果的回顾性分析。在目前的分子生物学研究上应用广泛。银染是迄今为止灵敏度最高的一种染色法。

目前较常用的是 Bassam 等（1991）和 Sanguinetti 等（1994）的银染法，但过程比较繁琐。近年来，很多研究者根据自己的实践提出了不少改进的银染法。郭大龙等（2010）在前人研究的基础上，对银染的染色和显色方法进行了改进，其操作方法经济、快速、简便、灵敏度高、适用于不同植物，又便于一般实验室操作。

图 3-9 为优化银染方法的电泳图。

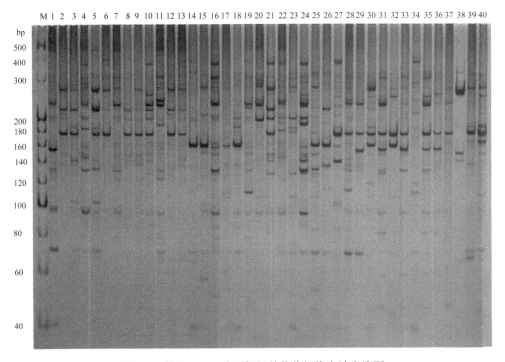

图 3-9　牡丹 SSAP 分子标记的优化银染方法电泳图

M. DNA Marker DL 20；1～40. 不同品种牡丹

具体操作步骤如下。

1）电泳结束后切断电源，从电泳槽中倒出缓冲液，然后取下胶板，将凝胶从玻璃板中取出放入装有蒸馏水的瓷盘中，用蒸馏水漂洗 2 次。

2）银染：加入 0.2% 的硝酸银，10% 的无水乙醇组成的染色液，银染 10 min，然后用蒸馏水漂洗 2 次。

3）显影：加入氢氧化钠（2%～3%）和甲醛（0.1%～0.4%）组成的显影液显色 8～10 min。

4）凝胶摄影：用数码相机对凝胶进行照相。

银染法一般以乙醇或乙酸固定，由于乙酸固定后带色较浅，同时其具有刺激性气味，具有腐蚀性，因此可选用乙醇固定。为了节省时间，省掉了专门的固定步骤，而把乙醇和硝酸银配制在一起。如果在染色过程中不加乙醇，带型不整齐。

试验中发现，染色时硝酸银量不足会使 DNA 带变浅，失效则导致胶板变空白，染色液与显影液混合也不会变棕黑色；量过多，导致嵌入或残留在胶板上的银离子增多，甲醛相对量减小，在增加背景颜色的同时影响 DNA 带的显影。从经济有效考虑，可选择 0.2%硝酸银染色。

甲醛的作用是将银离子还原为金属银。显色时，当甲醛用量较高时，染色时间缩短，但胶颜色发黄，背景污浊，且相互反差变小，使不同分子质量的 DNA 不能同步显色，影响灵敏度；用量较低不仅染色时间延长而且不易着色，因此寻找适量甲醛配制的显影液，是获得高敏感性和特异性银染结果的关键。氢氧化钠在显影液中起提供碱性环境、促进显影剂显影能力的作用。

改良的 DNA 银染方法克服了许多非变性聚丙烯酰胺凝胶电泳及银染法的不足，省时、简便且重复性好，确保了非变性聚丙烯酰胺凝胶中阳性条带的显示与观察，能够达到准确筛查和精确定量的目的，对筛查出的阳性标本进行有目的的测序，可避免盲目测序所带来的资金浪费。

第六节　序列的克隆方法

DNA 分子标记技术是以基因组 DNA 序列变异为基础的新的标记方法，因此开发新的 DNA 分子标记方法或者在新的物种上应用，经常需要首先获得基因组 DNA 中部分序列信息，如 CDDP 分子标记需要事先获得功能基因保守序列、SSR 分子标记需要预先获得 SSR 序列信息，尤其是基于植物反转录转座子开发新的分子标记必须事先知道其反转录转座子中部分序列信息序列，如 LTR 序列、PBS 序列、RT 序列等。而获得相关序列信息的方法主要有公共数据库查询和序列的克隆及测序两种方法，对于目前研究较多、序列信息较丰富的物种可直接通过公共数据库查询获得相关序列信息，如 CDDP、SSR 等分子标记均可通过公共数据库获得序列信息，从而基于所获得序列开发分子标记。但是 DNA 分子标记在新的物种中应用时，其相关研究通常较少、序列信息还不够丰富，尤其是像反转录转座子序列信息，因此开发反转录转座子的分子标记或将该类分子标记方法应用到新的物种上研究时，通常需要通过 DNA 序列的克隆及测序，获得目的序列。

　　一般来说，基因克隆技术包括 PCR 技术扩增出目的基因或序列，与有自主复制能力的载体 DNA 在体外人工连接，构建成新的重组 DNA，最后转入到大肠杆菌中，从而产生含有特定基因或者序列的单克隆大肠杆菌，通过质粒提取与测序获得目的基因或序列。通过基因克隆获得目的基因或序列在其基因结构与功能等相关方面研究具有重要意义。同时基于基因克隆所获得的序列设计引物，从而开发出新的 DNA 分子标记技术，序列的克隆主要操作步骤如下所述。

一、扩增产物的回收与纯化

　　使用 Bioteke 琼脂糖凝胶 DNA 回收试剂盒进行扩增产物的回收与纯化。具体操作如下。

　　1）切取含 DNA 片段的琼脂糖凝胶胶块，尽量将空琼脂糖凝胶切去，按质量比 1∶3 加入溶液 A。

　　2）60℃水浴 10 min，将胶完全融化，期间可上下颠倒混匀。

　　3）加入 50 μl 溶液 B，振荡混匀。

　　4）将溶液置于离心柱中静置 2 min，12 000 r/min 离心 30 s。

　　5）倒掉液体，加入 500 μl 溶液 C 于离心柱中 12 000 r/min 离心 30 s，弃液。

　　6）12 000 r/min 再次离心 1 min，甩干剩余液体以除去残余乙醇。

　　7）将离心柱置于新的离心管中，室温下敞开离心管管盖放置 5～10 min，使乙醇挥发殆尽。

　　8）加入 40 μl 灭菌的双蒸水，静置 2min。

　　9）12 000 r/min 离心 2 min，管底溶液即为所需的 DNA。–20℃储存。

二、LB 固、液培养基的制备

　　根据试验需要制备一定量的 LB 固、液培养基，下面为 1 L LB 培养基的配制方法如下。

　　1）按培养基配方比例，依次准确地称取酵母提取物（yeast extract）5 g、胰蛋白胨（Tryptone）10 g、NaCl 10 g 放入烧杯中。

　　2）在上述烧杯中可先加入约 900 ml 的灭菌双蒸水，用玻璃棒搅匀，然后，在磁力搅拌器下加热使其溶解。待药品完全溶解后，加双蒸水定容到 1L。

　　3）用滴管向培养基中逐滴加入 1 mol/L 的 NaOH，边加边搅拌，并随时用 pH 计测其 pH，直至 pH 为 7（注意 pH 不要调过头，以避免回调，否则，将会影响培养基内各离子的浓度）。

4）将调好 pH 的 LB 液体培养基分装到细菌培养管中，每管 4 ml（根据试验需要确定分装管数）。

5）将剩余 LB 液体培养基按 1 L 中加 15 g 琼脂的比例加入琼脂粉。在微波炉中煮沸，分装到三角瓶中（不能超过 1/3），在高压灭菌锅中灭菌。同时需要灭菌的还有培养皿等。

6）将灭菌后的培养皿、LB 培养基、氨苄西林（在冰上融化）等在超净工作台中，吹风。

7）待 LB 培养基温度降到 55℃左右，而培养基还未凝固时，加入氨苄，使其工作浓度为 50 mg/L。迅速摇匀，然后分装于培养皿中（每个培养皿中加 20 ml），凝固以后保存于 4℃冰箱中。

三、大肠杆菌感受态细胞的制备

1）从 LB 平板上挑取新活化的大肠杆菌 DH5α 单菌落，接种于 LB 液体培养基中，37℃下振荡培养过夜（12 h 左右）。

2）取 1 ml 将该菌液接种到 10 ml 含有 LB 培养基的三角瓶中，37℃振荡培养 2～3 h 至 OD_{600} 值为 0.4～0.5。

3）取 50 μl 菌液转入 1.5ml 离心管中，冰上放置 10 min。

4）在冷冻离心机内，4℃下，4000 r/min 离心 10 min。弃去上清，将管倒置 1 min 以便培养液流尽。

5）在冰上加入 100 μl 预冷的 0.1 mol/L 的 $CaCl_2$ 溶液，轻轻混匀，悬浮细胞，冰上放置 30 min。

6）将上步所得的细胞悬浮液在冷冻离心机内，4℃，4000 r/min 离心 10 min，弃去上清，加入 100 μl 预冷的 0.1 mol/L 的 $CaCl_2$ 溶液，轻轻悬浮细胞，冰上放置 20 min，得到感受态细胞，储存于–80℃超低温冰箱保存。

四、回收产物的克隆和转化

1.0%琼脂糖凝胶电泳检测 PCR 扩增产物，并用 BioTeke 快捷型琼脂糖凝胶回收试剂盒，回收、纯化 PCR 产物。

采用 TaKaRa 公司的 pMD 18-T 载体进行克隆、转化，具体操作如下。

1）在超净工作台内于冰盒上进行连接操作，加入溶液 I 5 μl，回收产物 4 μl，pMD18-T Vector 1 μl。于 16℃反应 1 h，然后室温过夜。

2）打开水浴锅，温度设置 42℃，LB 液、固体培养基，感受态细胞（冰盒上融化）置于超净工作台上，吹风 10 min。

3）取灭菌的 1.5 ml 离心管，加入 50 μl 感受态，5 μl 连接产物，轻弹，充分混匀，置于冰盒上 30 min。

4）将上述离心管放入水浴锅（确保 42℃）热激 90 s。取出于冰盒上放置 1～2 min。

5）加入 400 μl LB 液体培养基，37℃与恒温培养箱中振荡培养 1 h。

6）镊子、涂布器，75%乙醇消毒后灼烧 3 次，冷却。打开培养皿，吸取 120 μl 培养液均匀涂布，动作轻柔（灼烧涂布器，冷却，继续下一个培养皿）。

7）将固体培养基 37℃于恒温培养箱中正置培养 1 h，然后倒置培养 12～16 h。

8）在超净工作台上，用灭菌的牙签挑取单克隆菌斑放入 LB 液体培养基中，37℃振荡培养 12～16 h，至液体混浊。

五、大肠杆菌质粒的提取及阳性菌检测

采用碱裂解法提取大肠杆菌，其具体操作过程如下。

1）用接种环挑取白色单菌落放入含有氨苄西林的 5 ml LB 液体培养基中，37℃，转速 300 r/min 下振荡培养过夜。

2）取 1.5 ml 菌体于离心管中，以 12 000 r/min 离心 5 min，弃上清液，收集沉淀（倒置于吸水纸上确保上清液去除干净。）

3）在所收集沉淀中加入 100 μl 溶液 I（1%葡萄糖，50 mmol/L EDTA pH 8.0，25 mmol/L Tris·HCl pH 8.0）充分混匀，静置 5 min。

4）加入 200 μl 溶液 II（0.2 mmol/L NaOH，1% SDS），轻轻翻转混匀，置于冰上 5 min，至溶液清亮。

5）加入 150 μl 预冷的溶液 III（5 mol/L KAC，pH 4.8），轻轻翻转混匀，置于冰上 5 min，至杂质充分沉淀。

6）以 12 000 r/min 离心 5 min，吸取上清液转至另一新离心管，加入 2 倍体积无水乙醇，混匀后置于冰上 30 min。

7）以 12 000 r/min 离心 5 min，弃上清。用 70%乙醇 500 μl 洗涤一次（倒置于吸水纸上确保上清液去除干净）。置于超净工作台彻底风干。加入 50 ml 灭菌双蒸水，溶解，–20℃储存。

8）采用 1%琼脂糖凝胶电泳检测质粒。阳性菌的检测，以质粒为模板进行 PCR，采用 1%琼脂糖凝胶电泳检测，扩增出特异性条带即为阳性菌。

图 3-10 为转化后大肠杆菌质粒提取电泳图与质粒 PCR 电泳图。

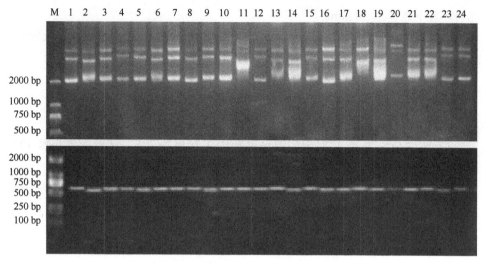

图 3-10　转化后大肠杆菌质粒提取电泳图与质粒 PCR 电泳图

M. DNA Marekr DL2000；1～24. 一次克隆中提取的 24 个质粒；上图为转化后大肠杆菌质粒提取电泳图，
下图为对应的质粒 PCR 电泳图

第四章　牡丹随机扩增多态性 DNA 分子标记

第一节　RAPD 分子标记技术概述

一、RAPD 分子标记技术原理

RAPD 分子标记技术是基于 PCR 技术的一种分子标记方法，利用一系列（通常数百个）碱基顺序随机排列的引物，对基因组 DNA 进行 PCR 扩增，由于基因组 DNA 片段被引物选择性扩增出来，产生不连续的产物，然后通过聚丙烯酰胺或琼脂糖电泳检测扩增产物，通过扩增产物条带的多态性从而显示出模板的多态性（Williams *et al*.，1990；周延清，2005；Gupta *et al*.，1999；Agarwal *et al*.，2008；Avise，2012）。

在生物基因组 DNA 中均存在或长或短被间隔的反向重复序列，因此在双链基因组 DNA 中就存在相同的反向重复序列位点。RAPD 分子标记技术采用的是 10 bp 左右的随机寡聚核苷酸单链引物，由于所用引物序列较短，因此在 PCR 反应中在较低的复性温度下，能与基因组 DNA 的反向重复序列位点相结合，从而扩增出条带。由于不同基因组 DNA 中存在的这种反向重复序列的数目及间隔不同，扩增产物的条带数与条带长度也就不同，从而表现出扩增产物的多态性。其扩增条带的有无或者扩增结果的好坏，受基因组 DNA 中与引物互补的反向重复序列的数量及其间隔的距离影响，因此 RAPD 分子标记需要对数量庞大的引物进行筛选，从而获得能表现出扩增多态性的引物。

RAPD 分子标记所用的一系列引物 DNA 序列各不相同，但对于任意结合位点，如果能与某一 RAPD 引物相互补，并且在基因组某些区域内的分布符合 PCR 扩增反应条件，就可扩增出 DNA 片段。如果基因组 DNA 在这些区域内发生 DNA 片段插入、缺失或碱基突变，就可能导致引物结合位点分布相应的变化，而使 PCR 产物发生条带的增加、减少或者条带大小的变化，因此通过对 PCR 产物的检测即可测出基因组 DNA 在这些区域的多态性。

二、RAPD 分子标记技术特点

RAPD 分子标记的引物序列长度为 10 bp 左右，为了保证复性反应双链的稳定性，其引物序列中 G、C 的含量应在 40%以上。

RAPD 分子标记基于 PCR 技术，采用的是随机核苷酸序列的单引物进行扩增。

其主要技术特点如下。

1）无须预先知道相关的序列信息，可以在没有任何基因组信息的条件下对 DNA 进行多态性分析，扩增反应的引物也无须专门设计，随时设计的 10 bp 左右的引物均可用于 PCR 扩增，因此该标记方法的适用范围极广。

2）在各物种间的通用性较好：RAPD 分子标记的引物为随机引物，在不同物种间的应用没有限制，同一套 RAPD 标记的引物可以在任何一种生物的研究中应用。

3）不涉及生物信息学分析设计引物、分子杂交等过程，其操作简便、快捷，同时对基因组 DNA 质量的要求不高，DNA 样品的用量也少，试验成本较低。

4）不受研究物种的环境、发育、数量性状等的影响，能够客观地反映不同材料之间基因组 DNA 的差异，是一种较为理想和有效的分子标记技术。

但该分子标记方法也存在一定的缺点。

1）基因组中多数位点的 RAPD 标记为显性，所以很难区分纯合子和杂合子。

2）试验的重复性和稳定性较差，容易受到试验条件的影响。

第二节　RAPD 分子标记的研究与应用

RAPD 以其简便快速、准确等优点在植物遗传多样性研究、种质资源研究、遗传图谱构建等方面得到广泛应用。

一、RAPD 在植物研究中的应用

1. 种质资源鉴定

种质资源在其相关研究领域中起着重要作用，是新品种选育和种质创新的重要物质基础。RAPD 标记可进行品种、品系的指纹图谱绘制，用来检测品种间的差异，为优良种质资源的优良性状的利用提供了一定的遗传基础。Howell 等（1994）采用 RAPD 标记对不同基因型的 9 个芭蕉属材料进行种质鉴定，其结果表明 RAPD 标记能够将不同基因型的芭蕉属植物区分开来，同样与形态学分类较一致。Virk 等（1995）采用 RAPD 技术对菲律宾部分稻属中已知的和疑似重复的种质进行了鉴定。Tatineni 等（1996）采用 RAPD 标记对 16 个棉花品种进行了种质资源鉴定，RAPD 标记聚类分析结果与形态学分类结果一致，表明 RAPD 可以可靠地运用于棉花种质的亲缘关系研究。Thompson 等（1998）采用 RAPD 标记有效地鉴定出大豆原种及选择种。此外邹喻萍和徐本美（1998）采用 RAPD 和 SSR 标记对寿命为（580±70）年的古代太子莲，以及哈尔滨、河北、江西、湖南等地区的红花中国莲野生居群或农家栽培品种进行了分子标记检测，从而分析了古代太子莲与目前栽培莲的亲缘关系与起源，并揭示了它们之间可能存在基因交流。Bhat 等（1999）

采用 RAPD 技术对印度芝麻和外来品种进行了种质遗传多样性的研究。彭建营和彭士琪（2000）利用 RAPD 技术对枣的品种及类型的遗传变异进行了研究，结果表明部分品种具有特有的 RAPD 标记，可以用于进行品种鉴定或早期性状预选。陈亮和王平盛（2002）应用 RAPD 标记对原产于云南等地的 24 份野生茶树资源进行了鉴定研究，结果表明，RAPD 标记在鉴定茶树种质资源方面非常有效，并且特异的标记、特异的谱带类型、不同引物提供谱带类型的组合可以分别独立地用于茶树种质资源的分子鉴定。李锡香等（2004a）利用 RAPD 标记对来源和类型不同的黄瓜种质进行了分析，揭示了黄瓜种质多样性具有很大的差异，聚类分析表明，西双版纳黄瓜明显地与其他栽培种质分开了，其他中国栽培种质的遗传关系与形态特征和地域分布存在一定的相关性，但不完全一致。王凌晖等（2005）采用 RAPD 分子标记技术对广西何首乌野生种质资源进行遗传多样性分析，聚类分析与地理位置具有较好的一致性。

通过 RAPD 分子标记基于不同个体间 PCR 扩增出的特异性电泳图谱构建 DNA 指纹图谱，能够对物种的种质资源进行快速、准确的鉴定，具有重要的应用价值。郭旺珍和何金龙（1996）利用 RAPD 技术构建了 9 个棉花主栽品种的指纹图谱，其中 1 个引物可使每一品种具有其自身的特征谱带，展示了 RAPD 技术可从 DNA 水平上鉴别我国现有棉花推广品种的分子差异，表明 RAPD 标记可有效用于品种纯度的鉴定。王心宇和郭旺珍（1997）对我国棉花主栽品种进行了 RAPD 指纹图谱研究。高志红等（2001）获得了桃、李、梅、杏 4 种核果类果树的 RAPD 指纹图谱，结果同样表明应用单一引物可区别核果类果树的不同种乃至品种；多个引物的扩增产物聚类结果能很好地反映种间亲缘关系，从而在基因水平上支持梅和杏为同一亚属，李、桃各为一亚属的分类方案。杨美华等（2003）用 RAPD 方法对正品和伪品大黄进行指纹图谱的研究，表明该方法能够在分子水平上可靠、准确、快速地用于正品和伪品大黄的鉴定。周玉珍等（2006）利用 RAPD 分子标记构建了 53 个墨西哥落羽杉无性系的指纹图谱，可对墨西哥落羽杉优良无性系进行准确的区分和鉴定。

2. 遗传图谱构建

RAPD 标记采用随机引物对基因组 DNA 进行扩增，因此在理论上其标记数量是无限的，并且在染色体端粒及重复序列上也存在 RAPD 标记位点，因此对构建高密度的遗传图谱具有重要应用价值。Grattapaglia 和 Sederoff（1994）采用 RAPD 分子标记构建了桉树的遗传图谱，母本巨桉图谱共 14 个连锁群，包括 240 个标记，全长 1152 cM，父本尾叶桉共 11 个连锁群，包括 251 个标记，全长 1101 cM。Mudge 等（1996）采用 RAPD 分子标记技术构建了甘蔗的遗传图谱。Costa 等（2000）采用 AFLP、RAPD 和蛋白质标记构建了南欧海松的遗传图谱，并且通过 QTL 检测到 31 个蛋白质定位在该遗传图谱中。张鲁刚等（2000）构建了白菜的 RAPD

遗传图谱，该图谱全长 1632.4 cM，标记间的平均间隔为 16.5 cM。李效尊等（2004）构建了黄瓜的 RAPD 分子遗传图谱，总长度 1110.0 cM，平均间距为 13.7 cM，并定位了侧枝基因（lb）和全雌性基因（f）在连锁群上的位置，为进一步研究侧枝和全雌性状及黄瓜的其他性状的基因奠定基础。黄福平等（2006）采用 ISSR 和 RAPD 标记构建福鼎大白茶遗传连锁图，该遗传连锁图的总图距为 1180.9 cM，标记间的平均距离为 20.1 cM。乔飞等（2006）采用 RAPD 和 AFLP 标记构建了北京 2-7 和白花山碧桃的遗传连锁图，分别覆盖 221.7 cM、7 个连锁群和 1238.8 cM、12 个连锁群。黄少玲（2007）利用 RAPD 标记构建春石斛分子遗传图谱，图谱总长度 6568.7 cM，标记间平均距离为 50.11 cM。

3. 遗传多样性研究

汪小全和刘正宇（1996）采用 RAPD 标记对采自湖南和四川的银杉个体进行了遗传多样性研究，其研究结果表明银杉较其他裸子植物的遗传变异水平偏低，并且发现遗传变异水平的高低与其生境的复杂程度有一定的相关性，并且其部分亚居群间有较强烈的分化，遗传差异最高可达 16.23。Russell 等（1997）采用 RFLP、AFLP、SSR 和 RAPD 标记对大麦的遗传多样性进行了研究，结果 4 种标记方法均能构建独特的指纹图谱进行遗传多样性研究，只是在多态性的检测上数据不同。伍宁丰等（1997）利用 RAPD 标记对我国 7 省和国外引进的甘蓝型油菜品种的遗传多样性进行了研究，结果表明，这些品种存在着广泛的遗传变异，聚类分析可以将它们分为三大类群，反映出这些品种之间的亲缘关系。Pejic 等（1998）采用了 RFLP、AFLP、SSR 和 RAPD 标记对玉米自交系进行了亲缘关系的研究，结果同样表明不同的标记方法均能用于玉米遗传多样性的研究。张海英等（1998）利用 RAPD 技术对多个生态型的黄瓜材料的遗传亲缘关系进行了研究，每个生态型品种都具有区别于其他品种的特有扩增（缺失）带，从分子水平验证了传统的黄瓜地域分类标准，同时表明黄瓜是遗传基础狭窄的蔬菜作物。陈亮和高其康（1998）应用 RAPD 标记对原产于福建、湖南、浙江、陕西、贵州、江西和湖北等省的茶树的遗传多样性进行分析，结果表明中国茶树品种资源在 DNA 分子水平上具有很高的遗传多样性。夏铭等（2001）对 4 个蒙古栎天然群体进行 RAPD 研究，结果表明蒙古栎群体间的遗传距离与地理距离相关性不大。丁鸽等（2006）采用 RAPD 分子标记技术对铁皮石斛的遗传多样性、亲缘关系及分子鉴别等进行研究，结果表明铁皮石斛居群间遗传差异明显，具有较丰富的遗传多样性，同时也表明 RAPD 可以作为铁皮石斛野生居群遗传多态性、居群亲缘关系和分子鉴别研究的有效手段。徐文斌等（2006）采用 RAPD 技术对药用菊花种质资源的遗传多样性进行研究，聚类分析结果表明利用 RAPD 技术可将全部供试材料区分开，其研究结果揭示了药用菊花栽培类型间的差异与环境因素有关，但更大程度上由其遗传因素决定。

二、RAPD 在牡丹研究中的应用

RAPD分子标记技术在植物的研究中得到广泛应用,同时研究人员也将RAPD标记广泛地应用于牡丹的相关研究中。在牡丹的遗传多样性、种质资源研究、杂交育种等方面成果显著。

1. 牡丹种质资源研究

裴颜龙和邹喻苹（1995）采用 RAPD 标记对采自陕西、山西、甘肃等地矮牡丹与紫斑牡丹进行分析，结果表明濒危植物矮牡丹与紫斑牡丹种内具有低水平的 DNA 多态性，同时也表明 RAPD 技术用于检测野生牡丹居群内与居群间的遗传变异是可行的，用于研究种间的进化和亲缘关系也有潜力。邹喻苹等（1999a）采用 RAPD 标记对芍药属牡丹组种质资源进行研究，结果表明 RAPD 标记能将矮牡丹、紫斑牡丹、杨山牡丹、卵叶牡丹、滇牡丹、大花黄牡丹和四川牡丹 7 个种很好地区分开来，其研究结果与洪德元等（1996）根据形态性状对该组所做的分类处理基本相符，表明 RAPD 技术用于牡丹基因组分析是灵敏而行之有效的工具。李奎等（2011b）利用 RAPD 标记技术对取样的 16 个野生居群和其他野生种滇牡丹进行了系统的研究，聚类分析结果每一个野生种都能各自聚为一支，滇牡丹居群间在相似系数为 0.68 时聚为三组，黄色花系居群与红紫色花系居群各占一组，维西居群被独立开来。结合形态学性状的差异，其认为 "*Paeonia delavayi*"（滇牡丹）作为种名和 "*Paeonia delavayi* complex"（滇牡丹复合群）的处理并不合理，支持将红紫色花系命名为 *Paeonia delavayi*（紫牡丹），黄色花系居群命名为 *Paeonia lutea*（黄牡丹），维西居群提升为 *Paeonia weisiensis* Y. Wang et K. Li, sp. nov（维西牡丹）作为一个独立的种。

2. 牡丹遗传多样性研究

Hosoki 等（1997）采用 RAPD 标记对部分栽培品种牡丹的遗传多样性进行分析，11 条 RAPD 引物能将供试材料区分开来，聚类分析将 19 个供试材料分为 4 个组，其结果与花型、叶型和花色并不完全一致。陈向明等（2001）对 7 种花色系的 35 个牡丹栽培品种进行 RAPD 分析，同种花色不同品种和不同花色品种间存在较大的遗传多态性，聚类结果的划分与不同花色无必然的相关性，同一花色系的不同品种可能具有不同的起源。陈向明等（2002）用 RAPD 标记对 7 个不同花色的 35 个牡丹品种进行亲缘关系的研究，其扩增结果表明受试牡丹栽培品种之间遗传多态性丰富，其中 18 个受试牡丹品种产生特异性遗传标记，UPGMA 聚类结果表明来源相同花色一致的牡丹品种之间亲缘关系相对较近，其聚类结果同样与花色之间并非完全具有相关性，产地来源较花色对牡丹品种的亲缘关系的影响更为突出。孟丽和郑国生（2004）利用 RAPD 技术对矮牡丹、杨山牡丹、紫斑牡丹、四川牡丹、卵叶牡丹和黄牡丹 11 个野生类群和不同花型花色的 12 个栽培牡丹品种间的亲缘关系进行了研究，并构建了遗传聚类树状图（图 4-1）。革质花盘亚组的野生类群与栽培品种聚为一类，革质花盘亚组各野生种与栽培品种间的亲缘关系都比较近，表明牡丹栽培品种的起源与革质花盘亚组具有较为密切的关系；而肉质花盘亚组的黄牡丹与供试其他分类群亲缘关系较远，表明黄牡丹对牡丹栽培品种的起源影响较小。苏雪等（2006）应用 RAPD 技术对甘肃栽培紫斑牡丹品种的分类进行了初步研究。

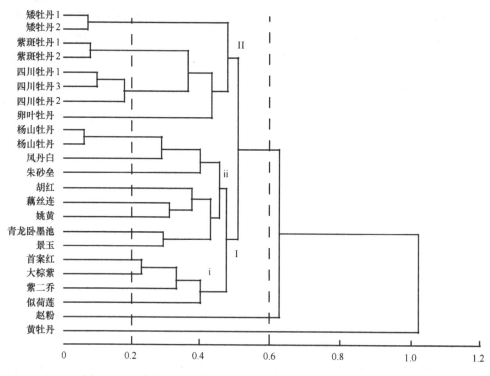

图 4-1　23 个牡丹材料聚类分析树状图（孟丽和郑国生，2003）

第五章　牡丹扩增片段长度多态性分子标记

第一节　AFLP 分子标记技术概述

AFLP 技术是通过限制性内切核酸酶对基因组 DNA 进行酶切，然后对酶切片段进行选择性扩增，从而表现出多态性。它是结合酶切与 PCR 扩增技术的一种分子标记技术，广泛应用于遗传多样性研究、遗传图谱构建和基因定位、天然居群的遗传结构与保护生物学研究等方面（Powell *et al.*，1996；Jones *et al.*，1997；Nybom，2004）。此外 AFLP 也可应用于微卫星序列的分离，从而开发出微卫星分子标记（Hakki and Akkaya，2000；Zane *et al.*，2002；Gao *et al.*，2003）。

一、AFLP 分子标记技术原理

AFLP 标记的技术原理是通过限制性内切核酸酶对基因组 DNA 进行双酶切，之后采用选择性接头连接到酶切片段，再以选择性接头和酶切黏性末端为基础设计引物，进行 PCR 扩增，最终把基因组 DNA 酶切后的片段分离出来，并显示出这些片段的多态性。

不同物种其基因组 DNA 大小不同，经限制性内切核酸酶酶切后，产生分子质量大小不同的酶切片段。利用 AFLP 分子标记对基因组进行酶切一般采用双酶切，一个是密切酶（common cutter），识别位点是 4 个碱基，也称为高频剪切酶，另一个是稀切酶（rare cutter），识别位点是 6 个碱基，也称为低频剪切酶。在 AFLP 分子标记中常用的双酶切组合为 *Eco*R I 和 *Mse* I。酶切后把含有两种限制性内切核酸酶黏性末端的接头通过 DNA 连接酶与基因组 DNA 片段连接，两种接头的设计都含有两部分序列：核心序列（core sequence，CORE）和限制性内切核酸酶特定序列（enzyme-specific sequence，ENZ）。通过接头序列设计 AFLP 分子标记的引物，其序列构成包括：核心序列、限制性内切核酸酶识别序列和 3′端选择性延伸序列，前两部分与接头互补。3′端选择延伸序列的添加是为了使 PCR 扩增具有选择性，如果仅用与接头序列互补的序列作为 AFLP 引物时会扩增出大量的片段而难以分析，添加选择延伸序列则只有与选择性延伸序列互补的 DNA 才能扩增。AFLP 分子标记的关键在于接头及引物的设计。通过选择性碱基序列的碱基数目可以调节 AFLP 分子标记 PCR 扩增的片段数，对于较小和较简单的基因组 DNA 可以使用较短的选择性碱基序列，对于较大和较复杂的基因组 DNA 可以使用较长的选择性碱基序列，从而避免 PCR 扩增产物过多，导致结果无法分析，或者

PCR 扩增产物过少导致多态性较低（Vos *et al.*，1995；Mohammadi and Prasanna，2003）。

AFLP 分子标记技术的 PCR 扩增包括两个扩增反应，分别是预扩增和选择性扩增。预扩增是使用接头序列及一个核苷酸的选择性碱基序列作为引物，其目的是富集酶切基因组片段，提高扩增特异性，降低 AFLP 图谱的弱带和弥散现象；选择性扩增是以预扩增的产物为模板，以接头序列和选择性碱基序列为引物进行 PCR 扩增，从而选择性扩增出限制性内切核酸酶片段，表现出 AFLP 分子标记的选择性和多态性。

二、AFLP 分子标记关键技术

AFLP 分子标记的关键技术主要是模板 DNA 的制备、引物的选择（吕振岳等，2001；鞠秀芝等，2005；陈惠云等，2007）。

模板 DNA 的制备是 AFLP 分子标记技术的首要关键技术。AFLP 分子标记技术对模板 DNA 纯度的要求非常严格，高质量的模板 DNA 直接决定模板 DNA 能否成功地进行限制性内切核酸酶的双酶切，如果基因组 DNA 提取的纯度不够，含有核酸酶及各种失活物质污染的话，其后的酶切，以及接头与酶切产物的连接将很难进行，甚至导致实验失败。高质量的牡丹基因组 DNA 的提取方法，以及纯度和浓度的检测参见第三章。

引物的设计与选择是 AFLP 分子标记技术的另一关键技术。AFLP 分子标记技术的引物是根据限制性内切核酸酶的酶切位点进行设计的，另外根据物种基因组的大小及复杂程度，可以通过 3'端选择性碱基的数目进行调节。

该技术限制性内切核酸酶的酶切片段需要进行两次连续的 PCR 扩增，以获得大量的模板，并产生清晰、高质量的扩增结果。第一次 PCR 扩增为接头引物的预扩增，第二次为 PCR 选择性扩增。选择性扩增采用的是温度梯度 PCR，开始于高复性温度，从而获得最佳选择性，然后梯度降低复性温度，直到稳定于复性效果最好的温度，并保持这个温度完成其余 PCR 扩增循环。

AFLP 分子标记中 3'端选择性碱基的数目决定了 AFLP 分子标记选择性扩增产物的多态性。目前植物的 AFLP 分子标记技术扩增引物的 3'端碱基数目一般为 2~3 个，其一般表述为"M+2 和 P+2"或"M+3 和 P+3"。正反引物的 3'端选择性碱基数目可以不一致，如两个引物中一个含有 2 个选择性碱基，一个含有 3 个选择性碱基，可以表述为"M+2 和 P+3"或"M+3 和 P+2"。选择性碱基数目的选择，其目的在于使最终的 PCR 扩增产物经聚丙烯酰胺凝胶电泳检测时的条带数目平均在 50 个，从而避免 PCR 扩增产物过多，导致结果无法分析，或者 PCR 扩增产物过少，导致多态性较低（王和勇等，1999；朱文进等，2001；孟秋峰等，2007）。

三、AFLP 分子标记技术特点

1. 理论上可产生无限多的 AFLP 标记

AFLP 分子标记采用限制性内切核酸酶进行基因组 DNA 的酶切，采用多种不同类型的限制性内切核酸酶，可以产生多种不同酶切产物；使用不同数目、不同碱基的选择性碱基可以扩增出不同的产物，因此理论上 AFLP 可产生无限多的标记数，并且可以覆盖整个基因组。

2. 多态性高

AFLP 分子标记的每个 PCR 扩增产物经变性聚丙烯酰胺凝胶电泳可检测到的标记数为 50～100 个，并且能够在遗传关系非常相近的材料间产生多态性，被认为是指纹图谱技术中多态性最丰富的一项技术。AFLP 分子标记比 RFLP、RAPD、SSR 标记可靠、经济、有效，有着更高的揭示物种多态性水平的能力。

3. DNA 用量少，检测效率高

AFLP 分子标记分析时所需 DNA 模板量少，而且对模板浓度的变化不敏感。

4. 分辨率高，可靠性好，重复性高

AFLP 分子标记由于扩增产物的片段较短，故分辨率高，能够在遗传关系非常相近的材料间产生多态性。AFLP 采用特定引物扩增，PCR 反应复性温度较高，降低假阳性率，提高可靠性。

5. 对 DNA 模板质量要求高，对其浓度变化不敏感

AFLP 分子标记对模板浓度要求不高，在模板浓度相差 1000 倍的范围内仍可得到基本一致的结果。但该标记技术需要运用到限制性内切核酸酶酶切、DNA 连接酶连接接头与酶切片段，因此对模板 DNA 的质量要求较为严格，DNA 的质量会影响到酶切及连接扩增反应的顺利进行。

6. 方便快速

AFLP 结合了 RFLP 与 RAPD 分子标记技术各自的优点，通过限制性内切核酸酶酶切，但是不需要进行 Southern 杂交，同时不需要预先获取 DNA 序列的信息，通过限制性内切核酸酶酶切即可设计分子标记的引物，具有快速、方便的特点。

7. 通用性好

AFLP 分子标记的引物是基于限制性内切核酸酶设计的，而限制性内切核酸酶在各个物种均能进行酶切，因此其在物种间的通用性较好。

AFLP 分子标记技术同样存在一定的不足。

1）过程过于繁琐，基因标记的获得程序复杂，操作步骤较多。

2）对实验操作人员的技术水平要求较高，要求每个环节不能出现操作失误。同时对 DNA 模板浓度要求较高，对 DNA 的提取质量要求也高。

第二节　AFLP 分子标记的研究与应用

一、AFLP 分子标记在植物研究中的应用

AFLP 结合了 RFLP 和 RAPD 各自的优点，方便快速，只需极少量 DNA 材料，不需 Southern 杂交，可对无任何分子生物学研究基础的物种构建指纹图谱。

1. 遗传多样性研究

AFLP 广泛应用于植物的遗传多样性与亲缘关系研究中。对遗传多样性的研究有助于人们更清楚地认识生物多样性的起源和进化，尤其是能为物种的分类进化研究提供有益的资料，进而为育种和遗传改良奠定基础。Barrett 和 Kidwell（1998）对冬小麦和春小麦进行了分析，通过对冬小麦与春小麦、冬小麦种内、春小麦种内的遗传多样性比较，表明 AFLP 能够有效地区别其亲缘关系的远近，表明 AFLP 可以作为一种有效的标记技术对小麦栽培品种进行遗传多样性研究。Abdalla 等（2001）对棉花的二倍体品种和异源四倍体品种的 AFLP 的研究结果表明，AFLP 标记具有丰富的多态性，同样表明 AFLP 分子标记能够有效地应用于棉花亲缘关系和系统进化的研究。Hagen 等（2002）采用 AFLP 标记对取自欧洲、北美及北非、土耳其、伊朗和中国的杏进行遗传多样性研究，其扩增结果具有丰富的多态性，系统进化树揭示了杏以亚洲为发源地的进化历史，同时显示美国栽培品种与地中海地区和欧洲地区品种具有不同的遗传基础。Ferriol 等（2003）采用 AFLP 对西葫芦的两个亚种 8 个品种进行了亲缘关系的研究，通过与形态学分类对比，表明西葫芦颜色分类与分子标记分类具有最好的一致性。李锡香等（2004b）对中国黄瓜种质资源遗传多样性及其与外来种质的亲缘关系研究表明，按一定的遗传距离可以将中国和外来栽培种质分开，其研究结果有助于有目的地利用这些变异拓宽育种材料的遗传背景。近些年，研究人员采用 AFLP 分子标记对各个物种进行了遗传多样性及亲缘关系的研究。Yuan 等（2007）采用荧光 AFLP 分子标记对中国石榴的遗传多样性进行了研究。Fang 等（2007）对 4 个西非和美国豇豆进行了 AFLP 分析。Wang 等（2007）采用 AFLP 分析了中国野生香蕉的遗传多样性。苑兆和等（2008）采用荧光 AFLP 标记分析了山东石榴品种遗传多样性与亲缘关系。宋红竹等（2008）对杨树部分种的遗传多样性进行分析，结果表明，派间聚类结果与形态分类完全一致，派内、种间及种内无性系间聚类与形态

学分类基本相同，同样揭示 AFLP 分子标记与形态学分类具有较好的一致性。Pamidimarri 等（2010）采用 AFLP 和 RAPD 标记技术对麻疯树的遗传多样性进行了研究。

2. 遗传图谱的构建

分子遗传图谱的构建是基因组研究的重要内容，高密度的遗传图谱对基因克隆、精确解析数量性状基因等方面具有重要应用价值。目前用于构建遗传图谱的主要分子标记有 RFLP、RAPD 等，但是 RAPD 技术构建的分子遗传图谱空间区域较大，而 AFLP 技术可以扩增染色体末端标记，填充空隙，对构建高密度遗传图谱是一种有效的工具。Bratteler 等（2006）利用 AFLP 分子标记构建了广布蝇子草的遗传图谱。Yamamoto 等（2007）采用 AFLP 和 SSR 分子标记技术构建了西洋梨的遗传连锁图谱，这些梨的遗传图谱为目的基因的位置和 QTL 数量性状及苹果亚科的其他品种基因组结构分析提供参考。潘春清（2007）以大白菜高抗 TuMV-C_3 株系的高代自交系 A52-2 和感病自交系 GC4805 杂交的 F_2 代为作图群体，利用 AFLP 技术构建了大白菜的分子遗传图谱，并对大白菜 TuMV-C_3 抗性基因进行 QTL 分析，为开展大白菜 TuMV-C_3 抗性分子辅助育种提供了依据。Gustafson 等（2009）利用 AFLP 标记构建了木瓜的高质量遗传图谱，其总长度达到 945.2 cM，包括 9 个主要和 5 个次要的遗传连锁群。高福玲和姜廷波（2009）利用 AFLP 标记，分别构建了中国白桦和欧洲白桦的遗传连锁图谱。彭文舫等（2010）采用 AFLP 分子标记，以抗青枯病品种远杂 9102 与感病种 Chico 杂交构建的重组自交系群体为材料，构建了栽培种花生的遗传连锁图，并在国内外首次获得与花生青枯病抗性相关的 QTL。赵玉辉等（2010）利用 RAPD、SRAP 和 AFLP 分子标记分别构建了荔枝马贵荔和焦核三月红的分子遗传图谱。张瑞萍等（2011）利用 AFLP 技术构建了梨的分子遗传连锁图谱，共 17 个连锁群，包含 209 个标记位点，覆盖基因组 15 063 cM，平均图距为 7.21 cM，并对梨果实可溶性固形物、单果质量、果实纵径、果实横径和纵横径比 5 个性状的 QTL 进行定位分析。

3. 种质资源鉴定

种质资源是遗传育种研究的原材料，在其相关研究领域中起着重要作用，是新品种选育和种质创新的重要物质基础。分子标记可进行不同种间的亲缘关系研究，也可进行品种、品系的指纹图谱绘制，用来检测品种间的差异。Laurentin 和 Karlovsky（2006）采用 AFLP 分子标记对 5 个芝麻基因型多样性中心（中国-朝鲜-日本、印度、非洲、中亚和西亚）的品种进行种质资源亲缘关系的研究，聚类表明这些物种间没有表现出基因型和地理起源的联系，表明在这些不同地源分布的品种间有着非常大的基因交流。Seehalak 等（2006）采用 AFLP 分子标记对泰国及其邻近地区的豇豆种质资源进行了遗传多样性分析。Johnson 等（2007）对来自美国、中国、东非、东欧、地中海地区、中南亚及西南亚 7 个地区的红花种质资源进行分析。Kumar 等（2008）采用 AFLP 分子标记对菜豆属 44 个品种进行分析，为菜豆新品种选育提供了参考。Tatikonda 等（2009）采用 AFLP 分子标记对印度 6 个邦的麻疯树进行优良种质的搜集，其聚类结果表明，来自安得拉邦的品种在各组中均有分布，而来自恰蒂斯加尔邦的品种则表现出较高的特异性，通过分子标记结果与其他形态、农艺性状相结合，对麻疯树新品种选育具有重要作用。刘新龙等（2009）利用 AFLP 标记对滇蔗茅无性系进行分析，反映了同一地区无性系之间丰富的遗传变异，同时揭示了丰富的地理生态条件造就了滇蔗茅丰富的遗传多样性和明显的地域性分布规律。杨衍等（2009）利用 AFLP 分子标记技术对苦瓜种质资源进行遗传多样性和亲缘关系评价分析，其在 DNA 水平上酶切位点的分布存在广泛的变异。

4. 利用 AFLP 方法筛选 SSR

AFLP 除了作为分子标记技术在植物亲缘关系、种质资源、杂交育种等方面广泛应用外，也可以作为一种辅助技术开发其他类型的分子标记技术。Hakki 和 Akkaya（2000）用基于 AFLP 的方法从小麦中分离 SSR 位点。其实质和基于 RAPD 的方法相同，只是富集 SSR 位点时所用的 DNA 片段的来源不同。应用磁珠富集 AFLP 片段中含 SSR 的片段，是基于磁珠表面的链亲和素与标记于 SSR 探针上的生物素之间的共价结合。方法是先进行 AFLP 预扩增，与 Vos 等（1995）原始的 AFLP 方法一样，然后预扩增后的产物与用生物素标记的 SSR 探针进行杂交和吸附，洗掉非 SSR 片段后，收集下来的 DNA 用相应的 AFLP 引物进行扩增，片段克隆测序后设计引物进行 SSR 扩增。Yamamoto 等（2002）用类似的方法从梨中开发出 14 个引物对。Gao 等（2003a）用此方法从花生中测序了 14 个克隆，全部包含 SSR，其中，5 个为简并序列，7 个用来设计引物，在花生中表型都较好。Zane 等（2002）提出了一种被称为 FIASCO（fast isolation by AFLP of sequences containing repeats）的方法，实质上与 Hakki 的方法大同小异。利用 *Mse* I 消化基因组 DNA 并连接 *Mse* I-AFLP 接头，这两步在同一反应体系中同时进行。然后用 AFLP 接头特异引物进行扩增，与真正的 AFLP 选择性扩增不同的是该引物为简并引物，没有 AFLP 的选择性，所有基因组 DNA 片段都可能被扩增，扩增产物与生物素标记的 SSR 探针进行选择性杂交，富集分离 SSR。Saito 等（2005）在柳莺中采用 FIASCO 方法成功地开发出了 SSR 引物。

此外，AFLP 分子标记技术也广泛地应用到分子标记辅助育种、基因表达和基因克隆等相关方面研究。

二、AFLP 分子标记在牡丹研究中的应用

AFLP 分子标记技术目前已大量应用于牡丹组的亲缘关系、遗传多样性、核心种质构建等方面的研究。

1. 牡丹遗传多样性研究

侯小改等（2006b）利用荧光标记 AFLP 技术，对 30 个牡丹栽培品种进行了总基因组 DNA 水平上的多态性检测，揭示了牡丹栽培种质丰富的遗传多样性，同时不同品种中检测到数目不等的品种特异带型，这些品种的特异带型对供试牡丹品种具有一定的鉴别价值，AFLP 分子标记能将 30 个牡丹品种完全区分开；聚类分析结果表明多数来源地相同的牡丹种质表现出较为密切的亲缘关系。同年，侯小改等（2006c）采用 AFLP 标记技术对牡丹野生种与矮化种和高大品种间的亲缘关系进行了分析，揭示了牡丹组植物丰富的遗传多样性。聚类结果表明：在供试的 4 个牡丹野生种中，与栽培牡丹亲缘关系从近到远依次为杨山牡丹、矮牡丹、紫斑牡丹和卵叶牡丹；矮牡丹和卵叶牡丹有较近的亲缘关系；品种间的聚类结果表明，部分矮化品种、高大品种分别相聚，而一些矮化与高大品种也相聚；不同相似系数的遗传聚类划分与株高间并没有完全一致的关系，但在其他性状相差不大时，株高相近的品种间亲缘关系相对较近。周兴文（2006）利用 AFLP 分子标记技术对 23 个牡丹品种进行了多态性研究，研究表明，产地来源对牡丹品种亲缘关系的影响比其他性状更为突出，聚类组（群）的划分与牡丹品种花型、花色的形态学划分并不完全一致。刘萍等（2006）利用 AFLP 技术对 30 个牡丹品种的遗传多样性进行了研究，聚类分析结果显示，遗传距离 0.25 处将 30 个牡丹品种划分为 5 个聚类组，与传统分类结果基本一致。此后，他们又利用同一技术对采自河南洛阳和兰州榆中的 35 个不同花色的牡丹品种间的亲缘关系进行了研究，聚类分析结果显示，聚类组的划分与花色并不一致，但来源相同的同色牡丹品种间的亲缘关系相对较近，产地来源比花色对牡丹品种间亲缘关系的影响更大（刘萍和芦锰，2009）。王佳（2009）利用 AFLP 分子标记对杨山牡丹居群种质资源进行了研究，居群间的基因分化系数 Gst=0.1991，表明杨山牡丹遗传结构变异主要存在于居群内，居群间基因交流较少。王淑华（2010）利用 AFLP 分子标记对彭州地区部分牡丹品种进行研究，聚类结果同样与产地关系较大，易受环境影响的表型性状如花期和花型对聚类结果的影响不明显；在产地相同的情况下，株型相同或相近及花色相同或相近的品种先聚在一起，但也有交叉现象出现。

上述研究均表现一个共有的现象，即来源地相同的品种表现出较为密切的亲缘关系，分子标记聚类组的划分与牡丹品种花型、花色的形态学划分并不完全一致，但在其他形态学性状相差不大时，品种间亲缘关系相对较近。同时众多的研究结果表明 AFLP 技术是研究牡丹品种分类和进化的理想工具之一，能够从 DNA

水平揭示其亲缘关系远近及遗传多样性水平，具有重要应用价值。

2. 种质资源鉴定

朱红霞（2004）利用 AFLP 分子标记初步建立了 5 个牡丹品种的 DNA 指纹图谱，为牡丹品种鉴别、亲缘关系研究等方面提供分子水平的品种鉴定技术。李保印（2007）构建了中原牡丹核心种质，首先以形态学数据构建了中原牡丹初级核心种质，然后通过 ISSR 和 AFLP 分子标记，对初级核心种质进行抽样压缩，构建了 8 个各自含有 60 个品种的核心种质候选群体。韩继刚等（2013）对湖北保康、湖南邵阳、安徽铜陵和亳州、重庆垫江等江南地区凤丹种的结实性进行调查，同时采用 AFLP 分子标记进行了遗传多样性的研究，结果显示各种群间的遗传分化较高，种群间基因交流较少，其研究结果为高产、优质油用牡丹优株、优系的筛选及遗传育种奠定了基础。

3. 杂交子代的亲本鉴定

张栋（2008）利用 AFLP 对 14 个牡丹种及品种、4 个芍药种及品种和 7 个 Itoh品种进行了远缘杂交的初步研究，以紫斑牡丹、杨山牡丹凤丹白为母本，正午为父本杂交，这两种杂交组合结实率高，发现多数紫斑牡丹×正午的杂交后代，属于偏母本类型的杂交种，同时子代 AFLP 扩增结果出现了父母本都不具有的谱带，说明子代不仅遗传了亲本的特征还产生了变异。吴静等（2013）以正午牡丹为亲本，分别与凤丹白、紫斑牡丹、中原牡丹和日本牡丹进行正交与反交试验，并利用 AFLP 标记对部分杂交后代进行鉴定，结果鉴定出 22 株真杂交种，其中多数（86.36%）为偏母本类型、少数（13.64%）为偏父本类型，同时根据 AFLP 标记结果及牡丹偏母遗传的特点，推荐渐进杂交应成为这类杂交的主要育种策略。

以上研究结果揭示了 AFLP 标记技术可作为牡丹远缘杂交育种研究中的有效技术，有必要发展成为必要环节，在杂交种早期鉴定中加以应用，有利于加快牡丹杂交育种中 F_1 代选择进程，具有重要的应用价值。

第三节　牡丹品种遗传多样性的 AFLP 分析

利用荧光标记 AFLP 技术，采用 8 对 M+3 和 P+3 引物组合对 30 份牡丹栽培品种进行了总基因组 DNA 水平上的多态性检测，并进行亲缘关系分析。

一、材料与方法

1. 材料

供试牡丹品种共 30 个（表 5-1），均为洛阳当地常见或优良品种，其中，中原品种 15 个（1～15），江南品种 3 个（16～18），西北品种 4 个（19～22），西南品种 2 个（29～30），日本品种 3 个（23～25），欧美品种 3 个（26～28）。因有些国外品种当地引种较少，使得取材的份数受到限制。材料 1～15 和 26～28 采自中国洛阳国家牡丹基因库，材料 16～18 和 29～30 采自洛阳市牡丹研究院引种圃，材料 19～25 采自洛阳市王城公园引种圃。

表 5-1　供试材料一览表

序号	品种名	来源	序号	品种名	来源
1	璎珞宝珠	洛阳	16	云芳	安徽
2	春归华屋	洛阳	17	西施	安徽
3	蓝田玉	洛阳	18	徽紫	安徽
4	小胡红	洛阳	19	玛瑙盘	甘肃
5	青山贯雪	洛阳	20	棕斑白	甘肃
6	佛门袈裟	洛阳	21	插花状元	甘肃
7	豆绿	洛阳	22	紫绢	甘肃
8	丹炉焰	洛阳	23	天衣	日本
9	银粉金鳞	洛阳	24	花競	日本
10	藏枝红	洛阳	25	花王	日本
11	桃红献媚	洛阳	26	海黄	美国
12	金玉交章	洛阳	27	茶黄	法国
13	金星雪浪	洛阳	28	金阁	法国
14	夜光白	洛阳	29	七蕊	四川
15	玉楼点翠	洛阳	30	彭州紫	四川

2. 方法

（1）牡丹基因组 DNA 提取

采用改良 CTAB 法提取牡丹幼叶基因组 DNA，通过琼脂糖和紫外分光光度法检测 DNA 质量。稀释至所需浓度后，–20℃保存。DNA 提取及检测方法参见第三章。

（2）引物的设计

对相关文献阅读，根据试验所用基因组 DNA 的限制性内切核酸酶，采用 Prime Primer 5.0 进行引物的设计。本试验所用接头、引物列入表 5-2、表 5-3。

表 5-2　AFLP 分析中应用的接头、引物核心序列

酶	切点	接头	引物核心部分
Pst I	5′-CTGCA/G	5′- CTC GTA GAC TGC GTA CAT GCA-3′	5′-GAC TGC GTA CAT GCA-3′
	3′-G/ACGTC	5′- TGT ACG CAG TCT AC-3′	
Mse I	5′-T/TAA	5′-GAC GAT GAG TCC TGA G-3′	5′-GAT GAG TCC TGA GTA A-3′
	3′-AAT/T	5′-TAC TCA GGA CTC AT-3′	

（3）酶切与连接

各样品基因组 DNA 的酶切和接头的连接在同一反应中进行。在 20 μl 反应体系中含有 DNA 模板 4 μl（50ng/μl），*Pst* I 和 *Mse* I 接头 0.4 μmol/L ，*Pst* I（4U/μl）和 *Mse* I（4U/μl）2 μl，10×Reaction buffer 2.5 μl，10 mmol/L ATP 2.5 μl，T4 Ligase（3U/μl）1 μl，超纯水 7 μl。将上述混合液混匀离心数秒，37℃保温 5 h，8℃保温 4 h，4℃过夜。

（4）预扩增反应

用预扩增引物组合进行预扩增。反应体系为 25 μl。含酶切-连接产物 2 μl，*Pst* I 0.4 μmol/L 和 *Mse* I 0.4 μmol/L 预扩增引物，dNTPs 0.5 mmol/L，10×PCR buffer 2.5 μl，*Taq* DNA 聚合酶（2U/μl）0.5 μl，超纯水 18.5 μl。预扩增反应程序为 94℃变性 30 s，56℃复性 30 s，72℃延伸 80 s，循环 30 次。预扩增产物稀释 20 倍，−20℃保存备用。

（5）选择性扩增反应

用荧光标记的经过筛选的 8 对引物（表 5-3）进行正式选择性扩增。其中 *Mse* I 引物的 5′端用荧光染料进行标记。反应体系 25 μl。含预扩增产物稀释后的 DNA 样品 2 μl，10×PCR buffer 2.5 μl，dNTPs 0.5 mmol/L，*Pst* I 引物 0.4 μmol/L，*Mse* I 引物 0.4 μmol/L，*Taq* DNA 聚合酶（2U/μl）0.5 μl，超纯水 17.5 μl。选择性扩增 PCR 程序为 94℃ 30 s，65℃（以后每轮循环温度递减 0.7℃）30 s，72℃ 80 s，扩增 12 轮；然后 94℃ 30min，55℃ 30 s，72℃ 80 s，再进行 23 个循环。

表 5-3　8 对 AFLP 选择性扩增引物及产生的条带多态性

序号	引物组合	总条带数	多态性条带数	多态性比率/%
1	P-GAA/M-CTG	125	106	85
2	P-GAC/M-CAA	145	127	88
3	P-GAC/M-CAC	134	116	87
4	P-GAC/M-CTT	148	135	91
5	P-GTG/M-CAT	128	106	83
6	P-GTT/M-CAT	142	126	89
7	P-GTT/M-CTA	149	114	77
8	P-GTT/M-CTG	152	135	89
合计		1123	965	
平均		140	121	86

（6）凝胶电泳分析

采用琼脂糖凝胶电泳进行引物筛选与扩增产物的初检，聚丙烯酰胺凝胶电泳对 AFLP 分子标记 PCR 产物进行分析。操作方法见第三章。

（7）数据处理

扩增后的样品在 ABI 377 自动测序仪上电泳分离检测，得到 AFLP 的 DNA 指纹图谱。利用 GeneScan 3.1 软件将 30 个个体 8 对荧光引物产生的电泳图转换为（0，1）矩阵。用 NTSYS2.11 版软件中的 DICE 法计算样品间的相似系数，并用 SAHNClustering 进行不加权成对算术平均法（UPGMA）进行聚类分析。

二、不同引物组合扩增产物的多态性

利用从 64 对引物中筛选出的 8 对 AFLP 引物对 30 份牡丹种质的基因组 DNA 进行片段长度多态性扩增，获得了较好的扩增结果（表 5-3 和图 5-1）。共扩增出 1123 条谱带（50～500 bp），其中 965 条具有多态性，占 86%，平均每对引物扩增

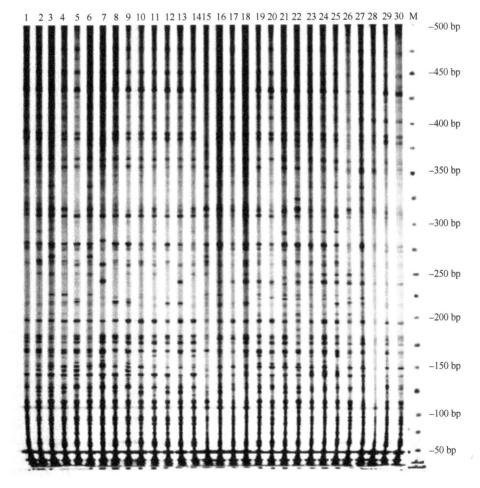

图 5-1　用 P-GAC/M-CAC 引物组合对牡丹的 AFLP 扩增图谱

M. Marker；1～30. 品种编号同表 5-1

出 140 条可统计的带，其中 121 条具有多态性。可见，AFLP 检测牡丹种质资源遗传多样性的效率很高，也充分反映了该类品种的遗传多样性。

三、聚类分析

30 个牡丹种质两两间的相似系数分布在 0.52~0.83，其中 15 号玉楼点翠与 27 号茶黄的相似系数最小，为 0.52，表明两者间的亲缘关系最远。3 号蓝田玉与 6 号佛门袈裟的相似系数最大，为 0.83，表明两者间的亲缘关系最近。从图 5-2 可以看出，以相似系数 0.57 为标准，30 份牡丹种质可分为两大聚类群，第 1 类只包括 1 个品种玉楼点翠，该品种因其花梗长而软，花朵下垂、枝粗而软、弯曲、株型高大开展等特征独立于其他品种之外，可能是一份比较特殊的材料，其遗传特性还有待于进一步研究。第 2 类包括 29 个品种，又可以分为 2 个亚类：第 1 亚类包括 3 个品种海黄、茶黄和金阁，均为欧美品种；第 2 亚类包括 26 个品种，又可再分为 6 个组：第 1 组包括 15 个品种璎珞宝珠、春归华屋、藏枝红、桃红献媚、金玉交章、金星雪浪、银粉金鳞、七蕊、彭州紫、夜光白、云芳、天衣、花竞、花王、徽紫，其中 6 个中原品种春归华屋、藏枝红、桃红献媚、金玉交章、金星雪浪、银粉金鳞首先相聚在一起；2 个西南品种七蕊、彭州紫也首先相聚，3 个日本品种天衣、花竞、花王也首先聚在一起；第 2 组包括 4 个品种玛瑙盘、插花状元、棕斑白、紫绢，全部为西北品种；第 3 组包括 4 个中原品种蓝田玉、佛门袈裟、小胡红、青山贯雪；第 4、第 5 组分别包括 1 个中原品种，即豆绿和丹炉焰，而这两个品种各自皆有区别于其他品种的典型性状。例如，丹炉焰花初开为深红色，盛开为灰紫色，蔷薇型，花期早。豆绿花为黄绿色，皇冠型，花期晚。第 6 组包括 1 个江南品种西施。由此结果可以看出，多数来源地相同的种质表现出较为密切的亲缘关系。但也有同一来源地的品种未聚在一起的情况，如江南的 3 个品种，部分中原品种。从图 5-2 还可看出，佛门袈裟和蓝田玉相似系数最高（0.8264），但它们除了株型方面相似外（都为矮生型品种），花型、花色、花期都有差异，而与佛门袈裟花型（蔷薇型）、花期（早）及株型（矮生型）都相似的丹炉焰关系却较远（0.6443）。金星雪浪和夜光白两个品种的花型（皇冠型）、花色（白色）、花期（晚）及株型（中高型）都相似（0.7038），但它们也没有首先相聚，而首先与金星雪浪相聚的是金玉交章（0.7523），二者除花型（均为皇冠型）一致外，花色、花期、株型都不同。聚类结果还显示，在第 3 组的 4 个品种中蓝田玉、小胡红、青山贯雪和佛门袈裟，除佛门袈裟外，其余 3 个品种花型都为皇冠型。在供试的 4 个西北品种中，花型相同的两个品种玛瑙盘和插花状元先相聚，而后再与花型不同的两个品种相聚。这种现象能否说明聚类结果与牡丹品种的性状（如花型）间有一定的相关性，但多数聚类结果与性状间并未有一致的关系，还有待于进一步研究。

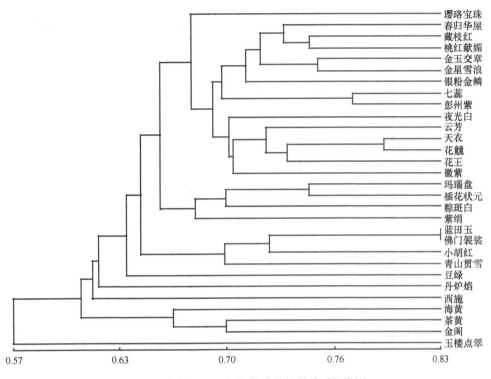

瓔珞宝珠
春归华屋
藏枝红
桃红献媚
金玉交章
金星雪浪
银粉金鳞
七蕊
彭州紫
夜光白
云芳
天衣
花巍
花王
徽紫
玛瑙盘
插花状元
粽斑白
紫绢
蓝田玉
佛门裂袈
小胡红
青山贯雪
豆绿
丹炉焰
西施
海黄
茶黄
金阁
玉楼点翠

0.57   0.63   0.70   0.76   0.83

图 5-2 依据 AFLP 标记构建的牡丹种质聚类图

四、AFLP 指纹图谱的特征和不同引物组合的检测效率

8 组引物在 30 个品种中检测到数目不等的品种特异带型（表 5-4），可以根据这些品种的特异带型来鉴别牡丹品种。8 组引物品种间的检测效率最高达 83%，最低为 63%，平均为 70%。其中，P-GAA/M-CTG、P-GTT/M-CTA、P-GTT/M-CTG 分别能区分其中的 19 份种质，P-GTG/M-CAT、P-GTT/M-CAT 分别能区分其中的 20 份，P-GAC/M-CTT 能区分其中的 23 份，P-GAC/M-CAC 能区分其中的 24 份，P-GAC/M-CAA 能区分其中的 25 份。引物 P-GAC/M-CAA 分别和 P-GAA/M-CTG、P-GAC/M-CTT、P-GTG/M-CAT 或 P-GTT/M-CTG 任意一组引物结合，或 P-GAA/M-CTG 与 P-GAC/M-CAC 结合等都能将 30 个牡丹品种完全区分开。因此可以将这些引物组合作为参考来选择鉴别牡丹品种的引物组合。

表 5-4 品种的特异带型和引物组合的品种检测效率

序号	引物组合	具有某特异带数	缺少某特异带数	检测效率/%
1	P-GAA/M-CTG	39	5	63
2	P-GAC/M-CAA	40	5	83
3	P-GAC/M-CAC	43	5	80
4	P-GAC/M-CTT	36	4	77

续表

序号	引物组合	具有某特异带数	缺少某特异带数	检测效率/%
5	P-GTG/M-CAT	34	4	67
6	P-GTT/M-CAT	30	6	67
7	P-GTT/M-CTA	33	6	63
8	P-GTT/M-CTG	32	7	63
平均		35	5.5	70

五、讨论

本试验利用荧光标记引物 AFLP 方法分析了 30 份牡丹种质的遗传差异,获得了 86%的多态性位点。此与陈向明等(2002)、孟丽和郑国生(2004)利用 RAPD 标记研究牡丹的遗传关系,分别获得的 80.6%、80.1%的多态性位点间差异并不十分明显。这可能是由于 AFLP 在扩增出丰富的多态性带的同时也扩增出了大量的单态性带,使得其多态性带的百分率并没有明显提高。但平均每对引物所产生的多态性带数(121 条)明显高于前两者(9.91 条、8.50 条)。由此可见,AFLP 标记显然是快速、高效的引物标记。

聚类图上多数来源地相同的种质表现出较为密切的亲缘关系。这与牡丹野生种源及栽培地生态条件与品种本身的生态习性等综合因素有关。但也有同一来源地的品种未聚在一起的情况。例如,江南的 3 个品种及部分中原品种。这种现象可能是因为地区间的引种交流导致了某些基因在不同地区种质之间的渗入,也可能是分子标记方法可反映基因组本质的差异所致。但仍需今后研究中进行更多的论证。

依据 AFLP 标记的分类与牡丹种质的形态特征,有的材料具有一定的相关性,但也有的材料外部形态特征差异较大,但表现出较近的亲缘关系。这种现象能否说明聚类结果与牡丹品种的性状(如花型)间有一定的相关性,但聚类结果与性状间并未有一致的关系,还有待于进一步研究。但此与 Hosoki 等(1997)对日本 19 个牡丹品种间亲缘关系进行的 RAPD 分析及陈向明等(2002)对不同花色牡丹品种亲缘关系的 RAPD-PCR 分析结果有相似之处。这种关系可能与不同的分类水平有关。传统分类是以某些特殊的形态特征为依据,而分子标记的分类是基于 DNA 的多态性检测结果。因此,分类标准的不同可能是导致分类结果不一致的主要原因。但这些现象还有待于进行更大量的取材进行深入研究。

对牡丹栽培种质资源的 AFLP 分析表明,AFLP 标记能有效地揭示栽培牡丹种质中丰富的遗传多样性。本节利用荧光标记 AFLP 技术,采用 8 对 M+3 和 P+3 引物组合,对 30 个牡丹栽培品种进行了遗传多样性研究。共获得 1123 条可统计的条带，其中 965 条呈多态性，多态性带百分率达 86%。30 份牡丹种质两两间的相似系数分布在 0.52～0.83。8 组引物在 30 个品种中检测到数目不等的品种特异带型，平均获得 40.5 条特异带型（包括具有或缺失某特异带数）。这些品种的特异带型对供试牡丹品种具有一定的鉴别价值。8 对引物能将 30 个牡丹品种完全区分开。可以将这些引物组合作为参考来选择鉴别牡丹品种的引物组合，也可作为利用 AFLP 方法研究其他牡丹种质资源时优先筛选的引物组合。聚类分析结果表明：多数来源地相同的牡丹种质表现出较为密切的亲缘关系，不同生态区牡丹品种间遗传差异相对较大。聚类结果将有利于更好地利用这些丰富的种质资源。

第六章　牡丹相关序列扩增多态性分子标记

相关序列扩增多态性（sequence-related amplified polymorphism，SRAP），又称为基于序列扩增多态性（sequence-based amplified polymorphism，SBAP），是通过独特的引物设计对可读框（open reading frame，ORF）进行扩增的分子标记技术。该标记方法在种质资源的鉴定与评价、遗传图谱的构建、重要性状基因标记、gDNA 与 cDNA 指纹分析乃至图位克隆等方面具有重要应用价值（Li and Quiros，2001；Ferriol et al.，2003；Guo and Luo，2006；Song et al.，2010；史倩倩等，2011；Wang et al.，2011；Youssef et al.，2011）。

第一节　SRAP 分子标记技术概述

SRAP 是一种新型的基于 PCR 扩增技术的标记技术，为显性标记，通过独特的引物设计对 ORF 进行扩增，因不同个体及物种的内含子、启动子与间隔区长度不同而产生多态性。SRAP 分子标记将 AFLP 和 RAPD 两者的优点有机地结合起来，具有简便、稳定、产率高、便于克隆目标片段的特点。SRAP 分子标记是对基因的重要组成部分 ORF 进行扩增，基因的多样性更能反映遗传资源的多样性，SRAP 分子标记在这方面的应用较为广泛（海燕等，2006；Agarwal et al.，2008）。

一、SRAP 分子标记技术原理

SRAP 分子标记采用双引物进行扩增，正向引物（F-primer）为 17 个碱基，反向引物（R-primer）为 18 个碱基（早期在反向引物 3′端选择性核苷前多一个碱基 C，共 19 个碱基），使用同位素检测时引物可用 33P-ATP 标记（柳李旺等，2005；Agarwal et al.，2008）。

SRAP 分子标记的正向引物由一段 14 个碱基的核心序列（core sequence）和 3′端的 3 个选择性碱基组成，核心序列包括 5′端前 10 个碱基的填充序列（filler sequence），无任何特异组成，接着为 "CCGG" 序列。正向引物的组成顺序为 5′端填充序列-CCGG-3′端 3 个选择性碱基。反向引物的组成与正向引物类似，但其填充序列为 11 个碱基，填充序列后为 "AATT"，接下来是 3 个选择性碱基。正向引物中使用 "CCGG" 序列，其目的是使之特异结合 ORF 区域中的外显子、启动子和内含子中通常富含 AT 的序列。反向引物使用 "AATT" 序列。由于内含子、启动子和间隔序列在不同物种甚至不同个体间变异很大，以特异结合富含 AT 区，从而表现出 SRAP 分子标记的多态性（孙佳琦等，2010；史倩倩等，2011）。

SRAP 分子标记的正反引物在设计时分别是针对序列相对保守的编码区和变异大的内含子、启动子和间隔序列，因此，其引物设计的原理就使得多数 SRAP 分子标记在基因组中分布是均匀的（王晓菌等，2009；杨迎花等，2009）。SRAP 标记中，约 20% 为共显性，这种高频率的共显性明显优于 AFLP 标记。测序还表明 SRAP 多态性产生于两个方面：由于小的插入与缺失导致片段大小改变，而产生共显性标记；核苷酸改变影响引物的结合位点，导致显性标记产生。

二、SRAP 分子标记关键技术

SRAP 分子标记技术其关键在于引物的设计和反应体系的建立。

依据外显子、启动子和内含子的分子生物学特性及它们的特征，进行 SRAP 分子标记引物的设计是 SRAP 分子标记的关键技术（海燕等，2006；李慧芝等，2007；Agarwal et al.，2008）。正向引物中使用 "CCGG" 序列，其设计依据是外显子一般处于富含 GC 区域，如拟南芥 2 号和 4 号染色体的全序列中，外显子 CG 比例分别为 46.5% 和 44.08%，而内含子中则为 32.1% 和 33.08%。启动子和内含子中通常富含 AT 序列。反向引物使用 "AATT" 序列。

不同种类的植物基因组存在着很大的差异，因而同一种分子标记技术应用于不同种植物时，其方法应有一定程度的修正。就不同植物类群而言，SRAP 的最佳反应体系会有差别，主要的影响因子有 Mg^{2+} 浓度、dNTPs 浓度、Taq DNA 聚合酶浓度、引物浓度、模板 DNA 浓度等（郭大龙和罗正荣，2006；杨琦和张鲁刚，2007；郭大龙等，2008；乔燕春等，2008；苏美和和赵兰勇，2012）。

三、SRAP 分子标记技术特点

1. 不需要已知序列信息

SRAP 是基于对可读框进行 PCR 扩增产生多态性，根据可读框的特征设计分子标记的引物，不需要预知目标植物的序列信息，因此可用于一些已知序列信息较少、染色体倍性复杂的植物中。

2. 操作简单

SRAP 是基于 PCR 技术的分子标记技术，其操作较为简单且易于实现自动化。以其为基础，结合其他的分子标记技术，可快速获得高饱和的遗传图谱。

3. 对基因组 DNA 质量要求低

SRAP 标记技术对基因组 DNA 的要求较低，克服了 AFLP、RFLP 等标记对 DNA 质量要求严格的缺点，使得其在操作上更容易成功。

4. 通用性高

SRAP 分子标记的引物具有较高的通用性，在不同物种之间可以采用相同的引物扩增出结果。而且其正向引物可以和反向引物两两搭配组合，因此通过少量的引物就可搭配组合得到单个引物对，提高了使用效率。而且，当需要开发新的 SRAP 标记时，只需要对引物 3′端选择性碱基进行修改即可，从而降低了引物开发的难度。

5. 稳定性、重复性好

SRAP 标记的 PCR 扩增过程采用 35℃和 50℃的复性温度，并且引物长度仅为 17~18 bp，保证了 PCR 反应的稳定性。另外，其引物设计具有核心序列 "CCGG"、"AATT"，使得其具有较高的稳定性和较好的重复性。

6. 在基因组中分布均匀

SRAP 分子标记的正反引物在设计时分别是针对序列相对保守的编码区和变异大的内含子、启动子和间隔序列，因此，其引物设计的原理就使得多数 SRAP 分子标记位点在基因组中分布是均匀的。

7. 分辨率高

SRAP 分子标记的 PCR 扩增产物的检测采用聚丙烯酰胺凝胶电泳，具有较高的分辨率。

SRAP 技术较 RAPD 更稳定，提供的信息比 AFLP 更丰富，引物较 ISSR 更具随机性，是一种无须预知研究物种的任何序列信息即可直接 PCR 扩增的新型分子标记技术。当然，由于外显子序列在不同个体中通常是保守的，这种低水平多态性也在一定的程度上限制了将它们作为标记的来源。

第二节　SRAP 分子标记的研究与应用

一、SRAP 分子标记在植物研究中的应用

SRAP 分子标记已成功地应用到多种植物的遗传连锁图谱构建、遗传多样性分析、杂种优势预测、数量性状位点标记等方面。

1. 种质资源研究

Ferriol 等（2003）采用 AFLP 和 SRAP 对西葫芦的两个亚种 8 个品种进行了种质资源的研究，通过 UPGMA 聚类分析，能将其清楚地区分开来，通过与形态学分类对比，表明西葫芦颜色分类与分子标记分类具有最好的一致性。另外，

Ferriol 等（2004）采用 AFLP 和 SRAP 对西班牙南瓜的 47 个品种进行种质资源研究，分子标记结果同样表明其种质的亲缘关系与形态变化一致，其原始特征更趋于南美南瓜群体，加那利群岛南瓜群体与来自西班牙群体单独聚类，推测其早期群体可能是来自美国不同的种质在各个岛屿的热带气候影响下分化而来。Budak 等（2004a）通过 SRAP 标记对野牛草种质进行遗传多样性和亲缘关系研究，结果表明通过 SRAP 标记可以清楚地区分野牛草的基因型。同年，其对水牛草的研究表明，对于近亲缘关系品种的基因多样性检测，SRAP 分析比 SSR、ISSR 和 RAPD 标记分析更有效（Budak *et al.*，2004b）。Gulsen 等（2007）采用 SRAP 标记对秋葵进行种质资源研究，聚类结果表明所有基因型秋葵品种均能被区分出来，但是并不能区分出所有地理来源不同的秋葵品种，表明 SRAP 标记应用于秋葵的亲缘研究与地理来源并没有统一的一致性。Suman 等（2008）采用 SRAP 标记对甘蔗属部分物种进行了种质资源分析。乔燕春等（2008）对 SRAP 体系进行优化并对枇杷种质资源进行研究，经琼脂糖和聚丙烯酰胺凝胶电泳均获得了清晰、重复性好的 SRAP 指纹图谱。张爱萍等（2008）采用 SRAP 技术对西瓜种质资源的遗传多样性进行了研究，其研究结果表明，目前西瓜育种的大多数材料间同源性较高，遗传分化较小，其遗传基础非常狭窄。易杨杰等（2008）采用 SRAP 分子标记技术对四川、重庆、贵州、西藏 4 省（市、区）的野生狗牙根进行遗传多样性分析，其研究结果表明供试野生狗牙根具有较为丰富的遗传多样性，供试材料的聚类与其生态地理环境间有一定的相关性。陈芸等（2010）采用 SRAP 技术对 61 份甜瓜种质资源的遗传多样性进行研究，表明供试甜瓜材料具有较为丰富的遗传多样性，聚类分析结果可将供试材料分为 5 个类群。

2. 遗传多样性研究

　　林忠旭等（2004）优化了棉花中 SRAP 的扩增体系，并对海岛棉和陆地棉进行遗传多样性检测，扩增结果显示了较高的多态性，其研究结果表明 SRAP 标记可广泛用于棉花遗传多样性的研究。李慧芝等（2007）利用 SRAP 标记对葱的栽培品种进行了遗传多样性研究，聚类分析结果表明该分类结果与依据表型特征分类的结果一致，表明该方法可以在葱的栽培品种的鉴定和遗传多样性研究中应用。Zeng 等（2008）采用 SRAP 对来自欧洲、大洋洲、北美洲和亚洲的鸭茅草品种进行了遗传多样性研究，结果表明来自中国和美国的品种其遗传多样性大于来自其他国家的品种，SRAP 标记结果与形态学和染色体核型分类较一致，该方法可有效地用于鸭茅草遗传多样性与系统进化研究。张四普等（2008）对石榴遗传多样性进行了 SRAP 分析，其研究结果表明，石榴基因型有着丰富的遗传多样性，该技术可有效运用于石榴基因型的遗传分析。Song 等（2010）采用 ISSR 和 SRAP 标记对 5 个丹参栽培群体进行遗传多样性研究，聚类分析将 5 个群体聚为两大类，同时表明这两种分子标记技术可有效地应用于丹参遗传多样性研究。Youssef 等（2011）采用 SRAP 和 AFLP 标记对芭蕉属的栽培品种和野生种进行了遗传多样性研究，其研究结果同样表明 SRAP 标记可以作为有效的工具应用于芭蕉属野生种和栽培种的遗传多样性和亲缘关系的研究。徐宗大等（2011）采用 SRAP 技术对玫瑰栽培品种和野生种质进行遗传多样性分析，并构建了部分品种指纹图谱，其研究结果表明玫瑰品种类型的划分应首先考虑亲本来源，其次再按株型、花型划分。

另外 SRAP 也可应用于植物的杂交育种方面的研究。Riaz 等（2001）通过 SRAP 标记对欧洲油菜杂交的 10 个保持系和 12 个恢复系进行遗传多样性研究，分子标记聚类分组与其起源和农艺性状相一致，其研究结果表明，对于杂交育种中杂交组合的选择来说，所有的不同组间的杂交组合均优于组内的杂交组合。

二、SRAP 分子标记在牡丹研究中的应用

SRAP 分子标记技术目前在牡丹上的研究应用主要是在亲缘关系、遗传多样性等方面。

1. 牡丹种质资源与遗传多样性研究

Han 等（2008b）采用 SRAP 标记对牡丹及芽变品种进行了分析，采用的牡丹品种为中原牡丹二乔和洛阳红，日本品种岛锦和太阳，通过 UPGMA 聚类结果能够将牡丹亲本和芽变种明显地分开，表明 SRAP 可以作为一种有效的工具进行牡丹亲本及芽变品种的鉴定。王燕青（2008）对菏泽牡丹品种进行了 SRAP 标记研究，构建了不同品种的 SRAP 标记指纹图谱，该标记的聚类结果与牡丹花型分类不完全一致，推测可能与牡丹长期引种、选择和反复杂交等导致的品种来源复杂有关。唐琴等（2012）应用 SRAP 标记对西藏特有大花黄牡丹进行研究，通过扩增条带及 Shannon 信息性指数的分析，表明大花黄牡丹具有丰富的物种遗传多样性，聚类分析结果表明大多数居群内的个体表现出较为密切的亲缘关系，但也有一些居群的个体未聚在一起，表现出较远的亲缘关系。周秀梅和李保印（2015）利用 SRAP 分析了中原牡丹核心种质的多样性，聚类分析表明中原牡丹核心种质具有较丰富的遗传多样性，聚类结果与牡丹花型分类并不完全一致，单花类和台阁类有分别聚在一起的趋势。其研究结论与王燕青的 SRAP 分析结果基本相同。

Han 等（2008a）利用 SRAP 技术对牡丹栽培品种和野生种进行分析，结果表明 SRAP 技术可以有效地应用在牡丹遗传多样性分析和基因图谱构建等方面的研究。史倩倩（2012）对中原牡丹传统品种遗传多样性进行研究，采用 SRAP 分子标记对 34 个牡丹传统品种和 40 个近缘品种进行遗传关系分析，聚类结果与牡丹花型分类基本一致，色系相近的品种通常聚在一起，但与花色分类不完全一致，不同花型中重瓣性高的品种与重瓣性低的品种间的遗传差异较大，菊花型和蔷薇

型的亲缘关系较近。

上述众多研究表明，SRAP 分子标记可有效应用于牡丹组亲缘关系、遗传多样性、DNA 指纹图谱的构建等方面。同时 SRAP 分子标记的聚类结果与 AFLP 分子标记结果相类似，与形态学的对比均表现出与花型和花色具有一定的一致性，但并不完全一致。另外，AFLP 分子标记的研究结果表明其分子标记分类结果与牡丹的来源地的一致性要高于形态学特征，而 SRAP 分子标记在不同来源地牡丹的遗传多样性研究上并没有明确的研究结果。

2. 牡丹杂交育种亲本选择及后代早期鉴定

分子标记用于牡丹杂交育种中杂交后代的早期选择与育种策略的制定已经被众多的牡丹育种研究人员所应用，近几年 SRAP 分子标记也已经应用到牡丹杂交育种的研究上。Hao 等（2008）通过 SRAP 标记对 13 份牡丹组材料、14 份芍药组材料及 2 份杂交材料共 29 个栽培品种进行了分析，其中两对引物 Me8/Em8 和 Me8/Em1 能将所有的栽培品种和杂交种区分出来，其研究结果通过 SRAP 标记及特殊的引物组合均能有效地区分牡丹栽培品种及杂交种，表明 SRAP 可有效地应用于牡丹亲缘关系研究、遗传背景分析，对杂交种选择也具有重要应用价值。苏美和（2013）利用 SRAP 分子标记技术对牡丹杂交一代和父本品种进行了遗传多样性及子代与亲本间遗传关系的研究，杂交一代的聚类结果与牡丹的花色分类系统基本相符，且母本花色相近的杂交一代间的亲缘关系较近，母本的花色遗传较花型、株型、叶型遗传更为稳定，其研究结果对牡丹杂交育种父母本的选择，以及目标性状的筛选具有一定的参考价值。孙逢毅等（2014）以 16 个牡丹品种为试材，进行杂交试验，通过 SRAP 标记分析表明杂交亲本的相似系数在 0.31～0.35 时，其后代的结实率较高，针对实际育种目标，提出了牡丹亲本搭配策略，在考虑到性状搭配的情况下，多以单瓣型牡丹为母本，选择亲缘关系远的品种先杂交。

第三节　牡丹 SRAP-PCR 反应体系的建立

采用 $L_{16}(4^5)$ 正交试验设计，对牡丹 SRAP 反应体系中的 Mg^{2+} 浓度、*Taq* DNA 聚合酶、dNTPs 浓度、引物浓度、模板 DNA 浓度 5 因素 4 水平正交优化，建立了适合于牡丹基因组的 SRAP-PCR 优化扩增反应体系。

一、材料与方法

试验材料为洛阳红牡丹的幼叶，采用改良 CTAB 法提取基因组 DNA，通过琼脂糖和紫外分光光度法检测 DNA 质量。稀释至所需浓度后，−20℃保存。

在以下扩增程序下优化扩增体系，扩增程序为，94℃预变性 5 min；94℃变性

1 min，35℃复性 1 min，72℃延伸 1 min，5 个循环；94℃变性 1 min，50℃复性 1 min，72℃延伸 1 min，35 个循环；72℃延伸 10 min。

采用 $L_{16}(4^5)$ 正交试验设计，对牡丹 SRAP 反应体系中的 Mg^{2+} 浓度、Taq DNA 聚合酶、dNTPs 浓度、引物浓度、模板 DNA 浓度 5 因素 4 水平正交优化，方案见表 6-1 和表 6-2。

表 6-1 牡丹 SRAP-PCR 反应的因素与水平

水平	因素				
	模板 DNA 用量/（mg/L）	Mg^{2+}浓度/（mmol/L）	dNTPs 浓度/（mmol/L）	引物浓度/（μmol/L）	Taq DNA 聚合酶/U
1	1.0	1.5	0.2	0.2	0.5
2	1.5	2.0	0.3	0.3	1.0
3	2.0	2.5	0.4	0.4	1.5
4	2.5	3.0	0.5	0.5	2.0

表 6-2 SRAP-PCR 反应因素水平 L_{16}（4^5）正交试验设计

水平	因素				
	模板 DNA 用量/（mg/L）	Mg^{2+}浓度/（mmol/L）	dNTPs 浓度/（μmol/L）	引物浓度/（μmol/L）	Taq DNA 聚合酶/U
1	1.0	1.5	0.2	0.2	1.0
2	1.0	2.0	0.3	0.3	1.0
3	1.0	2.5	0.4	0.4	1.0
4	1.0	3.0	0.5	0.5	1.0
5	1.5	1.5	0.3	0.4	1.5
6	1.5	2.0	0.2	0.5	1.5
7	1.5	2.5	0.5	0.2	1.5
8	1.5	3.0	0.4	0.3	1.5
9	2.0	1.5	0.4	0.5	2.0
10	2.0	2.0	0.5	0.4	2.0
11	2.0	2.5	0.2	0.3	2.0
12	2.0	3.0	0.3	0.2	2.0
13	2.5	1.5	0.5	0.4	2.5
14	2.5	2.0	0.4	0.2	2.5
15	2.5	2.5	0.3	0.5	2.5
16	2.5	3.0	0.2	0.3	2.5

优化后的扩增体系的检测：选择另外 3 对 SRAP 引物作为检测引物，用优化的牡丹 SRAP 反应体系，对随机选取的丛中笑、蓝田玉、盛丹炉 3 个牡丹基因组 DNA 进行 PCR 扩增，每对引物重复 3 次。

扩增产物在 0.5×TBE 缓冲系统中，扩增产物用 1%琼脂糖凝胶电泳分离，在凝胶成像分析系统上采集图像。检测用引物序列见表 6-3 所示。具体操作步骤详见第三章。

表 6-3　检测用的 SRAP 引物序列

编号	正向引物（5′→3′）
Me2	TGAGTCCAAACCGGAGC
Me3	TGAGTCCAAACCGGAAT
Me6	TGAGTCCAAACCGGTAA
Em2	GACTGCGTACGAATTTGC
Em3	GACTGCGTACGAATTGAC
Em4	GACTGCGTACGAATTTGA

二、牡丹 SRAP 反应体系的正交优化结果

正交试验设计 SRAP-PCR 反应体系，选取 Me3/Em2 作为扩增引物，以洛阳红 DNA 为模板进行扩增，电泳结果如图 6-1。从图 6-1 可以看出，不同的组合，由于各因素浓度不同，因此扩增结果存在明显的差异。结果显示第 3、第 5、第 6 组合扩增的结果比较理想，谱带不仅清晰，并且多态性较好，主带较明显，尤其第 3、第 5 最优。第 1、第 2、第 4 组合扩增出的结果，谱带多态性也较高，但谱带强度和主带较差，其他组合只能扩增出较弱的谱带或几乎扩增不出条带。

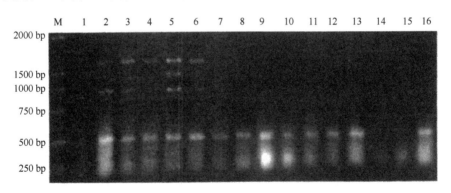

图 6-1　引物的正交设计 PCR 反应体系扩增结果

M. DNA Marker DL 2000；1～16. 正交设计组合

从图 6-1 正交设计 SRAP 反应体系的扩增结果可以看出，不同的引物浓度和 DNA 模板量是 SRAP-PCR 反应的主要影响因素。组合 1～6 中，随着 *Taq* DNA 聚合酶浓度的增高，条带相对增强，条带较为清晰且亮度较大，尤其组合 3、4、5、6 *Taq* DNA 聚合酶浓度相对都较高，扩增结果较好，组合 1 中 *Taq* DNA 聚合酶浓度较低，几乎无多态性。从经济的角度来看，dNTPs 浓度为 0.3 mmol/L 较为合适。

在组合 2、3、5 中，其 dNTPs 浓度均是较合适浓度（0.3 mmol/L、0.4 mmol/L）。组合 1～6 中，Mg^{2+}浓度几个水平都存在，在其他因素比较适宜时，Mg^{2+}浓度较低时也有较好结果，比如组合 5，Mg^{2+}浓度高低对试验结果影响不大，所以 Mg^{2+}不是此反应的限制因子。dNTPs 浓度较低（0.2 mmol/L），其扩增条带较弱，扩增效果较差。在 dNTPs 浓度为 0.3 mmol/L、0.4 mmol/L 时，即 3 和 5 组合，扩增产物较好，组合 4 由于 dNTPs 浓度过高（0.5 mmol/L），扩增条带的效果也较差。由于 DNA 模板量较高，7～16 扩增产物多态性都较差。

由图 6-1 可以看出，引物浓度在 4 个水平变化时，扩增产物电泳条带差异比较明显，最好的产物谱带组合 3 和 5，引物浓度均为 0.4 μmol/L，产物谱带比引物在其他浓度时产物谱带质量较高。其中组合 5 尽管 *Taq* DNA 聚合酶用量较高，但其他组分用量是低水平，因此扩增产物表现也较好。相反，组合 4 和 6 中引物用量是最高水平（0.5 mmol/L），尽管模板 DNA 和 *Taq* DNA 聚合酶用量中等，但其扩增效果比组合 5 差，说明过高的引物浓度不利于扩增。由此可见，引物用量也是 SRAP 反应的主要影响因素之一。由此可知，DNA 模板量和引物用量为牡丹 SRAP 反应的主要影响因素之一。

从图 6-1 还可以看出，在 16 个组合中，由于 dNTPs、*Taq* DNA 聚合酶、引物、模板 DNA 和 Mg^{2+}浓度五大影响因素浓度组合的不同，扩增结果存在着明显的差异。由于理想组合应具备条带清晰、多态性高和重复性好的特点，经试验发现，组合 7～16 扩增的条带数目很少甚至没有条带，条带的强度也较弱，扩增的效果较差。组合 2～6 扩增的条带多且强度强，但组合 2、4、6 的扩增带较弱，多态性差。综合各因素考虑，组合 3 和 5 为最佳组合，其条带多、清晰、亮度高、重复性较好。

综合看来，最优组合为，Mg^{2+}为 1.5 mmol/L，dNTPs 为 0.3 mmol/L，*Taq* DNA 聚合酶为 1.5 U，引物为 0.4 μmol/L，模板 DNA 为 1.0 ng/μl。该体系与最优反应组合 3 和 5 的组成基本一致。

选择引物组合 Me3/Em4、Me2/Em4、Me6/Em3，随机挑选 3 个牡丹品种，对反应体系的稳定性进行检测。从图 6-2 可见，每个反应都能扩增出多态性强、条带清晰、重复性好的结果，表明，此反应条件为适合于牡丹的 SRAP-PCR 反应体系。

三、讨论

由于 SRAP 分子标记技术基于 PCR 反应，而 PCR 反应又受多种反应因素的影响，不同物种对反应条件的要求也存在一定差异。因此，采用 SRAP 分子标记技术应先对其反应体系进行优化。国内有关反应体系优化的研究，大多数采用单因素试验的方法，在多组分中，逐一变化其中一种组分浓度，从中分析得到每一

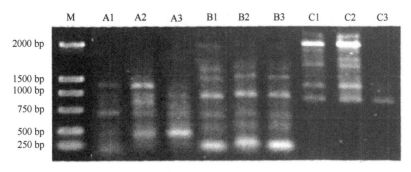

图 6-2　牡丹 SRAP 优化体系的检测结果

M. DNA Marker DL 2000；A、B、C 分别为引物组合 Me3/Em4、Me2/Em4、Me6/Em3；
1、2、3 分别代表丛中笑、蓝田玉、盛丹炉品种

组分的最佳浓度，最后组合成为最佳反应体系。单因素试验法的缺点在于，当变化一个因素固定其余几种因素时，往往靠经验或参考相近物种确定，这样既不能考察 PCR 体系中各组分的交互作用，也不能保证各组分最佳浓度的组合就是最佳反应体系。

　　与以往的单因素 PCR 优化设计相比，利用正交试验直观分析方法，能迅速获得满意的试验结果，而且试验规模小，节省人力物力。但该方法也有一定的局限性，如对试验结果本身优劣的判断带有主观成分，一般是根据电泳条带的清晰度及数目是否合适判断试验结果的好坏。

　　本试验通过对影响牡丹 SRAP 反应的各因子进行正交设计试验，得到牡丹最佳的反应体系和反应程序，试验结果表明，所确定的适合牡丹的 SRAP 体系，在 Mg^{2+}、dNTPs 及引物浓度上与杨琦和张鲁刚（2007）对大白菜研究中的用量有一定差别，原因可能是基因组大小不同或使用的药品、仪器产地不同所致。这表明 SRAP 最佳扩增体系的建立应根据自己所用仪器及药品对影响扩增的主要因子调整，建立一套适合所研究作物使用的体系。

　　这一优化的牡丹 SRAP-PCR 反应体系为进一步利用 SRAP 分子标记技术对牡丹的资源鉴定、分类和分子遗传图谱的构建及基因定位奠定了良好的基础。

第四节　不同花色牡丹品种亲缘关系的 SRAP 分析

　　通过 SRAP 技术对 16 个不同花色的中原牡丹品种进行基因组 DNA 多态性分析，并用 UPGMA 法构建系统发育树，进行不同花色牡丹品种亲缘关系分析。

一、材料与方法

1. 材料

供试材料（表 6-4）取自中国洛阳国家牡丹基因库，包括 9 种主要的花色，选

用无病虫害的牡丹幼嫩叶,洗净后用液氮处理,置于–40℃保存备用。

表 6-4　所用牡丹材料品种及类型

编号	品种	花色	编号	品种	花色
1	万花盛	红色	9	蓝田玉	蓝色
2	大胡红	红色	10	青龙卧墨池	黑色
3	首案红	红色	11	黑海含金	黑色
4	乌龙捧盛	紫色	12	玉楼点翠	白色
5	葛巾紫	紫色	13	金星雪浪	白色
6	二乔	复色	14	豆绿	绿色
7	盛丹炉	粉红色	15	种生黄	黄色
8	欧兰花	蓝色	16	姚黄	黄色

2. 操作方法

（1）牡丹基因组 DNA 提取与检测

采用改良的 CTAB 法从每一牡丹品种完全伸展的真叶中提取基因组 DNA。基因的完整性和质量用紫外分光光度法和 1.0%（m/V）的琼脂糖凝胶（0.5×TBE buffer）检验,保存于–20℃。

（2）引物设计

查阅相关文献,根据试验要求及目的,采用 Prime Primer 5 进行引物的设计。引物由上海生工生物工程技术服务有限公司合成。引物设计方法参见第三章。

（3）SRAP-PCR

根据 9 条正向引物和 10 条反向引物（表 6-5）,最后筛选出扩增条带丰富、清晰、分布较均匀的引物,对样品进行正式扩增,每对引物重复 2 次。SRAP-PCR 反应体系为 25 μl,其中包括 1×PCR buffer,Mg^{2+} 为 2.50 mmol/L,引物为 0.30 μmol/L,*Taq* DNA 聚合酶为 1.00 U,dNTPs 为 0.20 mmol/L,模板 DNA 为 1.00 ng/μl。双蒸水补充至 25 μl。

表 6-5　用于牡丹 SRAP 分析的引物序列

引物类型	引物名	引物序列（5′→3′）
正向引物	Me1	TGAGTCCAAACCGGATA
正向引物	Me2	TGAGTCCAAACCGGAGC
正向引物	Me3	TGAGTCCAAACCGGAAT
正向引物	Me4	TGAGTCCAAACCGGACC
正向引物	Me5	TGAGTCCAAACCGGAAG.
正向引物	Me6	TGAGTCCAAACCGGTAA.

引物类型	引物名	引物序列（5′→3′）
正向引物	Me7	TGAGTCCAAACCGGACT.
正向引物	Me8	TGAGTCCAAACCGGTGC.
正向引物	Me9	TGAGTCCAAACCGGATG
反向引物	Em1	GACTGCGTACGAATTAAT
反向引物	Em2	GACTGCGTACGAATTTGC
反向引物	Em3	GACTGCGTACGAATTGAC
反向引物	Em4	GACTGCGTACGAATTTGA
反向引物	Em5	GACTGCGTACGAATTCGA
反向引物	Em6	GACTGCGTACGAATTGCA
反向引物	Em7	GACTGCGTACGAATTCAG
反向引物	Em8	GACTGCGTACGAATTCTG
反向引物	Em9	GACTGCGTACGAATTTCA.
反向引物	Em10	GACTGCGTACGAATTATG

PCR 反应首先在 94℃变性 5 min，然后是 5 个循环：94℃变性 1 min，35℃复性 50 s，72℃延伸 1.5 min。之后的 30 个循环，复性温度增加到 50℃；最后是 72℃延伸 8 min。

PCR 反应体系及扩增程序的优化的操作方法见本章第二节。

（4）扩增产物的分析

DNA 扩增产物在 0.5×TBE 缓冲系统中，扩增产物用 1%琼脂糖凝胶电泳分离，在凝胶成像分析系统上采集图像。具体操作步骤详见第三章。

（5）数据的统计与分析

对谱带进行人工记录，有带记为 1，无带记为 0，产生一个二进制矩阵。利用这些数据，采用两种方法评估基因相关性和基因多态性。首先，采用 Nei 和 Li 的相似系数，利用二进制矩阵计算产生一个成对数据相似性矩阵。采用 UPGMA 算法对此相似性矩阵进行聚类分析，使用的程序是 NTSYS-pc version 2.1（Exeter Software，Setaukdt，NY，USA）的 SHAN programme，MXCOMP module 可对聚类结果和相似性矩阵进行比较分析。其次，在用 SEQBOOT 软件进行 100 次自展后，使用 PHYLIP 3.6 的 DOLLOP 和 CONSENSE module 以 Dollo 多态性简约算法进行聚类分析。使用软件 Tree view 1.66 生成进化树。

二、不同引物组合扩增结果的多态性分析

引物的选择基于 Li 和 Quiros（2001）、Ferriol 等（2003）和 Riaz 等（2001）

以前的报道。共有 9 个正向引物，10 个反向引物，可组合产生 90 对引物。基于以前的试验，本节选择了 20 对引物（表 6-5 和表 6-6）。这些引物都产生了明显的可识别的扩增产物，并在 16 个品种中显示了多态性（图 6-3 和图 6-4）。并且，引物对 Me7/Em2 产生了一个额外的大约 520 bp 的电泳条带，此条带仅存在于二乔（混合色品种）中，其他所有品种中都不存在（图 6-3）。引物对 Me1/Em10 产生了一个约 720 bp 的特殊片段，此片段存在于除盛丹炉（粉红色）以外的所有品种中（图 6-4）。不同品种的电泳结果所包含的其他信息需要进一步研究。表 6-6 总结了 16 个牡丹品种 SRAP 数据的详细分析。20 对引物共扩增出 245 个片段，片段大小从 100～2500 bp 不等，其中 175 个具有多态性（71.4%）。每对引物每次 SRAP 反应，可产生 6～18 个扩增片段，其中有 4～16 个多态性条带。因此，SRAP 反应多态性条带的比率为 53.8%～88.9%。

表 6-6　20 对 SRAP 引物组合的扩增结果

引物组合	总条带数	多态性条带	多态性比率/%
Me1+ Em2	14	10	71.43
Me1+ Em4	15	10	66.67
Me1+ Em5	12	9	75.00
Me1+ Em7	14	11	78.57
Me1+ Em8	11	7	63.64
Me1+ Em10	11	9	81.82
Me2+ Em1	16	12	75.00
Me2+ Em5	6	4	66.67
Me2+ Em7	13	7	53.85
Me2+ Em8	9	5	55.56
Me3+ Em3	7	4	57.14
Me4+ Em3	13	9	69.23
Me4+ Em5	18	16	88.89
Me5+ Em1	7	6	85.71
Me5+ Em5	9	5	55.56
Me6+ Em2	13	9	69.23
Me6+ Em5	13	11	84.62
Me6+ Em7	13	9	69.23
Me7+ Em2	15	11	73.33
Me7+ Em5	16	11	68.75

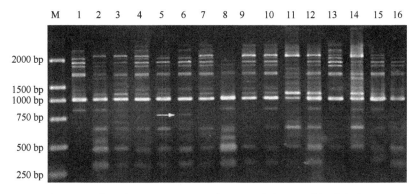

图 6-3 引物组合 Me4/Em5 对 16 个不同花色牡丹品种扩增电泳图
M. DNA Marker DL 2000；1～16. 16 个不同花色牡丹品种，同表 6-4

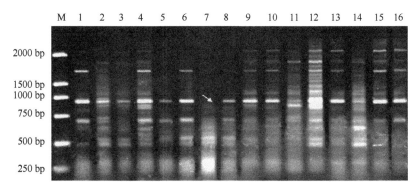

图 6-4 引物组合 Me1/Em10 对 16 个不同花色牡丹品种扩增电泳图
M. DNA Marker DL 2000；1～16. 16 个不同花色牡丹品种，同表 6-4

三、聚类分析

SRAP 数据显示 20 对引物共产生 245 条带。采用 UPGMA 进行聚类分析产生树状图（图 6-5）。以相似水平 0.73 为界将 16 个品种主要分成 6 个组。第一组为它们之间最大的一组，包括 9 个品种。第一组又可分成 4 个支，花色为红色的大胡红和万花盛聚在第一支；花色为紫色的乌龙棒盛和葛巾紫聚在第二支；粉红花色的首案红和复色的二乔聚在第三支；蓝色花的蓝田玉与欧兰花首先相聚再与粉色花的盛丹炉相聚成第四支。白色的金星雪浪和玉楼点翠首先相聚，再与绿色的豆绿相聚成第二组。种生黄、青龙卧墨池、黑海含金及姚黄单独成一组。

四、主坐标分析

根据遗传相似矩阵，主坐标分析能够更好地了解品种间的遗传关系（图 6-6）。

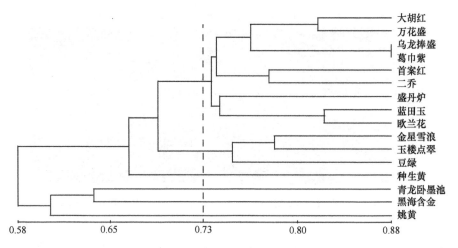

图 6-5　16 份牡丹品种 SRAP 扩增的 UPGMA 聚类图

根据两个主坐标的变化来区分不同的品种，用 PCoA 分析与 UPGMA 分析有类似的结果。第一和第二坐标分别显示了 18.33%和 12.72%的变异。观察到第一坐标 3个变化特征向量占 41.27%的变异。根据第一坐标的两个 PC，观测到 16 个品种可以划分为 3 个组。第一组包括聚类树状图中除了二乔以外第一组中的 1～3 分支的多数品种，包括大胡红、万花盛、乌龙捧盛、葛巾紫和首案红。第二组包括聚类树状图第一组中第 4 分支的所有品种及第二组的所有品种。二乔在聚类树状图中属于第一组，在这里分析，它同样属于第二组。种生黄、青龙卧墨池、黑海含金和姚黄单独成组。

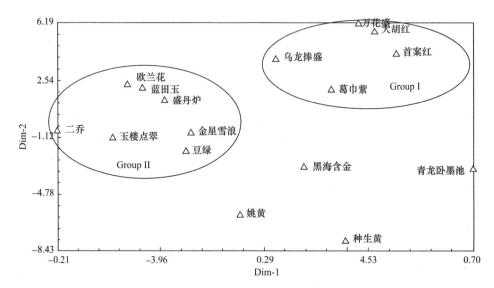

图 6-6　16 个牡丹品种 SRAP 数据的主坐标图

五、讨论

从聚类结果看，部分花色相同或相近的牡丹品种聚在一起，但部分花色不同的品种亦相聚。这说明依据相似系数划分的遗传聚类组与牡丹花型间可能有一定的关系，但不同相似系数的遗传聚类划分与花色间并未有完全一致的关系。此与 Hosoki 等（1997）对日本 19 个牡丹品种间亲缘关系进行的 RAPD 分析；陈向明等（2002）对不同花色牡丹品种亲缘关系的 RAPD-PCR 分析；侯小改等（2006c）对 26 个矮化与高大型牡丹品种亲缘关系的 AFLP 分析结果有相似之处。这种现象说明栽培牡丹品种起源方式的复杂性、多样性，可能属于多种方式起源。

第七章 牡丹目标起始密码子多态性分子标记

DNA 分子标记技术在发展的过程中,根据其对基因组 DNA 的扩增来源不同,主要有随机 DNA 分子标记技术、目的基因分子标记技术和功能性分子标记技术。目的基因分子标记技术本身可能是目的基因的一部分或者与目的基因紧密连锁,这样通过对某个分子标记筛选即能对性状进行筛选,使新品种选育的目的更加明确,从而加速育种进程。

目标起始密码子多态性(start codon targeted polymorphism,SCoT)是一种新型的目的基因分子标记技术,其基于单引物扩增反应(single primer amplification reaction,SPAR),具有操作简单、成本低廉、多态性丰富,能有效产生与性状联系的标记,有利于辅助育种等优点。同时该分子标记技术引物设计简单,并且引物可以通用,被广泛地应用于植物的相关研究中。

第一节 SCoT 分子标记技术概述

一、SCoT 分子标记技术原理

起始密码子是一个基因翻译的起始位点,一系列研究表明,真核生物起始密码子 "ATG" 的侧翼序列具有较高的保守性和一致性(Sawant et al., 1999;翁景然等, 2004;李秋莉等, 2006)。SCoT 分子标记技术就是根据起始密码子及其两侧的保守序列设计引物,对基因组 DNA 进行 PCR 扩增。SCoT 分子标记所用的引物为单引物,可同时结合在双链 DNA 的正链和负链上的 "ATG" 翻译起始位点区域,对两引物结合位点进行扩增,从而表现出多态性(熊发前等, 2009;龙治坚等, 2015)。其原理如图 7-1 所示。

SCoT 分子标记的关键技术是引物的设计。其引物设计是根据起始密码子及其侧翼区域设计的,设计原则有以下几点。

1)将起始密码子的第一个碱基 A 所在的位置记为+1,其上游碱基序列则依次记为–1、–2、–3……,其下游碱基序列则依次记为+1、+2、+3……;引物序列的碱基位置必须保证+1 为 A、+2 为 T、+3 为 G、+4 为 G、+7 为 A、+8 为 C、+9 为 C,其余位置碱基可根据设计需要进行调整。引物设计示意图如图 7-2 所示。

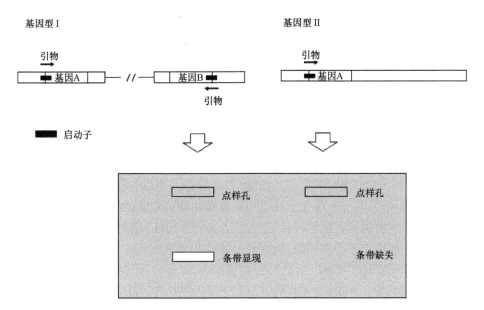

图 7-1　SCoT 分子标记原理示意图（据龙治坚等，2015，有修改）

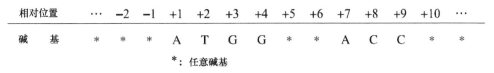

相对位置	···	−2	−1	+1	+2	+3	+4	+5	+6	+7	+8	+9	+10	···
碱　　基	*	*	*	A	T	G	G	*	*	A	C	C	*	*

*：任意碱基

图 7-2　SCoT 分子标记引物设计示意图（龙治坚等，2015）

2）引物的长度以 18 bp 为宜，从而保证该标记方法的重复性；引物序列无兼并碱基，GC 介于 50%～72%；同时满足其他引物设计要求，如无引物二聚体、发夹结构等。

二、SCoT 分子标记技术特点

SCoT 分子标记不仅结合了 ISSR 标记和 RAPD 标记的优点，同时拥有自身的一些优点，其主要特点如下。

1）作为一种目的基因分子标记技术，其本身可能是目的基因的一部分，或者与目的基因紧密连锁，能有效产生与性状的联系，有利于辅助育种。

2）该技术是建立在 PCR 技术的基础上，扩增的产物可以通过琼脂糖电泳检测，也可以通过聚丙烯酰胺凝胶电泳检测。整个操作步骤简单、快捷，易于在各个物种中建立 SCoT 标记技术体系。

3）结合了 ISSR 标记和 RAPD 标记的优点，其引物设计简单且通用性好，对模板 DNA 质量要求较低，具有用量少、灵敏度高等优点。

4）该标记的引物序列长度较长，能保证该标记具有较好的重复性；另外，引物的设计简单，可以通过原有引物序列做少许改动来设计更多的新引物，并且这些引物能够在物种间通用。

5）该标记计数量多、方便快捷，实验成本低、使用范围广。

三、SCoT 分子标记的研究与应用

SCoT 作为近几年新开发的分子标记技术，在各种植物的研究中得到了迅速的发展、应用。

Gorji 等（2011）比较了 SCoT、ISSR 和 RAPD 分子标记技术在四倍体马铃薯中研究的效率，结果表明 3 种分子标记均能有效地构建 DNA 指纹图谱，但是 SCoT 分子标记的效率要优于其他两种标记方法。Luo 等（2011）采用 ISSR 标记和 SCoT 标记对中国广西的芒果种质资源进行研究，表明虽然两种标记方法所得结果相似，但是 SCoT 标记要优于 ISSR 标记，同时也表明 SCoT 标记能够有效地应用在芒果种质资源研究中。Amirmoradi 等（2012）采用 SCoT、DAMD-PCR、ISSR 标记 3 种方法对鹰嘴豆属部分材料进行亲缘关系的研究，结果表明 3 种标记方法均能产生较高的多态性，并且检测效率相差不大，与形态学分类较一致，并且 3 种标记方法的聚类分析结果也相类似，从而表明这 3 种标记方法均能应用于鹰嘴豆的遗传多样性研究。Pakseresht 等（2013）在不同基因型鹰嘴豆的遗传多样性的研究中同样表明，DAMD 和 SCoT 标记在不同基因型鹰嘴豆的研究中优于 ISSR 标记。Hamidi 等（2014）采用 CDDP、SCoT 和 ISSR 3 种分子标记在小麦的研究中同样表明，该 3 种分子标记均可有效地应用于不同基因型小麦的指纹识别，其结果相似，但是 CDDP 和 SCoT 标记要优于 ISSR 标记。

以上研究结果表明，DNA 分子标记技术均可有效地应用于各种植物种质资源和遗传多样性的研究中，并且具有较高的效率。但是利用 SCoT 标记技术构建 DNA 指纹图谱，并应用于植物种质资源鉴定时，其结果优于随机 DNA 分子标记技术。

陈虎等（2010）利用 SCoT 标记对部分龙眼品种资源进行了检测，其扩增产物具有较高的多态性，多态性带比率达到 85.8%，聚类分析结果能将 24 份龙眼品种完全区分开，表明 SCoT 分子标记可有效地应用于龙眼的种质资源鉴定研究。Luo 等（2012）采用 SCoT 分子标记对广西芒果种质资源进行研究。Bhattacharyya 等（2013）对石斛兰材料通过 SCoT 分子标记进行种质资源研究，AMOVA 分析表明，居群内的变异系数低于居群间的变异系数，聚类分析结果表明不同基因型石斛兰间存在较高的遗传变异，SCoT 标记对石斛兰遗传多样性、系统进化及濒危资源的保护具有重要应用价值。高岭等（2013）应用 SCoT 分子标记技术对兰属部分种的种质资源进行了遗传多样性分析，但其聚类结果与传统的兰属植物分类存在一定差别。林清等（2013）利用 SCoT 标记对部分芥菜种质资源进行遗传多样性分析，聚类分析能将 46 份芥菜种质清楚地区分开来，并聚为两大类，最终构

建了芥菜种质的 SCoT 指纹图谱, 其中 5 个引物单独构建的 DNA 指纹图谱可将供试材料完全区分开。Que 等（2014）采用 SCoT 标记对部分中国甘蔗的种质资源进行研究。夏乐晗（2014）采用 SCoT 标记对牛心柿、野柿、芽变品种及表型相似品种进行种质鉴定, 分子标记结果能将所有供试品种分别区分开来, 其聚类分析与形态特征具有较高的一致性, 表明 SCoT 分子标记是研究柿种质资源遗传多样性的有效手段。Huang 等（2014a）采用 EST-SSR 和 SCoT 标记分析了牛鞭草的遗传多样性。Huang 等（2014b）采用这两种分子标记构建了牛鞭草的 DNA 指纹图谱。

　　雄发前等（2010a）采用 SCoT 标记对登记入册的 4 个主要类群的花生进行了遗传多样性研究, 结果表明, SCoT 分子标记可用于花生 DNA 多态性和指纹图谱的构建, 同时在花生的遗传多样性研究中具有很大的应用潜力。韩国辉等（2011）采用正交设计方法优化获得柑橘 SCoT-PCR 反应体系, 并对 Wan2 橘橙、Li2 甜橙及其杂交后代进行聚类分析, 表明其具有较丰富的遗传多样性, 另外, 3 株同源四倍体分别聚在不同的位置, 表明四倍体材料均发生了不同程度的遗传变异。Guo 等（2012）采用 17 个 SCoT 标记对部分葡萄品种进行研究, 聚类结果能将起源于美国和中国的不同材料清楚地区分开来。韦泳丽等（2012）采用 SCoT 分子标记对罗汉松种质遗传多样性进行研究, 结果表明该技术可为罗汉松种质亲缘关系的鉴别和分类提供理论依据。Mulpuri 等（2013）采用 SCoT 标记对取自不同国家的麻疯树进行了遗传多样性分析, 对不同表型包括产量、种子含油量、有毒无毒及株型不同的麻疯树间亲缘关系进行研究。龙治坚等（2013）采用 SCoT 标记分析了枇杷属植物的遗传多样性, 并构建 DNA 指纹图谱。Alikhani 等（2014）通过 ISSR、IRAP 和 SCoT 标记对橡木的遗传多样性进行了分析。

第二节　牡丹 SCoT 分子标记正交优化及引物筛选

　　以牡丹基因组 DNA 为模板, 采用 L_{16}（4^5）正交试验设计对影响目标起始密码子多态性-聚合酶链反应（SCoT-PCR）的 5 个因素（Taq DNA 聚合酶用量、Mg^{2+} 浓度、模板 DNA 用量、dNTPs 浓度和引物浓度）进行优化试验, 建立了优化的牡丹 SCoT-PCR 反应体系。运用牡丹 17 个品种验证了该体系稳定可靠, 并从 36 个 SCoT 引物中筛选出扩增条带清晰、多态性丰富的 24 个引物。

一、材料与方法

1. 材料

　　供试材料（表 7-1）取自中国洛阳国家牡丹基因库, 选用无病虫害的牡丹幼嫩真叶, 洗净后用液氮处理, 置于–40℃保存备用。

表 7-1 供试牡丹品种及类型

编号	品种名称	类型	编号	品种名称	类型	编号	品种名称	类型
1	洛阳红	中原品种	7	雀好	江南品种	13	银百合	西北品种
2	十八号	中原品种	8	西施	江南品种	14	红冠玉珠	西北品种
3	首案红	中原品种	9	七蕊	西南品种	15	杨山牡丹	野生种
4	豆绿	中原品种	10	岛大臣	日本品种	16	狭叶牡丹	野生种
5	姚黄	中原品种	11	盛宴	美国品种	17	卵叶牡丹	野生种
6	珊瑚台	中原品种	12	醉妃	西北品种			

用改良 CTAB 法提取 DNA。紫外分光光度法和琼脂糖凝胶电泳法检测 DNA 质量。稀释至所需浓度后，-20℃保存（详细操作步骤见第三章）。

2. SCoT 反应体系的优化及稳定性验证

采用 L_{16}（4^5）正交表设计，对反应体系中的 Mg^{2+} 浓度、dNTPs 浓度、引物浓度、Taq DNA 聚合酶用量和模板 DNA 浓度 5 种影响因素设置 4 个水平（表 7-2）共 16 个组合（表 7-3），重复 3 次，总反应体系为 20 μl。体系优化所用材料和引物分别是洛阳红和 SC23。反应程序为 94℃预变性 5 min；94℃变性 1 min，50℃复性 1 min，72℃复性 2 min，34 次循环；最后 72℃延伸 8 min，4℃保存。扩增产物用 1%琼脂糖凝胶电泳分离，经 UltrapowerTM 核酸燃料染色后，英国 UVltec 公司的 BTS-20M 型 GenGenius 凝胶成像分析系统上采集图像。

表 7-2 牡丹 SCoT-PCR 反应优化的因素与水平

水平	因素				
	模板 DNA 用量/（ng/μl）	Mg^{2+} 浓度/（mmol/L）	dNTPs 浓度/（mmol/L）	引物浓度/（μmol/L）	Taq DNA 聚合酶用量/U
1	1.00	1.50	0.25	0.40	0.50
2	1.50	2.00	0.30	0.50	1.00
3	2.00	2.50	0.35	0.60	1.50
4	2.50	3.00	0.40	0.70	2.00

表 7-3 牡丹 SCoT-PCR 反应因素水平 L_{16}（4^5）正交试验设计

水平	因素				
	模板 DNA 用量/（ng/μl）	Mg^{2+} 浓度/（mmol/L）	dNTPs 浓度/（mmol/L）	引物浓度/（μmol/L）	Taq DNA 聚合酶用量/U
1	1.00	1.50	0.25	0.40	0.50
2	1.00	2.00	0.30	0.50	1.00
3	1.00	2.50	0.35	0.60	1.50
4	1.00	3.00	0.40	0.70	2.00
5	1.50	1.50	0.30	0.60	2.00
6	1.50	2.00	0.25	0.70	1.50

续表

水平	因素				
	模板 DNA 用量/ （ng/μl）	Mg²⁺浓度/ （mmol/L）	dNTPs 浓度/ （mmol/L）	引物浓度/ （μmol/L）	Taq DNA 聚合酶 用量/U
7	1.50	2.50	0.40	0.40	1.00
8	1.50	3.00	0.35	0.50	0.50
9	2.00	1.50	0.35	0.70	1.00
10	2.00	2.00	0.40	0.60	0.50
11	2.00	2.50	0.25	0.50	2.00
12	2.00	3.00	0.30	0.40	1.50
13	2.50	1.50	0.40	0.60	1.50
14	2.50	2.00	0.35	0.40	2.00
15	2.50	2.50	0.30	0.70	0.50
16	2.50	3.00	0.25	0.50	1.00

对优化好的体系，选用引物 SC24 对 17 个牡丹品种 DNA 进行扩增试验，以检测反应体系的稳定性。并根据上述试验结果最佳 SCoT-PCR 反应体系，参照 Collard 和 Mackill（2009a）所用的引物，用洛阳红品种为材料进行多态性引物的筛选。

二、牡丹 SCoT 反应体系的正交优化分析

正交试验设计 SCoT-PCR 反应体系，选取 SC24 作为扩增引物，以牡丹品种洛阳红 DNA 模板进行扩增，并对扩增产物进行电泳检测（图 7-3）。参照何正文等（1998）和谢云海等（2005）的直观分析法和对电泳条带的打分方法，依据电泳条带的多少、清晰度及背景颜色对图 7-3 的 1～16 处理打分。在假设不存在交互情况下，取 3 次得分的平均值进行直观分析，求出每个因素同一水平下的得分

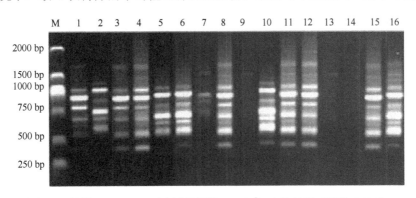

图 7-3　牡丹 SCoT-PCR 正交试验设计 L_{16}（4^5）电泳结果（引物 SC24）

总和及平均值，用最大平均值减去最小平均值求出同因素不同水平间的级差 R，R 大小反映该因素对试验结果影响的程度，R 越大说明该因素对试验结果影响越大（表 7-4）。用 Excel 作图分析（图 7-4），从 R 值可知，在试验范围内，Mg^{2+} 浓度的 R 值最大，说明 5 个因素中的 Mg^{2+} 浓度对反应体系结果影响最大，其次为引物浓度、dNTPs 浓度、Taq DNA 聚合酶用量，而 DNA 模板量影响最小。

表 7-4 牡丹 SCoT-PCR 反应正交试验 L_{16}（4^5）结果均值

水平	因素				
	模板 DNA 用量/（ng/μl）	Mg^{2+}浓度/（mmol/L）	dNTPs 浓度/（mmol/L）	引物浓度/（μmol/L）	Taq DNA 聚合酶用量/U
1	10.25	5.75	11.25	6.50	11.50
2	10.25	8.25	11.50	9.25	7.00
3	10.00	11.75	6.75	11.75	9.75
4	6.75	11.50	7.75	9.75	9.00

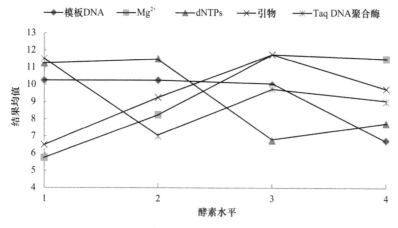

图 7-4 牡丹 SCoT-PCR 正交试验设计 L_{16}（4^5）各因素与结果均值关系

由图 7-3 可看出，各因素不同浓度组合形成的反应体系，扩增结果差异性较大。在 16 个组合中，3 个处理（组合 9、13、14）几乎无扩增条带，其他组合均有可见条带且主带明显，组合 1、2、7 扩增条带很弱且带较少。通过对扩增谱带特异性和敏感度即谱带多少、亮度的强度、背景的深浅和有无弥散现象对 SCoT-PCR 扩增结果进行综合性评价，结果筛选出条带数量丰富、清晰度高、特异性条带和非特异性条带之间的差异明显的组合 11 为最优组合，其次为组合 3 和组合 15。Mg^{2+} 浓度过低会降低 Taq DNA 聚合酶的活性，使扩增条带减少，过高会引起特异性扩增。当 Mg^{2+} 浓度为 1.50 mmol/L 和 2.00 mmol/L 时，组合 9、13、14 几乎无扩增条带。当其浓度在 2.50 mmol/L 时扩增效果较好（组合 3、11 和 15），当浓度在 3.00 mmol/L 时，结果均值下降，不及浓度 2.50 mmol/L，因此 Mg^{2+} 浓度为 2.50 mmol/L 为宜。如图 7-4 所示，Taq DNA 聚合酶浓度对 SCoT 体系的影响不大。4 个浓度梯度（0.50 U、1.00 U、1.50 U、2.00 U）均扩增出了较好的带型，各梯度用量下谱带扩增效果较一致，结合图 7-3，浓度大时带型较亮但会有模糊现象，分离界限不够清晰，且酶量过多易产生非特异性扩增，产生高的错配率，从经济因素考虑，Taq DNA 聚合酶适宜浓度为 0.50 U。

dNTPs 在组合 9、13 和 14 中的用量水平较高（0.35 mmol/L 和 0.40 mmol/L），尽管其他组合处于合适水平，但几乎无扩增结果，说明高浓度的 dNTPs 不利于扩增。由图 7-4 可知，随着 dNTPs 浓度的增加结果均值呈现先增后降的趋势，而后直线下降，其浓度为 0.25 mmol/L 和 0.30 mmol/L 时无显著差异。因此，低浓度 dNTPs 有利于扩增。结合图 7-3，我们可以发现，dNTPs 浓度分别为 0.35 mmol/L 和 0.40 mmol/L，尽管其他组合处于合适水平，但几乎无扩增结果（组合 9、13、14），dNTPs 浓度高时，错误渗入率会大大增加，也可导致酶活性下降（组合 13、14）。dNTPs 浓度处于较低两个水平（0.25 mmol/L 和 0.30 mmol/L），其差异不明显，结果均值几乎相同，从经济角度考虑，dNTPs 浓度为 0.25 mmol/L 较适宜。

引物浓度的 0.40 μmol/L、0.50 μmol/L、0.60 μmol/L、0.70 μmol/L 4 个水平间差异显著，浓度过高会增加引物间形成二聚体的概率。因此应选用峰值 0.60 μmol/L 为反应的最佳水平。

适宜的样本量是保证扩增的前提，样本量过多会增加非特异性扩增产物，由图 7-4 所示，当模板浓度为（1.00 ng/μL、1.50 ng/μL、2.00 ng/μL）时，曲线趋于平滑，说明 SCoT 反应体系对模板 DNA 浓度敏感度不太高。结合图 7-3，当模板浓度为 2.50 ng/μL 组合 13，14 无扩增产物，且曲线呈现下降趋势。因此，选取 1.00 ng/μL 为最佳反应水平。

综合以上分析，最终确定反应总体积 20.00 μL 的 SCoT-PCR 最优组合为 Mg^{2+} 为 2.50 mmol/L，引物为 0.60 μmol/L，Taq DNA 聚合酶为 0.50 U，dNTPs 为 0.25 mmol/L，模板 DNA 为 1.00 ng/μL。

三、SCoT-PCR 反应体系稳定性验证及引物的筛选

应用上述优化后的反应体系和 SC24 引物对 17 个牡丹品种（表 7-1）进行了 SCoT-PCR 扩增。由图 7-5 可见，不同品种扩增条带均清晰稳定，且多态性丰富。不仅体现出种内的遗传稳定性，还体现出品种间的遗传差异，表明该优化体系稳定可适用于牡丹 SCoT-PCR 分析。

对 Collard 和 Mackill（2009a）的 36 个所用引物进行多态性筛选，结果显示，所有引物均能扩增出清晰可辨的条带，每个引物扩增条带数 2～12 条不等，其中有 24 个引物（SC2, SC3, SC7, SC11, SC12, SC13, SC14, SC15, SC16, SC18, SC19, SC22, SC23, SC24, SC25, SC28, SC29, SC30, SC31, SC32, SC33, SC34, SC35, SC36）均能扩增出清晰且丰富的多态性条带，占所有引物组合的 66.70%（图 7-6）。

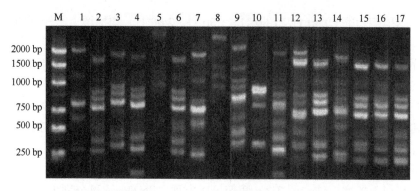

图 7-5　引物 SC24 对 17 个牡丹品种的 SCoT-PCR 扩增

M. DNA Marker DL 2000；编号 1～17 分别对应表 7-1 中各品种

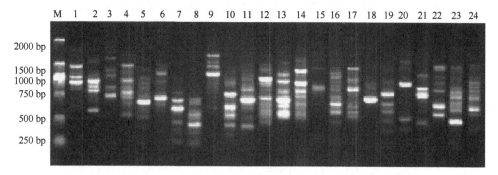

图 7-6　优化后的牡丹 SCoT-PCR 反应体系在 24 个引物中的验证结果

M. DNA Marker DL 2000；1～24 分别为引物 SC2，SC3，SC7，SC11，SC12，SC13，SC14，SC15，SC16，SC18，SC19，SC22，SC23，SC24，SC25，SC28，SC29，SC30，SC31，SC32，SC33，SC34，SC35，SC36 ；每个反应所用的材料都是洛阳红品种

　　SCoT 标记作为一种基于 PCR 技术的新型分子标记具有操作简单、引物具有通用性、成本低廉、多态性高、可获得丰富的遗传信息等诸多优点，能更好地反映物种的遗传多样性和亲缘关系。由于它也是基于 PCR 反应的标记技术，同其他基于 PCR 反应技术一样，其反应体系受诸多因素的影响，Taq DNA 聚合酶量、Mg^{2+}浓度、模板 DNA 量、dNTPs 浓度和引物浓度等各反应成分都会影响 PCR 的结果。因此，采用 SCoT 分子标记时应首先对其反应体系进行优化。

　　体系优化研究中一般均采用多次单因素设计的方法。该方法的缺陷在于当变化其中一个因素而固定其余几个因素时，往往靠经验或参考相近物种确定，这样既不能考察 PCR 体系中各组分的交互作用，也不能保证各组分最佳浓度的组合就是最佳反应体系。利用正交试验设计进行 PCR 体系优化方法最早由何正文等（1998）提出。该方法可以综合考察 PCR 反应体系中各因素及其交互作用，与以往的单因素 PCR 优化设计相比，能够快速获得满意的试验结果，减少工作量，降低试验成本，避免顾此失彼忽视其互作效应。目前，有关用正交设计法优化牡丹反应体系的报道很多：

王佳等（2006）对牡丹 ISSR-PCR 反应体系进行正交设计，优化出了适合牡丹 ISSR-PCR 的最佳反应体系，郭大龙等（2008）、王燕青和季孔庶（2009）采用正交设计得到了牡丹 SRAP 的最适反应体系。本研究应用正交试验设计对牡丹 SCoT-PCR 的反应体系进行了优化并对引物进行了筛选，得到了清晰且重复性好的条带，证明了该方法适应于牡丹 ScoT-PCR 反应体系优化研究。本试验得到最佳反应体系为 Mg^{2+} 浓度为 2.50 mmol/L，dNTPs 浓度为 0.25 mmol/L，*Taq* DNA 聚合酶用量为 0.50 U，引物浓度为 0.60 μmol/L，模板 DNA 用量为 1.00 ng/μl，反应总体积 20.00 μl。

本研究结果表明：Mg^{2+} 浓度对牡丹 SCoT-PCR 扩增结果影响最大，引物浓度也是影响扩增效果的一个较重要的因素，初步筛选出的 24 个扩增效果较好的 SCoT-PCR 引物可用于牡丹遗传多样性分析。结果可为今后利用 SCoT-PCR 这一新型标记技术进行牡丹分子遗传学与标记辅助选择育种研究奠定基础，也为此标记应用于其他植物的研究提供了借鉴。

第三节　不同花色牡丹种质资源 SCoT 分析

用 SCoT 技术对 35 个牡丹品种进行基因组 DNA 多态性分析，并用 UPGMA 法构建系统发育树，进行不同花色牡丹品种亲缘关系分析。

一、材料与方法

1. 材料

供试材料（表 7-5）取自中国洛阳国家牡丹基因库，选用无病虫害的牡丹幼嫩真叶，洗净后用液氮处理，置于–40℃保存备用。

表 7-5　本研究所用牡丹材料品种及类型

编号	品种名称	类型	编号	品种名称	类型	编号	品种名称	类型
1	黑凤蝶	黑色系	13	黄莲	黄色系	25	赤龙焕彩	紫色系
2	夜光杯	黑色系	14	黄云	黄色系	26	夜光白	白色系
3	黑旋风	黑色系	15	金晃	黄色系	27	白玉	白色系
4	黑珍珠	黑色系	16	豆绿	绿色系	28	白鹤卧雪	白色系
5	烟笼紫	黑色系	17	冰山翡翠	绿色系	29	冰壶献玉	白色系
6	蓝凤展翅	蓝色系	18	晶玉点翠	绿色系	30	天衣	白色系
7	蓝海碧波	蓝色系	19	绿香球	绿色系	31	状元红	红色系
8	蓝冠玉带	蓝色系	20	三变赛玉	绿色系	32	天香夺金	红色系
9	蓝玉三台	蓝色系	21	葛巾紫	紫色系	33	萍实艳	红色系
10	蓝冠玉珠	蓝色系	22	紫球银波	紫色系	34	迎日红	红色系
11	姚黄	黄色系	23	紫瑶台	紫色系	35	贵妃插翠	红色系
12	黄河	黄色系	24	首案红	紫色系			

所用引物如表 7-6 所示。用改良 CTAB 法提取 DNA。紫外分光光度法和琼脂糖凝胶电泳法检测 DNA 质量。稀释至所需浓度后，–20℃保存。详细操作步骤见第三章。

表 7-6　SCoT- PCR 扩增所用引物及其扩增结果

引物	碱基序列（5′→3′）	扩增总条带数	多态性位点总数	多态性位点比率/%
SC3	CAACAATGGCTACCACCG	7	7	100.00
SC6	CAACAATGGCTACCACGC	9	5	55.56
SC12	ACGACATGGCGACCAACG	5	5	100.00
SC13	ACGACATGGCGACCATCG	9	9	100.00
SC14	ACGACATGGCGACCACGC	6	6	100.00
SC15	ACGACATGGCGACCGCGA	7	7	100.00
SC18	ACCATGGCTACCACCGCC	5	5	100.00
SC19	ACCATGGCTACCACCGGC	10	10	100.00
SC21	ACGACATGGCGACCCACA	11	9	81.82
SC22	AACCATGGCTACCACCAC	10	10	100.00
SC28	CCATGGCTACCACCGCCA	5	4	80.00

2. 方法

（1）牡丹基因组 DNA 提取与检测

采用改良的 CTAB 法从每一个牡丹品种完全伸展的真叶中提取基因组 DNA。基因的完整性和质量用紫外分光光度法和 1.0%（m/V）的琼脂糖凝胶（0.5×TBE buffer）检验，保存于–20℃。

（2）PCR 扩增

本试验采用 PCR 扩增体系为正交试验优化，最佳反应体系为 Mg^{2+} 浓度为 2.50 mmol/L，dNTPs 浓度为 0.25 mmol/L，Taq DNA 聚合酶用量为 0.50 U，引物浓度为 0.60 μmol/L，模板 DNA 用量为 1.00 ng/μl，反应总体积 20.00 μl。

反应程序：94℃预变性 5 min；94℃变性 1 min，50℃复性 1 min，72℃复性 2 min，34 次循环；最后 72℃延伸 8 min，4℃保存。

（3）凝胶电泳分析

DNA 扩增产物在 0.5×TBE 缓冲系统中，扩增产物用 1%琼脂糖凝胶电泳分离，在凝胶成像分析系统上采集图像。具体操作步骤详见第三章。

（4）数据处理

数据的统计方法：针对同个位置的条带，出现条带记作"1"，无条带记作"0"，只统计清晰易辨的扩增条带，然后将所有选择扩增条带的数据输入到数据矩阵。采用 NTSYS 软件进行聚类分析。

二、扩增产物多态性分析

从图 7-5 可以看出，本试验所筛选出来的 17 条引物，经扩增后，一共获得了 131 条清晰的扩增条带，其中有 122 个多态性位点，多态性位点比率为 93.13%，这说明本试验所采用的牡丹材料具有丰富的遗传多样性。在这 17 条引物中，每条引物可扩增出 5～12 条扩增条带，平均每个引物产生 7.71 条扩增带，7.18 个多态性位点。其中，引物 SC35 扩增出的条带数最多，为 12 条，多态性位点总数为 10 个，多态性比率达到 83.30%，而扩增条带数最少的引物是 SC12、SC18 和 SC28，只扩增出 5 条带；另外，在这 17 条引物中，除了 SC6、SC21、SC28、SC35 之外，其余引物扩增出的多态性位点比率均达到了 100%。此试验结果说明，SCoT 分子标记能够检测出较多的遗传位点，并获得较好的 PCR 扩增反应，由此可以看出，这种新型的标记方法能够有效地揭示牡丹材料间的多态性。图 7-7 为引物 SC35 对部分供试材料的扩增结果。

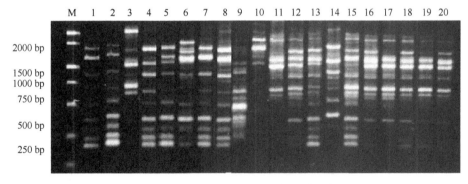

图 7-7　SC35 对部分供试牡丹材料的扩增结果

M. DNA Marker DL 2000；1～20. 部分供试材料

三、聚类分析

聚类分析结果见图 7-8。从聚类图可以看出，在遗传距离 0.34 时，可将受试的 7 个花色 35 个牡丹品种划分为 4 个遗传聚类组。聚类组 I 包括了 7 个花色的大部分品种；聚类组 II 包括赤龙焕彩、夜光白、白玉；聚类组 III 只有白鹤卧雪；聚类组 IV 包括葛巾紫、紫球银波。从花色上看，5 个白色品种分别被划分到聚类组 I、II、III 中，5 个紫色品种被划分到聚类组 I、II、IV 中。其余的大部分品种虽然都聚在聚类组 I 中。但从其中也可看出，黑色系的 3 个品种夜光杯、黑旋风、黑珍珠聚在一起；红色系的 5 个品种状元红、天香夺金、萍实艳、迎日红、贵妃插翠聚在一起；绿色系的 3 个品种豆绿、冰山翡翠、绿香球，以及白色的夜光白与白玉、冰壶献玉与天衣也分别相聚。但也有花色相同未聚在一起的情况。

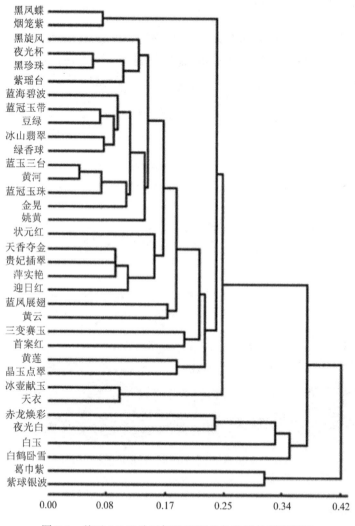

图 7-8　基于 SCoT 分子标记不同花色牡丹品种聚类图

四、讨论

本试验利用 SCoT 分子标记分析了 35 个不同花色牡丹品种间的亲缘关系，通过所筛选出来的 17 条引物，经扩增后，一共获得了 131 条清晰的扩增条带，其中有 122 个多态性位点，多态性位点比率为 93.13%，这说明本试验所采用的牡丹材料具有丰富的遗传多样性。在这 17 条引物中，每条引物可扩增出 5～12 条扩增条带，平均每个引物产生 7.71 条扩增带，7.18 个多态性位点。这说明，SCoT 分子标记能够检测出较多的遗传位点，并获得较好的 PCR 扩增反应，由此可以看出，这种标记方法能够有效地揭示牡丹材料间的多态性。

　　从聚类结果可以看出，在遗传距离 0.34 时，可将受试的 7 个花色 35 个牡丹品种划分为 4 个遗传聚类组。来源相同、花色相同的品种间的亲缘关系相对较近。另外，一些品种虽然颜色不同但也聚在一起，遗传组的划分与花色系列间并未有完全一致的关系。

第八章　牡丹保守 DNA 衍生多态性分子标记

第一节　CDDP 分子标记概述

一、CDDP 分子标记技术原理

近几十年来，随着植物基因组学和功能基因组学的迅速发展，一些重要的基因或基因家族被大量克隆鉴定出来。这些基因或基因家族中通常存在具有保守氨基酸序列的保守结构功能域，其对应的 DNA 序列也具有保守性（Zhong *et al.*，2010；孙欣等，2011；Salinas *et al.*，2012）。另外，一些公共基因组数据库（如 NCBI GenBank 和 Plant GDB 等）具有丰富的信息量（Benson *et al.*，2000；Dong *et al.*，2004），使得研究人员更方便地开发出基于这些基因的保守序列或者 DNA 保守位点的新型目标基因分子标记技术。

CDDP 是基于 DNA 保守序列的多态性分子标记技术，属于目标基因分子标记方法。其引物序列是针对植物功能基因或基因组中的保守序列设计而来，其扩增引物为单引物，如果在基因组 DNA 中存在目标基因或者保守序列，引物能够与之相互补，并且在基因组某些区域内的分布符合 PCR 扩增反应条件，就可扩增出 DNA 片段。如果基因组 DNA 某些区域内并不存在目的序列，则无扩增条带的产生。因此通过对 PCR 产物的检测，即可检测出基因组 DNA 在这些区域的多态性（Agarwal *et al.*，2008；熊发前等，2010b；李莹莹，2013b），如图 8-1 所示。

CDDP 分子标记是基于单引物扩增反应的标记方法，关键技术是引物的设计，其引物是能与基因组 DNA 序列中功能基因的保守序列相结合的特异引物，而不是随机引物。其引物通常要满足以下几点。

1）CDDP 分子标记的引物是基于基因组 DNA 中存在的保守序列设计的，因此，必须通过大量的信息筛选并通过序列比对软件（如 DNAStar、DNAMAN 等）对不同物种的功能蛋白序列或者基因组中的保守序列进行比对分析，找出在不同物种中存在的保守序列。并且一般 DNA 的保守序列较短，因此所设计的引物序列长度不宜过长，通常为 15~19 bp，一般引物中包含的简并核苷酸不超过 3 个。

2）由于外显子通常富含 GC 碱基，因此所设计引物的 GC 含量要大于 60%，并且可以适当地加入简并碱基，从而有利于引物与外显子区域相结合。

3）通常依据基因家族的保守 DNA 序列设计 CDDP 分子标记的引物，从而使单引物在基因组 DNA 中的结合位点更多，扩增具有更高的多态性。

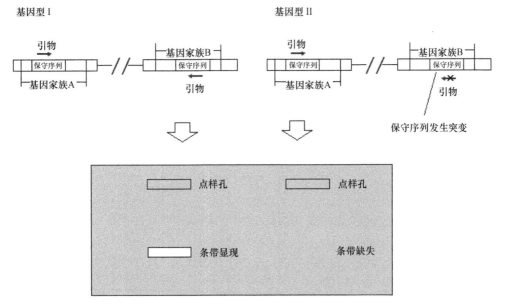

图 8-1　CDDP 分子标记原理示意图（据熊发前等，2010b，有修改）

表 8-1 为目前应用于植物的 CDDP 标记引物及其详细信息（Collard and Mackill，2009b）。

二、CDDP 分子标记技术特点

1）CDDP 分子标记是基于基因组 DNA 的保守序列设计引物，通常不同物种间相同功能基因的序列也是保守的，因此所设计的引物在不同的物种间的通用性较好。并且在新物种中应用时不需要预先获得该物种的序列信息，采用相同功能基因的 CDDP 引物即可应用于该物种的研究。

2）CDDP 分子标记所用引物为单引物序列，对基因组 DNA 中的保守基因序列进行扩增，通常保守基因序列在基因组中具有多拷贝存在，因此 CDDP 引物可以与基因组中多个位点结合，具有较好的多态性。

3）CDDP 分子标记能有效地产生与目标性状连锁的分子标记，在遗传多样性分析、QTL 作图及分子标记辅助育种等方面具有重要应用价值。

4）CDDP 分子标记所采用的引物序列长 15～19 bp，其序列较长，而且 GC 含量在 60%以上，复性温度较高，具有更好的稳定性和重复性。

5）与 AFLP、SSAP 分子标记相比较，CDDP 分子标记无须对基因组 DNA 进行酶切、连接、预扩增和选择性扩增等操作步骤，对模板基因组 DNA 的要求较低，因而其操作过程简单、快速，结果可靠。

表 8-1 目标保守 DNA 序列列及设计引物详细信息

基因	基因功能	氨基酸序列	引物名称	引物序列（5'→3'）	引物长度/bp	GC 含量/%	参考文献
WRKY	调节植物生长发育及许多生理过程的转录因子	WRKYGQ	WRKY-F1	TGGCGSAAGTACGGCCAG	18	67	Xie *et al.*, 2005; 潘园园等, 2012
		GKHNH	WRKY-R1	GTGGTTGTGCTTGCC	15	60	
		TTYEG	WRKY-R2	GCCCTCGTASGTSGT	15	67	
		GEHTC	WRKY-R3	GCASGTGTGCTCGCC	15	73	
		TTYEG	WRKY-R2B	TGSTGSATGCTCCCG	15	67	
		GEHTC	WRKY-R3B	CCGCTCGTGTGSACG	15	73	
MYB	参与植物色素的生物合成与代谢、细胞形态与模式建成、生物素胁迫应答等	GKSCR	Myb1	GGCAAGGGCTGCGC	15	80	Jiang *et al.*, 2004; 左然等, 2012
		GKSCR	Myb2	GGCAAGGGCTGCCGG	15	80	
ERF	调控抗病等植物逆境胁迫反应	HYRGVR	ERF1	CACTACCGCGGSCTSCG	17	77	Gutterson and Reuber, 2004; 莫纪波等, 2011
		AEIRDP	ERF2	GCSGAGATCCGSGACCC	17	77	
		WLGTF	ERF3	TGGCTSGGCACSTTCGA	17	65	
KNOX	调控细胞分化和植物的形态建成, 对花发育也具有调节作用	KGKLPK	KNOX-1	AAGGGSAAGCTSCCSAAG	18	61	Nagasaki *et al.*, 2001; 李春苑等, 2009
		HWWELH	KNOX -2	CACTGGTGGGAGCTSCAC	18	67	
		KRHWKP	KNOX-3	AAGCGSCACTGGAAGCC	17	65	
MADS	控制花器官生成及发育	MGRGKV	MADS-1	ATGGGCCGSGGCAAGGTGC	19	74	Lim *et al.*, 2000; 吕山花和孟征, 2007; 黄方等, 2012
		MGRGKV	MADS-2	ATGGGCCGSGGCAAGGTGG	19	74	
		LCDAEV	MADS-3	CTSTGCGACCGSGAGGTC	18	72	
		LCDAEV	MADS-4	CTSTGCGACCGSGAGGTG	18	72	
ABP1	生长素结合蛋白, 参与生长素响应有关的生物过程	TPIHR	ABP1-1	ACSCCSATCCACCGC	15	73	Yunus *et al.*, 2011
		TPIHR	ABP1-2	ACSCCSATCCACCGG	15	73	
		HEDVQ	ABP1-3	CACGAGGACCTSCAGG	16	69	

资料来源：Collard and Mackill; 2009b; 李莹莹, 2013b

6）CDDP 分子标记是一种显性标记。

由于 CDDP 分子标记是一种基于基因组 DNA 保守序列开发的单引物的目标分子标记技术，因此其在应用的时候也受到一定的限制。例如，在基因组信息中相关性状的保守序列缺失的话，其引物设计就是个问题；该分子标记所采用的是单引物，且只能对目标基因的保守区域进行扩增反应，其扩增结果的多态性可能较低。

第二节　CDDP 分子标记的研究与应用

一、CDDP 分子标记在植物研究中的应用

CDDP 作为近几年开发的新型分子标记技术，目前在植物中的研究与应用较少，但是其作为一种目的基因分子标记技术，并且能产生与植物农艺性状相关的标记，使得该分子标记技术具有乐观的应用前景。

Collard 和 Mackill（2009b）在水稻中开发出 CDDP 分子标记技术，电泳条带图谱与 RAPD 标记生成的图谱相类似，其聚类分析结果与已知的水稻分类学研究和谱系信息基本一致；通过 Mantel 检测比较 CDDP 标记与 SSR 和 SCoT 标记所得到的遗传距离矩阵，结果表明 CDDP 标记与 SSR 标记结果具有较高的相关性；而与 SCoT 标记结果比较，尽管获得了相似的射线树状图，但是这两种标记方法的相关性较低。最终表明所开发的植物 CDDP 分子标记基于琼脂糖电泳，能够简单、有效地运用于植物相关方面的研究。Poczai 等（2011）采用 CDDP 分子标记和目标内含子（intron-targeting，IT）标记对欧白英种质的遗传多样性进行研究，为欧白英种质资源在育种研究中的充分利用，以及对欧白英种质资源的保护与管理提供了重要的理论依据。Li 等（2013）采用该方法对菊花的遗传多样性和亲缘关系进行了研究，其聚类分析结果与菊花的花径大小较一致，而与花型和花色相关性不大。李强（2014）采用该分子标记对大豆种质资源遗传多样性进行研究，聚类结果将参试品种分为三大类群，基于遗传距离与基于模型的聚类分析结果均与地理分布存在相关性，且聚类、分群结果大体一致。

二、CDDP 分子标记在牡丹研究中的应用

山东农业大学郑成淑课题组应用 CDDP 分子标记技术对牡丹开展了一系列研究。

李莹莹和郑成淑（2013）利用 CDDP 分子标记技术，对 10 个花色群体的菏泽牡丹品种资源进行了分析，通过 Nei's 基因多样性指数、有效等位基因数和 Shannon 信息指数分析，表明红色系和紫色系具有较高的遗传多样性，复色系和

绿色系牡丹的遗传多样性较低。聚类结果表明,牡丹品种的花色演化趋势为以粉色系和红色系为中心,渐渐演化出紫红、紫、蓝和白色系,再进化为黄色系和黑色系,而绿色系和复色系属于退化的色系。李莹莹(2013a)以凤丹(杨山牡丹)、狭叶牡丹、黄牡丹、紫牡丹、紫斑牡丹、矮牡丹、大花黄牡丹、四川牡丹和卵叶牡丹共 9 个野生种及 22 个牡丹栽培品种为试材,从目前已开发的 CDDP 分子标记引物中筛选出 18 条引物,进行了牡丹遗传多样性分析。其聚类分析结果如图 8-2 所示,在相似系数 0.67 处,31 份供试材料可分为两组,其中野生种矮牡丹与所有栽培品种聚为一组,其他野生种为另一组,表明参试的 22 个中原栽培品种与矮牡丹亲缘关系较为密切,推测其可能均起源于矮牡丹。这与李嘉珏(1999,2006)关于中原品种群祖先种为矮牡丹的推断相符,其聚类结果与花粉形态学研究的结论比较相似(袁涛和王莲英,2002),这可能与其采用的 CDDP 分子标记的引物

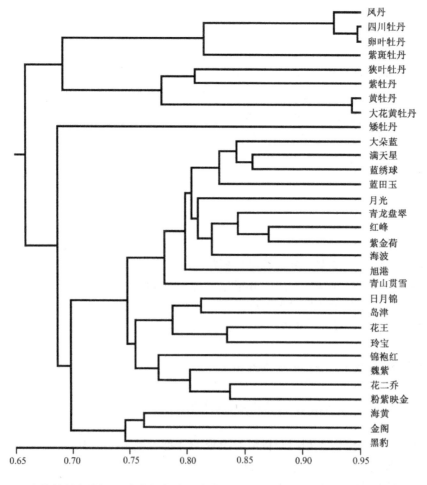

图 8-2　9 个牡丹野生种与 22 个牡丹栽培品种的 UPGMA 聚类关系图(李莹莹和郑成淑,2013)

有一部分来源于参与或调控花的发育、形成相关基因（如 *MYB*、*MADS*、*KNOX* 等）的保守序列有关，值得进一步关注，此外，其结果与 Yuan 等（2011）应用 SSR 分子标记研究中原牡丹品种、西北牡丹品种与革质花盘各野生种的亲缘关系时所得结论相符。王小文等（2014）首次利用基因靶向花色引物进行 CDDP 标记，对部分野生种，以及部分中原牡丹品种、日本牡丹品种、美国牡丹品种、法国牡丹品种共 64 份不同花色的牡丹种质资源进行遗传多样性分析。聚类结果表明牡丹种质资源的聚类基本上按照地理起源，而中原牡丹品种群的聚类大体是按照花色。

第九章　牡丹简单重复序列分子标记引物开发

第一节　牡丹 SSR 分子标记引物的开发方法

SSR 分子标记技术中引物的获得需要预先获知核酸序列，SSR 的广泛应用在一定程度上受限于从特定的物种中分离 SSR 位点的难度和试验成本的花费（Hakki and Akkaya，2000）。从其发现至今已经发展了很多种方法对 SSR 进行分离（Zane *et al.*，2002；郭大龙，2007）。总体而言，目前分离植物 SSR 常用的有 4 种方法：搜寻公共的核酸数据库和寻找已存在的 SSR 引物或者设计 SSR 标记引物；不同物种间共用；建立基因组文库和利用分子标记技术发展 SSR 引物。在牡丹上的 SSR 标记引物的开发方法主要有基于生物信息学技术开发的 SSR 标记、磁珠富集法开发 SSR 引物和二代测序技术开发 SSR 引物。

一、数据库查询

数据库查询开发 SSR 分子标记是指通过搜寻公共的核酸数据库寻找目标物种的核苷酸序列，然后通过序列分析比对筛选鉴定 SSR，最后根据 SSR 设计 SSR 分子标记引物。

根据原始序列鉴定 SSR 分子标记，SSR 可以分为基因组 SSR 和表达序列标签（expressed sequence tag-simple sequence repeat，EST-SSR）。传统方法开发基因组 SSR 分子标记既耗时成本又高，并且涉及基因组文库的构建和测序（Eujayl *et al.*，2004）。相反地，EST-SSR 是比非编码序列更为保守的序列，并且在较低成本下可以迅速开发（Chen *et al.*，2006；Wu *et al.*，2014）。因此，与基因组 SSR 标记相比，EST-SSR 标记在相关物种中能够表现出更高水平的通用性。同时，EST 序列的获得也相对容易，可直接从生物信息公共数据库中下载，得到相关序列后，去除载体序列，降低 EST 序列并进行拼接，从而得到新的 EST 序列，再对新的 EST 序列进行 SSR 搜索（李永强等，2004；李小白等，2006）。

Homolka 等（2010）从来自 NCBI dbEST 数据库的 2024 条牡丹 EST 序列，筛选出 726 条含有各种重复的序列片段，有 473 条包含 SSR 的非重复序列基因，得到了 598 个微卫星片段，设计了 25 对引物，但是只有 5 对在 18 个牡丹品种中显示出多态性。Hou 等（2011a）从 GenBank（http://www.ncbi.nlm.nih.gov/dbEST/index.html）检索到 2204 条牡丹序列，并且用 DNASTAR（http://www.dnastar.com；

DNASTAR Inc.，Madison，Wisconsin，USA）组装成非冗余的一致序列，并用 MISA 软件对存在 SSR 标记的序列进一步筛选，并对 901 条包含 SSR 标记的序列进行鉴定，从 SSR 侧翼区域成功设计了 29 对引物，其中 10 对引物在 45 个牡丹栽培品种的 PCR 产物中具有一定的多态性。Wu 等（2014）从 3783 条序列中共鉴定出 4373 个 EST-SSR 标记，设计了 788 对引物，其中有 149 对引物在凤丹和红乔两个品种的杂交后代中显示出多态性。

目前牡丹在 GenBank、EMBL、DDBJ 等公共数据库中的序列有限，限制了该方法在牡丹研究中的应用，随着 GenBank 中牡丹序列的增加，牡丹 SSR 分子标记的开发将更容易。

从已发表文献中搜寻已开发的 SSR 引物，更是一个现成的方法。这就需要及时跟踪所研究材料的研究进展。相对而言，通过数据库查询搜索 SSR 序列的方法简单易行，可以省去构建基因组文库、杂交、测序等繁琐的工作，然而单独的搜寻数据库所获得的引物是非常有限的，远不能满足植物遗传图谱构建和育种的需要。

二、磁珠富集法开发 SSR 引物

磁珠富集法开发 SSR 引物是在建立基因组文库的方法上发展而来的，拥有传统构建基因组文库开发 SSR 标记引物所达不到的优点。

基因组文库法是通过构建一个研究类群的基因组文库，筛选出一整套 SSR 位点，然后根据 SSR 位点两翼的序列来设计引物。目前已经发展了很多种方法用来提高从基因组文库中分离 SSR 位点的效率。按照富集的模式分为通过克隆/平板杂交富集（Scott *et al.*，2000）和通过引物延伸富集（Paetkau，1999），引物类型为与 SSR 互补的寡核苷酸。通过杂交富集方法按照所用支持物的类型可以分为①磁珠；②尼龙膜。后来的改进方法大都采用生物素包被的磁珠。

磁珠富集法开发 SSR 标记引物基本原理是用限制性内切核酸酶酶切基因组总的 DNA，将得到的 DNA 片段与带有生物素标记的微卫星探针杂交，利用生物素与链霉亲和素亲和性强的特性，完成重复序列目标片段的富集，通过克隆和测序，从而得到含有 SSR 的重复序列。Wang 等（2009）用相同的方法，共设计了 45 对用于微卫星位点片段的扩增引物，其中有 14 对在 20 个牡丹栽培品种中显示出多态性；Yu 等（2013）用限制性内切核酸酶 *Rsa* I 和 *Xmn* I 将基因组 DNA 双酶切成约 500 bp 大小的片段，然后用(AG)$_{12}$、(AT)$_{12}$、(CG)$_{12}$、(GT)$_{12}$、(ACG)$_{12}$、(ACT)$_{12}$、(CCA)$_8$、(AACT)$_8$、(AAGT)$_8$ 和(AGAT)$_8$ 微卫星探针，再通过阳性克隆和 DNA 测序共设计出 48 对牡丹 SSR 引物，其中 12 对在 48 个牡丹栽培品种中显示出多态性。这种方法的局限是更适用于已有序列发布的物种，并且有时所设计的 EST-SSR 引物会跨越内含子而无法扩增出目的片段。

Zane 等（2002）提出了一种节约成本和时间的快速分离微卫星的 FIASCO（fast isolation by AFLP of sequences containing repeat）方法，该方法是使用磁珠和生物素标记的微卫星探针来富集基因中的微卫星位点，这是基于磁珠表面的链霉亲和素能够与探针上的生物素强且稳定地共价结合，实质上与 Hakki 和 Akkaya（2000）的方法相似。Hou 等（2011a）用 FIASCO 方法从洛阳红中进行微卫星位点分离方法是用链霉亲和素磁珠与(GA)$_{15}$ [Bio-(GA)$_{15}$]，(AC)$_{15}$ [Bio-(AC)$_{15}$] 生物素标记探针进行富集，使用合适引物的 PCR 反应对回收的 DNA 进行扩增，将扩增的产物进行纯化，连接到 pMD-18T 载体上，再转移到大肠杆菌 DH5α 感受态细胞进行阳性克隆，测序，并对微卫星富集区的侧翼进行特异性引物设计。通过该方法，设计了 26 对引物，并且这 26 对引物在 40 个牡丹栽培品种中均表现出高多态性。

Homolka 等（2010）使用 Refseth 等（1997）开发的 SSR 富集方法，用接头引物 Sau 3A 链接到大小为 0.9~1.7 kb 的 DNA 片段两端，用 5′端生物素标记的寡核苷酸与(AG)$_{10}$、(CA)$_{10}$ 和(TA)$_{10}$ 探针杂交，用链霉亲和素磁珠捕获 SSR 片段，并经热变性的生物素标记的寡核苷酸释放，分离的片段用寡核苷酸进行扩增，再通过阳性克隆和测序，设计了 26 对 SSR 引物，有 8 对在 32 个牡丹品种中显示出多态性。

三、二代测序技术开发 SSR 引物

二代测序技术（next-generation sequencing，NGS）的出现和发展大大加快了生物学研究的进程，并广泛用于基因组测序、转录组测序和植物基因组深度测序（Schuster，2008；Malausa *et al*.，2011；Pazos-Navarro *et al*.，2011）。NGS 能产生大量的序列读长（reads），序列的产生、组装和分析需要不同的实验手段，如文库构建、生物信息学技术等。NGS 已经成功用于分子标记的识别，包括 SSR 和单核苷酸多态性，目前该技术在美洲花柏、黄扁柏（Jennings *et al*.，2011）、薇甘菊（Yan *et al*.，2011）、甜瓜（Garcia-Mas *et al*.，2012）、梨（Wu *et al*.，2013）等众多植物的基因组测序中已经得到了应用。

在牡丹 SSR 研究中，应用最多的 NGS 有两种方法：一是使用罗氏 454 测序（Roche 454 GS FLX）（Wall *et al*.，2009），二是使用 Illumina 测序（罗纯等，2015）。

罗氏 454 测序技术是基于乳液 PCR 和焦磷酸测序。目前 Gao 等（2013b）通过用 454-GS-FLX 高通量钛焦磷酸测序开发 SSR 标记，得到了 675 221 个牡丹基因片段，其中包含 SSR 序列数为 237 134，鉴定的 SSR 序列数为 164 043 的这些片段存放在 NCBI 公共数据库（登录号：SRA098186）。该方法是：将得到的基因组 DNA 链接到 T4 载体两端，PCR 扩增，生物素标记探针与链霉亲和素磁珠杂交，

然后将 DNA 进行罗氏 454 测序（Roche 454 GS FLX），测序结果进行处理分析。共设计合成了 100 对引物，在 23 个牡丹品种中进行验证。

　　Illumina 测序技术单次运行产生的序列读长大于 1 亿条，每条序列读长为 35～76 bp，数据产量为 3～6 Gb，平均费用约为 4 美元/Mb。Illumina 测序是以双链 DAN 片段作为测序模版。Gilmore 等（2013）用 Illumina 测序开发微卫星标记，产生了 48 457 692 个片段，包括 48 157 663 个编码片段和 300 029 个非编码片段，其中包含 SSR 的序列有 11 203 条，从芍药中得到了 1504 对 SSR 引物，在 4 个芍药品种中测试发现有 384 对引物具有多态性，其中有 230 对产生的多态性片段长度范围为 72～500 bp，137 对引物没有产物或者产生的片段长度超过了 500 bp，用 21 个 SSR 多态性标记在 93 个芍药、牡丹及其杂交品种中进行验证。Wu 等（2014）通过用 Illumina 对洛阳红的花蕾进行转录组测序，共得到了 59 275 条序列。用 SSRIT 软件在 EST 数据库中搜索 SSR，有 2989 条序列含有 SSR，用 ORF Finder 软件鉴定 EST 序列中的起始密码子和终止密码子，发现有 1384 条序列的 SSR 侧翼序列距离过短而不适合引物设计。而在设计的引物中，有 373 对 EST-SSR 引物能够产生预期大小的 SSR 产物，对 373 个 SSR 标记分析，发现有 219 个标记（58.7%）在编码区，147 个标记（39.4%）在非编码区，其中有 42 个标记在 3′非编码区，有 105 个标记在 5′非编码区，而剩余的 7 个标记则在未知蛋白质的序列中出现。373 对引物在亲本中进行筛选，发现有 149 对（40.0%）表现出多态性，包括 54 个二核苷酸位点，41 个三核苷酸位点，5 个四核苷酸位点，1 个五核苷酸位点和 48 个六核苷酸位点。二、三、四、五和六核苷酸位点的多态性比率分别为 38.8%、35.0%、31.3%、33.3%和 49.0%。

第二节　磁珠富集法开发牡丹 SSR 标记引物

　　本研究选用生物素标记的含有重复序列的探针与酶切后的 DNA 杂交富集含相应 SSR 序列的 DNA 片段，再借助磁珠的吸附作用高效分离出含有 SSR 的 DNA 片段，最后对阳性克隆测序和进行序列分析设计引物。

一、材料与方法

1. 材料

　　供试材料取自河南科技大学周山校区牡丹圃，选用无病虫害的洛阳红幼嫩真叶，洗净后用液氮处理，置于–40℃保存备用。

　　用改良 CTAB 法提取 DNA。紫外分光光度法和琼脂糖凝胶电泳法检测 DNA 质量。稀释至所需浓度后，–20℃保存。详细操作步骤见第三章。

2. 磁珠富集法开发牡丹 SSR 标记引物操作步骤

（1）基因组 DNA 酶切

取约 100 ng 基因组总 DNA 放入含有 10.0 U 的限制性内切核酸酶 *Mse* I（New England Biolabs）的 eppendorf 管中进行酶切反应。酶切反应体系见表 9-1。酶切反应条件为先 37℃反应 2 h，然后 65℃反应 20 min。

表 9-1　*Mse* I 消化基因组 DNA 的反应体系

反应成分	终浓度
10×buffer	1×
Mse I 限制性内切核酸酶	2.5 U
DNA	100 ng
100×BSA	1×
总反应体系	100 μl

（2）接头的连接

接头的连接反应体系见表 9-2，16℃反应 10 h 或连接过夜，连接产物稀释 10 倍作为扩增的模板。

表 9-2　接头反应体系

反应液组分	终浓度
Mse I 接头	1 μmol/L
10×T4 buffer	1×
T4 DNA 连接酶	1 U
酶切后 DNA	50 ng
总反应体系	25 μl

（3）目的片段扩增

反应条件：首先 94℃预变性 5 min，然后在 94℃变性 30 s，53℃复性 1 min，72℃延伸 1 min 进行 21 个循环。最后 72℃终延伸 10 min。目的片段的扩增反应体系见表 9-3。

表 9-3　目的片段扩增的 PCR 反应体系

反应液组分	终浓度
10×buffer	1×
dNTPs	0.2 μmol/L
Mse I-primer（100 μmol/L）	0.4 μmol/L
Mg^{2+}（25 mmol/L）	2.0 mmol/L
Taq DNA 聚合酶（2.5U）	1 U
DNA 模板	20 ng
总反应体系	20 μl

（4）杂交

250～500 ng 扩增的 DNA 与 50～80 pmol 的 5′端生物素化的探针(AC)$_{15}$ 或 (CT)$_{15}$ 混合，加入总体积 100 μl 的 4.2×SSC 和 SDS 0.07% 中（即 21 μl 10×SSC 加 0.7 μl SDS 10%，加水至 100 μl）。95℃变性 3 min，室温 15 min 复性。

（5）磁珠富集

1）1 mg 的磁珠用 TEN100（10 mmol/L Tris·HCl，1 mmol/L EDTA，100 mmol/L NaCl，pH 7.5）冲洗 3 次，重悬于 40 μl 的 TEN100 中。

2）DNA-探针混合物用 300 μl 的 TEN100 稀释，稀释的 DNA-探针混合物加入洗好的磁珠，室温温育 30 min，中途轻弹试管 4 次，以防磁珠沉淀。

3）在磁场中吸走上清液。

4）非严格冲洗：加入 400 μl 的 TEN1000（10 mmol/L Tris·HCl，1 mmol/L EDTA，1 mol/L NaCl，pH 7.5），室温下轻柔混合 10 min，在磁场中吸走上清液，上清转移至另一管中保存备用。重复 2 次。

5）严格冲洗：加入 400 μl 的 0.2×SSC，0.1% SDS，室温下轻柔混合 10 min，在磁场中吸走上清液。上清转移至另一管中保存备用。重复 2 次。

6）加入 50 μl TE（10 mmol/L Tris·HCl，1 mmol/L EDTA，pH 8.0），95℃温育 5 min，上清（里面包含所需要的 DNA）迅速转移并保存。

7）磁珠中再加入 12 μl 的 0.15 mol/L 的 NaOH，加入适量的 0.1167 mol/L 的乙酸；对所得 DNA 用接头引物扩增，扩增条件与上面的扩增条件一致。

（6）克隆

1）PCR 产物与 pMD18-T 载体（TaKaRa）在 16℃连接过夜。连接反应体系见表 9-4。

表 9-4 载体连接反应体系

反应液组成	终浓度
Ligation buffer	1×
PCR 产物	20 ng
pMD18-T 载体	2.5 ng/μl
灭菌水	1 μl
总反应体系	10 μl

2）于–70℃的冰箱中取出一管大肠杆菌感受态细胞，冰上放置冻融。

3）在超净工作台上，于感受态细胞中加入质粒连接混合液 10 μl，移液枪轻轻吸打混匀，冰浴 30 min。

4）将离心管放置于 42℃水浴中热激 90 s，期间勿动离心管。

5）快速将离心管转移至冰浴 2 min。

6）在离心管中加入 LB 液体培养基 200 μl，于 37℃的摇床中以 225 r/min 的速度复苏 60 min。

7）每 50 μl 悬浮细胞液涂匀一个含氨卞青霉素的 LB 平板，用封口膜封住，37℃正置培养 1 h，然后倒置培养过夜，时间最长不能超过 16 h。

8）挑选白色的克隆置于含有氨卞青霉素的灭过菌的 LB 液体培养基的三角瓶中（每毫升液体 LB 培养基加氨卞青霉素 1 μl，氨卞青霉素现加现用），37℃振荡（300 r/min）培养 12 h。

（7）阳性克隆检测

采用菌液 PCR 扩增和使用引物 *Mse* I-primer 对质粒 DNA 进行 PCR 扩增（扩增反应体系同前），扩增产物通过电泳检测以初步确定克隆是否成功。挑选阳性克隆测序。

（8）测序与序列分析

克隆片段的测序委托北京三博远志生物技术有限公司完成，测序结果的分析采用软件 VecScreen 去掉微卫星两端的载体序列，采用 SSRHunter 1.3 软件分析序列 SSR 的位置、模式及长度。应用引物设计软件 Primer Premier 5.0 设计引物。

二、微卫星序列分离与分析

本试验通过琼脂糖凝胶电泳分别检测了牡丹基因组 DNA、酶切后 DNA、预扩增片段、洗脱后扩增片段的质量（图 9-1）。

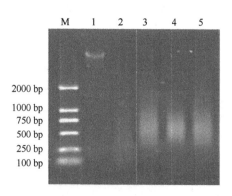

图 9-1　牡丹基因组 DNA、酶切后 DNA、预扩增片段、洗脱后扩增片段电泳图

M. DNA Maker DL 2000；1. 牡丹基因组 DNA；2. 酶切后 DNA；3. 预扩增片段；
4. (AC)₁₅ 探针杂交；5. (CT)₁₅ 探针杂交

通过 PCR 扩增、电泳检测阳性克隆（图 9-2），共挑取了 59 个克隆进行测序，获得 53 个克隆序列。使用软件 VecScreen 去掉两端的载体序列，使用 SSRHunter 1.3

软件在测出的核苷酸序列中进行微卫星序列查找。以 5 次以上重复的双碱基序列、
4 次以上重复的三碱基序列和 3 次以上重复的四碱基序列为查找标准。结果检测
出有 30 条含有 SSR 序列。与其他分离 SSR 序列的方法相比，这一结果比较理想。
在此 30 条含微卫星的序列中共发现了 40 个微卫星位点（表 9-5）。各微卫星重复
类型的分布情况见表 9-6。

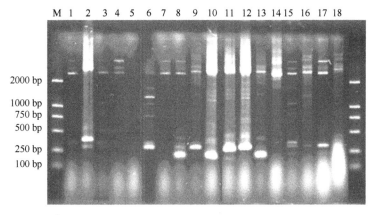

图 9-2　PCR 扩增检测阳性克隆电泳图

M. DNA Maker DL 2000；1～18. 质粒扩增

表 9-5　测序结果中含有微卫星的序列

编号	重复类型	重复次数	起始位置	总长度/bp
1	TG	8	194	359
2	TG	16	65	116
3	AC	17	34	99
4	GT	15	193	225
5	AC	7	45	208
6	AC	13	45	204
7	AC	15	28	162
8	TG	5	111	122
9	CA···AC	12/11	146/122	180
10	AG	7	401	502
11	TC	16	336	455
12	GA	9	132	299
13	AC	6	73	234
14	TC	19	124	311
15	GA	8	349	481
16	CT	6	74	235
17	AG	16	264	445
18	CT···TC···TC···TC	6/8/5/14	64/77/97/155	332
19	AG···GA	13/10	145/172	273
20	AC···AC···AT···AC	6/5/5/16	126/143/153/163	313

续表

编号	重复类型	重复次数	起始位置	总长度/bp
21	GT···TG	19/14	144/183	357
22	AC···AC	16/14	127/165	342
23	AC	5	61	220
24	CA	7	129	247
25	TG	5	145	243
26	GT	15	144	323
27	AG	20	123	312
28	GT	15	143	244
29	CA	6	121	215
30	TGG	4	97	258

表 9-6   牡丹微卫星重复类型分配

微卫星类型	位点总数	最大重复次数	占总 SSR 的比例/%
$(CA/TG)_n$	24	19	61.5
$(GA/TC)_n$	14	20	35.9
$(AT)_n$	1	5	2.56
(TGG)	1	4	2.5

　　本试验共挑取 59 个阳性克隆测序，测序成功 53 条，其中有 30 条序列含有 SSR 位点，占测出序列总数的 56.6%。在这 30 条含 SSR 的序列中，共检测出 40 个 SSR 位点，这说明微卫星的获得率比较高。

　　由表 9-6 可知，在所测出的牡丹微卫星序列中，双碱基重复类型 CA/TG、GA/TC、AT 含量依次减小，其占微卫星双碱基重复类型总数的比例分别为 61.5%、35.9%、2.56%（图 9-3）。三碱基重复类型只有一个：TGG，占微卫星总数的 2.5%。未发现其他类型如四碱基、五碱基重复序列。由此可以推断牡丹基因组中二碱基重复类型较多，这与大多数研究者发现各种植物基因组中二碱基重复类型最多这

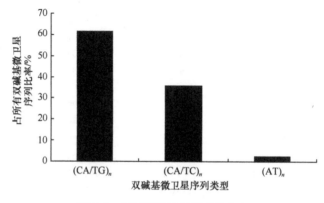

图 9-3   双碱基微卫星序列的分布

一事实相符，但与大多数植物基因组中(AT)$_n$最多这一事实不符。这个结果可能与所选用的探针为(AC)$_{15}$和(CT)$_{15}$及操作过程有关，认为其并不能代表牡丹基因组DNA的实际情况。

三、微卫星引物设计

使用软件 VecScreen 去掉测出序列中的载体序列，以 5 次以上重复的双碱基序列、4 次以上重复的三碱基序列和 3 次以上重复的四碱基序列为查找标准，使用 SSRHunter1.3 软件进行微卫星序列查找。结果共检测到 40 个 SSR 位点。

从以上包含微卫星的序列中，共选出 26 条微卫星序列，使用软件 Primer Premier 5.0 进行引物设计。在这 26 对引物中，1 对来源于三碱基重复序列，25 对来源于二碱基重复序列。其他微卫星位点因为侧翼序列太短而无法进行引物设计。

引物设计原则：引物应用核酸系列保守区内设计并具有特异性；产物不能形成二级结构；引物长度一般在 15～30 碱基；G+C 含量在 40%～60%；碱基要随机分布；引物自身不能有连续 4 个碱基的互补；引物之间不能有连续 4 个碱基的互补；引物 5′端可以修饰；引物 3′端不可修饰；引物 3′端要避开密码子的第 3 位。引物设计结果如表 9-7 所示。

表 9-7　引物设计结果

原始编号	重复序列	正向引物（5′→3′）	反向引物（5′→3′）
PAC38	(TG)$_8$	GATGGGTATGATTGTGAGCA	GTTCCTGTGGTTTGACTTTC
PAC36	(AC)$_{15}$	CTGCAGGTCGACGATTAC	ATCGTGTATGTGTGATGGGT
PAC28	(AC)$_{17}$	CTGCAGGTCGACGATTAC	AGTCCTGAGTAACATTGCCT
PAC37	(CA)$_{12}$, (AC)$_{11}$	GAGATTGATGAGTCCTGAGTAA	TGAATACCCAGTGGAGTTGA
PC 1	(AG)$_7$	CTACCCACGACCCTTTTGAG	AGCACTCTCACAACTTTCATAC
PC2	(TC)$_{16}$	AAATCACAACACTCCTCACC	CTTCTCCAGCGTAATCCATA
PC15	(GA)$_9$	TAGAGATTGATGAGTCCTGAGT	AACTCCAGATGATGTTTGAATA
PC4	(AC)$_6$	GAGATTGATGAGTCCTGAGTAA	TGAGAAAGTGGGAGTGTTG
PC6	(TC)$_{19}$	TCTTTCCATTTTCATAGATTTT	CAAATAAACCAACACCATAAGA
PC7	(GA)$_8$	TTTTTCTGGAGGCTACGG	TATCCAGATTTATCCTCTCACC
PC8	(CT)$_6$	GATTGATGAGTCCTGAGTAACC	GAAGAAACGGAGAAAAGGT
PC9	(AG)$_{16}$	GAAATACTCGGGACGCAG	TTCTCCCAAGCAAAAGGT
PC11	(CT)$_{14}$, (TC)$_{16}$	GAGTCCTGAGTAACCCAACA	CAAACACCAAGACCGAAT
PC13	(AG)$_{13}$, (GA)$_{10}$	AGCAAAAAGGGAGAAGTAAG	ATTATGGCGAGTTATTTGGA
PAC51	(AT)$_5$, (CA)$_{16}$	AGAGATTGATGAGTCCTGAGTA	TGAAGGTTTGTAAAGTAGGAGA
PAC52	(TA)$_5$	CCAAACCCAAACAGAACC	CCGATACACCCATCCTCA
PAC54	(GT)$_{19}$, (TG)$_{14}$	GATACTTAGTTCCAACCTGTGA	TGGCGATAAACTGAGTGAAA
PAC55	(AC)$_{16}$, (AC)$_{14}$	ACTACCCAGGCGATGTGC	AAGGTGGTGGAGGAAGAT

续表

原始编号	重复序列	正向引物（5′→3′）	反向引物（5′→3′）
PAC58	(AC)$_5$	TAGAGATTTGATGAGTCCTGAG	GTAAGTTCCCGCTTGCTC
PAC62	(CA)$_7$	ATCTCACTATCACCCAAACG	CCATAAGGGTGATGATTGTG
PAC63	(TG)$_5$	GTGTGATTGATGCTTGGTTC	AATATCTCACAAACACTCAGGT
PAC64	(GT)$_{15}$	CTGAGGACATTTTTTGTTTGAT	AACCCTCTTCTGTTACACGAT
PAC65	(AG)$_{20}$	TAGTGAGGTCTGAATAGTCTGG	GCTAAAATAAACACGGCATAAG
PAC66	(GT)$_{15}$	TGAGGACATTTTTTGTTTGA	TGAAACCCAAAACCCTCT
PAC67	(GGT)$_4$	TGAGTAATCACAGGCGGTAG	TTCGGAAACAATGAAACAGG
PAC78	(CA)$_6$	CATCTTCACTACTATCCAGGTC	TTACCATAAGGATGATGATTCT

目前，获得微卫星引物最简便易行的方法是通过公共数据库或者已公开发表的文献，但对于大部分物种而言，其数量有限，且引物多态性表现不高。不同物种间共用，有时盲目性较大，针对性较差，可指导操作的理论依据不足。在牡丹的研究中，更是缺乏相关的资料，所以，要对牡丹进行深入的研究，就需要开发大量的引物。本实验中，采用磁珠富集法进行牡丹 SSR 引物的开发，共获得 59 个克隆，测序后得到 53 条序列。以 5 次以上重复的双碱基序列、4 次以上重复的三碱基序列和 3 次以上重复的四碱基序列为查找标准，使用 SSRHunter 1.3 软件进行微卫星序列查找。结果有 30 条含微卫星的序列，40 个微卫星位点，其中二碱基重复类型 39 个，三碱基重复类型 1 个，无其他重复类型。应用引物设计软件 Primer Premier 5.0 设计引物，获得了 26 对牡丹 SSR 引物。

第三节　基于 EST 序列开发牡丹 SSR 标记引物

近年来，随着各类数据库中 EST 序列数目的急剧上升，公共数据库中数量增加的表达序列标签（expressed sequence tag，EST）资源极大地增强了基于 EST 的 SSR 标记开发能力。EST-SSR 是通过对 EST 序列进行分析，找到含有重复单元的位置，在两侧设计引物而开发得到的。因此，EST-SSR 反映基因的编码部分，可直接获得基因的表达信息，并可对一些重要性状进行直接鉴定。截至 2010 年 10 月，在 NCBI 数据库中已登录 2204 条牡丹 EST，但目前国内外还没有用这些 EST 大规模开发牡丹 SSR 的报道。本研究利用 NCBI 数据库中牡丹 EST 序列信息，对牡丹 EST 中的 SSR 信息进行分析，以了解牡丹 EST-SSR 的发生频率和特点，建立起牡丹 EST-SSR 分子标记技术，并开发出牡丹 EST-SSR 标记的引物。

一、材料与方法

1. 材料

供试材料为中原牡丹品种洛阳红，取自洛阳国家牡丹基因库，采用改良 CTAB 法提取 DNA。紫外分光光度法和琼脂糖凝胶电泳法检测 DNA 质量。稀释至所需浓度后，−20℃保存。详细操作步骤见第三章。

2. 牡丹 EST-SSR 引物的开发方法

（1）牡丹 EST 序列的来源

登录网站 http://www.ncbi.nlm.nih.gov/dbEST/index.html 的 NCBI dbEST 数据库，以"peony"为关键词搜索 EST 序列。在"display"下拉框中，选择输出格式为 FASTA，在"send to"下拉框中，选择输出方式为 file，共得到牡丹 EST 序列 2204 条（截至 2010 年 10 月），保存至文本文档中备用。

（2）牡丹 EST 序列的前期处理

用网站 http://www.ebi.ac.uk/clustal 的 Clustal W 软件进行 EST 比对，剔除重复的 EST 序列。在剔除一些低质量的片段及 EST 序列末端是 poly A、poly T 等，得到净化的无冗余 EST 序列 1658 条。

（3）SSR 位点的筛选

用网站 http://pgrc.ipk-gatersleben.de/misa 的 MISA 软件对优化后的 EST 序列进行 SSR 搜索，并结合手工查询。筛选标准为单核苷酸重复的次数在 10 次或 10 次以上，二核苷酸重复的次数在 6 次或 6 次以上，三至六核苷酸重复的次数在 5 次或 5 次以上，同时筛选被小于或等于 100 个碱基打断（interrupted）的复合型 SSR（compound microsatellite）。

（4）牡丹 EST-SSR 引物开发

用网站 http://frodo.wi.mit.edu/primer3 的 Pirmer 3 软件对所获得的包含有 SSR 位点的 EST 序列进行引物设计，共设计引物 29 对。设计引物的主要参数如下：引物长度为 15～25 bp；PCR 产物大小为 100～350 bp；引物复性温度为 50～60℃，上下引物间复性温度相差不超过 2℃；（C+G）含量为 30.00%～40.00%，最适为 50.00%，末端不能有 4 个连续相同的碱基，3′端结尾不能是 A 或 T 等。

（5）引物的筛选

PCR 扩增在 PTC-200 PCR 仪上进行，反应体系如表 9-8 所示。其程序为，94℃

预变性 5 min，94℃变性 45 s，50℃复性 45 s，72℃延伸 1 min，35 个循环；72℃延伸 8 min，4℃保存。

表 9-8　　SSR-PCR 扩增反应体系

反应液组分	终浓度
10×Buffer	1×
dNTPs	0.2 mmol/L
Primer	0.3 μmol/L
Mg^{2+}（25 mmol/L）	1.5 mmol/L
Taq DNA 聚合酶（2.5 U）	1 U
DNA 模板	30 ng
总反应体系	20 μl

采用琼脂糖凝胶电泳检测，对所设计引物进行筛选。具体操作方法见第三章。

二、牡丹 EST-SSR 分析

1. 牡丹 EST-SSR 的发掘

用 Clustal W 对 2204 条牡丹 EST 序列进行冗余性查找，得到非冗余序列 1658 条。再用 MISA 软件对优化后的牡丹序列进行 SSR 搜索，发现这些序列中，有 1111 个微卫星简单重复序列（SSR），分布于 901 条 EST 序列中，占被调查 EST 的 67.00%。1658 条非冗余 EST 序列拼接总长度为 1 115 499 bp，平均每 1004 bp 出现一个 SSR。

2. 牡丹 EST-SSR 的频率和分布密度

牡丹 EST 中微卫星含量较丰富。在 901 条 EST 中，含有单个 SSR 的 EST 为 729 条，含有 2 个或 2 个以上 SSR 的 EST 为 172 条，其中还有 102 条序列出现 2 个 SSR 串联。本研究共检测出 1111 个精确重复的 SSR，占无冗余 EST 的 67.00%，即为牡丹基因组中 EST-SSR 的出现频率。牡丹 EST-SSR 的优势重复基元为单核、二核和三核苷酸，三者共占 EST-SSR 总数的 99.83%，其中以单核苷酸所占的比例最大（89.38%），二核苷酸重复次之（6.67%），三核苷酸重复最少（3.78%），四核苷酸重复和六核苷酸重复各 1 条，没有五核苷酸重复。

从 SSR 分布密度来看，牡丹 EST 中平均每 1004 bp 就出现一个 SSR，但不同重复单元出现的平均距离各不相同，EST-SSR 出现的频率越高，其平均距离越小（表 9-9）。

表 9-9　牡丹 EST 序列中 SSR 的数量、比例和平均距离

重复类型	数目/个	所占比例/%	出现频率/%	平均距离/bp
单核苷酸	993	89.38	59.89	1 123.36
二核苷酸	74	6.66	4.46	15 074.31
三核苷酸	42	3.78	2.53	26 559.50
四核苷酸	1	0.09	0.06	1 115 499.00
六核苷酸	1	0.09	0.06	1 115 499.00
总计	1 111	100.00	67.00	1004.05

3. 牡丹 EST 中 SSR 的基元类型及比例

在挖掘的牡丹 EST-SSR 中,共观察到 16 种重复基元,单核、二核、三核、四核和六核苷酸重复分别有 2 种、3 种、9 种、1 种和 1 种。单核苷酸重复是最丰富的重复单元,其次是二核苷酸重复和三核苷酸重复,四核苷酸重复和六核苷酸重复出现的频率极低,没有五核苷酸重复。不同类型基元的出现频率不一致,存在明显的偏倚性。从出现的频率看,在单碱基中,poly A/poly T 重复是最显著的,单核苷酸重复类型所占的比例为 98.19%,C/G 较少,仅有 18 个,占 1.81%。

二碱基重复基元共有 3 种,AG/CT 丰度最高,占该重复基元总数的 83.78%,其次是 AC/GT 和 AT/AT,各占 6.76% 和 9.46%;在三核苷酸重复基元中,最丰富的是 AAG/CTT,共有 15 条,占该重复基元的 35.71%。在此核苷酸重复中,还包括 ACC/GGT、ACT/ATG、ACG/CTG、AGC/CGT、CCG/CGG、AAT/ATT、AGG/CCT 7 种重复基元 27 个,共占该重复基元的 64.29%。除 AGG/CCT(仅占 2.38%)外,其他重复基元数均在 1 种以上。四核苷酸重复和六核苷酸重复较少,各 1 种,且未发现五核苷酸重复(表 9-10)。

表 9-10　牡丹 EST 序列中主要重复基元

重复类型	重复基元	数量/种	所占比例/%	出现频率/%
单核苷酸	A/T	975	87.76	58.81
	C/G	18	1.62	1.06
二核苷酸	AC/GT	5	0.45	0.30
	AG/CT	62	5.58	3.74
	AT/AT	7	0.36	0.42
三核苷酸	AAC/GTT	3	0.27	0.18
	AAG/CTT	15	1.35	0.90
	AAT/ATT	2	0.18	0.12
	ACC/GGT	6	0.54	0.36
	ACG/CTG	4	0.36	0.24
	ACT/ATG	6	0.54	0.36
	AGC/CGT	3	0.27	0.18
	AGG/CCT	1	0.09	0.06
	CCG/CGG	2	0.18	0.12
四核苷酸	ACAT/ATGT	1	0.09	0.06
六核苷酸	ACAGGGG/CCCTCT	1	0.09	0.06

4. 牡丹 EST-SSR 的重复次数

SSR 重复次数的变异引起位点长度的变化是产生 SSR 多态性的主要原因。牡丹 EST-SSR 按重复次数可分为 3 个区间，即 1~5 次重复为第一个区间，6~30 次重复为第二区间，30 次以上为第三区间。由统计结果可知，在第一、第三区间有少量核苷酸重复的分布，牡丹 EST-SSR 主要分布在第二区间，这一区间共有 1051 个微卫星，约占全部微卫星的 94.60%。除了五核苷酸重复没有出现外，其余一核至六核苷酸重复基元均有分布，主要是单核苷酸重复，其次是二核苷酸和三核苷酸重复，最少的是四核苷酸和六核苷酸重复基元。

5. 牡丹 EST-SSR 的重复长度

重复基元长度的变化是 EST-SSR 位点多态性的主要表现形式。牡丹 EST-SSR 基元长度主要集中在 26~31 bp，此范围几乎全是单核苷酸重复；其次是 10~25 bp，此范围仍是单核苷酸重复所占比例最大，但二核苷酸重复和三核苷酸重复次数比例增多（图 9-4）。

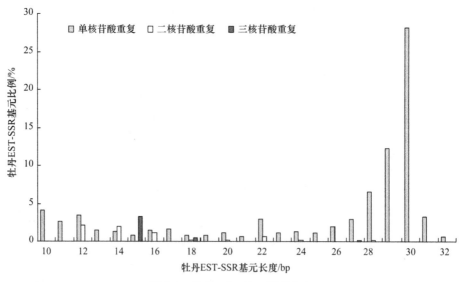

图 9-4　牡丹 EST-SSR 长度分布

三、牡丹 EST-SSR 引物的开发与筛选

从筛选出的 901 条可利用的 EST-SSR 序列中随机选取部分序列，利用 Primer Premier 3.0 软件，依据引物设计原则，共设计出牡丹 EST-SSR 引物 29 对。以洛阳红为试验材料对这 29 对引物进行多态性检测，结果显示 10 对无扩增产物，6 对出现特异性扩增，13 对显示多态性（7f/z、9f/z、10f/z、12f/z、13f/z、16f/z、18f/z、23f/z、24f/z、26f/z、27f/z、28f/z、29f/z）。多态性引物占可扩增引物的 44.83%。这 13 对引物的基本情况见表 9-11，这些引物在洛阳红上的扩增图谱见图 9-5。

表 9-11　开发的 13 对牡丹 EST-SSR 引物

名称	序列号	重复类型	引物序列（5'→3'）	复性温度/℃	大小/bp
7f/z	FE529771	$(CT)_6$	F: CGCCAAACGAATGGTCTA R: GATGAGTGAGTTGAGTAAGGG	56	106~117
9f/z	FE528055	$(AG)_7$	F: GAGAGACCACTCAAAAGGAAT R: TGGGGCAGATGCGATGT	56	49~62
10f/z	FE528847	$(GAA)_5$	F: GACGGAGAGAAAGAGAGCATA R: GACAAAGACTGACACAGCGAT	58	403~417
12f/z	FE528793	$(AGA)_5$	F: ATGGCTTTGCTGGAGATA R: AGAAGACAACCGCAGACGC	52	251~265
13f/z	FE528644	$(AG)_{12}$	F: GAGCACCCCTTCAGATGTTGT R: GCGGCGTTTTCTCCACTT	57	89~112
16f/z	FE528353	$(A)_{26}$	F: GCTCATTACCGCTACTACCA R: AAAACCACTCACCTCCCA	55	487~512
18f/z	FE528918	$(GAA)_5$	F: GTTCATTTTCATTCGGGGAC R: AACCAAGCCAACTCACG	54	146~160
23f/z	FE527983	$(A)_{29}$	F: GGCTAATCTTGTTGCTCAG R: AACCCCTCTTTCTCCTCA	55	174~202
24f/z	FE528215	$(A)_{28}$	F: TACCCTCCCGCTCCTGTTA R: AAATCGTGTAGTGCCCTCA	55	617~644
26f/z	FE529419	$(T)_{10}$	F: TAGCCGAAACAGCAAAGC R: TTCTCATCCGTCCAAGTCCA	57	322~331
27f/z	FE528105	$(T)_{17}$	F: CCATTATCCCGTCCAAAA R: ATGAACCGTCTCCAAGGC	52	213~229
28f/z	FE528396	$(T)_{10}$	F: AAATACCACCTCCAGACCGA R: CTCTTCACCTTGTTCCACG	57	493~502
29f/z	FE528916	$(T)_{10}$	F: CGAAGTAAAGAAAACAAGCGTA R: TAGCCTCTGGACCAACCT	56	517~528

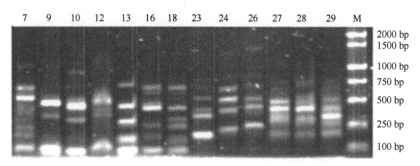

图 9-5　13 对牡丹 EST-SSR 引物在洛阳红的扩增结果

M. DNA Marker DL 2000；从左到右的数字分别为引物 7f/z、9f/z、10f/z、12f/z、13f/z、16f/z、18f/z、23f/z、24f/z、26f/z、27f/z、28f/z、29f/z

本试验中，牡丹 EST-SSR 主要重复类型为单核、二核和三核苷酸（约占总数的 99.82%），四核、六核苷酸重复极少，没有五核苷酸重复，其中单核苷酸比例最大，占总 EST-SSR 的 89.38%，其次为二核苷酸重复和三核苷酸重复。Gao 等（2003b）曾报道小麦、水稻、玉米和大豆都以三核苷酸重复为主，没有以单核苷酸重复为主的特征。这可能与牡丹遗传特性有关，或是 EST 序列来源不同所致。牡丹二核苷酸重复有 3 种，其中，AG/CT 占各重复基元的 83.78%，AT/AT 和 AC/GT 所占比例均不到 10.00%。牡丹三核苷酸重复中 AAG/CTT 为优势重复基元，这与水稻（Kantety *et al.*，2002）、油菜（李小白等，2007）和木薯（彭丁文等，2008）等作物情况相同。无论从重复基元类型的变化还是从重复次数的变化来看，牡丹 EST 序列的 SSR 分布都不是均衡的，具有明显偏倚性。哪种重复基元类型占主导地位，主要与该类型基元可翻译成哪几种氨基酸有关，并且这几种氨基酸在相应物种中所含的蛋白质应该占较大比例。

Temnykh 等（2001）报道，当 SSR 长度在 20 bp 以上时，在不同品种间显示出较高的多态性；当长度在 12～20 bp 时，SSR 多态性较低；当长度小于 12 bp时，SSR 多态性很低。本研究结果显示，12 bp 以下的有 123 个，12～20 bp 的 SSR有 168 个，20 bp 以上的有 820 个，即多态潜能高的 SSR 占 73.81%，次高的 SSR占 15.12%，最低的占 11.07%，因此，按照 Temnykh 等（2001）的观点，本研究所发掘的牡丹 EST-SSR 位点大部分都具有多态性潜能。基因组开发 SSR 标记难度大，开发成本高，费时费力，采用公共数据库登录的表达序列标签开发 EST-SSR是一种相对简便、经济的途径。近年来，功能基因组学的发展促进了 EST 测序工作的开展，使得公共数据库中的 EST 数量迅速增长，这些大量且可以共享的 EST序列为分子标记的开发和研究提供了丰富的资源。由于 EST-SSR 是基因的一部分，牡丹 EST-SSR 在某一牡丹群体的遗传多样性可直接反映相关基因功能的遗传多样性，这对于种质资源的收集、保存、评价及重要新基因的发掘均有重要意义，且物种间重要基因的高度保守性使 EST-SSR 具有较好的通用性，这可以有效地弥补物种分子标记的不足，丰富标记的数量，从而有利于构建高密度遗传图谱。

第十章　牡丹简单重复序列分子标记

在真核生物基因组中每隔 10～50 kb 就存在一个微卫星，属于中等程度重复序列，其在基因组中是随机的、不完全均匀地分布，不仅可以存在于内含子中，而且在编码区及染色体上的任一区域均存在微卫星序列。微卫星序列在群体中通常具有很高的多态性，而且一般为共显性，因此是一类很好的分子标记。

第一节　SSR 分子标记技术概述

一、SSR 分子标记研究发展

SSR 标记的多态性在生物中大量存在，其多态性主要是基于重复次数不同和重复序列中的碱基序列的差异造成的，因而将这些变异揭示出来，就能发掘不同的 SSR 在不同的物种甚至同一物种的不同等位基因上的多态性。一般认为微卫星丰富的多态性是其不稳定性的表现。尽管微卫星 DNA 分布在整个基因组的不同位置，但其两端序列多为保守的单拷贝序列，因此，可以通过对微卫星 DNA 的侧翼区域进行克隆、测序，并根据其序列设计引物，然后通过 PCR 技术将核心微卫星 DNA 序列扩增出来，之后利用聚丙烯酰胺凝胶电泳，可以获得其长度的多态性（陈全求等，2008）。根据分离片段的多态性带型决定基因型，并计算等位基因发生频率，每一扩增位点就代表了这一位点的一个等位基因。其按照重复基元的分布可以分为 3 类。①单纯 SSR：由单一的重复基元组成的序列，如 $(A)_n$ 和 $(CT)_n$。②复合 SSR：由 2 个或 2 个以上的重复基元组成的序列，如 $(AG)_n(CT)_m$。③间隔 SSR：即在序列中加入其他核苷酸，如 $(AG)_n TT(CT)_n$。

SSR 标记的重要性主要体现在以下几个方面：①具有共显性，应用广泛，可用于个体鉴定；②SSR 序列的两侧较保守；③SSR 大多数不具功能，因此增加和减少重复序列不影响物种的正常生长；④引物开发确定后，结果稳定；⑤DNA 消耗量较少。

目前，大多数物种已有现成的、商品化的 SSR 引物，若没有现成的引物，可以根据数据库中丰富的序列信息，搜索含有微卫星结构的序列并根据引物设计标准设计引物。对一般试验而言，完全可以利用现成的 SSR 引物进行 PCR 扩增，从而鉴定 DNA 的多态性。因此，一旦开发出某物种 SSR 引物，就得到了丰富的遗传变异信息的 DNA 标记。同时，SSR 引物具有多态性高、共显性、重复性好、操作简便等优点，应用十分广泛。在植物中，SSR 已被研究证明其具有高信息量，并且位点较特异（Provan *et al.*，1996；王艳敏等，2008）。目前，SSR 标记已广泛应用于种质资源鉴定、遗传图谱构建、遗传多样性分析、基因定位、分子标记辅助育种等方面（Provan *et al.*，1996；Akkak *et al.*，2009；Akritidis *et al.*，2009；洪彦彬等，2009）。

二、SSR 分子标记技术原理

微卫星序列是由原微卫星序列通过复制滑移使序列长度增加形成的，而原微卫星序列则可能来源于随机点突变。目前认为引起微卫星位点发生突变的原因主要为"滑链"，即在 DNA 复制合成的过程中，新生链和模板链之间在微卫星重复区域可能发生错配，使得一个或者几个重复单位形成环状，未能参与配对。如果未配对的重复单位位于新生链，则最终得到的新生链未配对重复单位数目比模板链多。反之，如果未配对的重复单位位于模板链，则最终得到的新生链未配对重复单位数目比模板链少。同时微卫星序列基本重复单位的长度也与突变频率有关。SSR 序列长度的变异正是 SSR 分子标记技术多态性基础。

尽管微卫星序列在整个基因组 DNA 中随机分布，并且在不同物种中微卫星序列的种类及分布频次各不相同，但是其两端序列多是保守的单拷贝序列，因此可根据侧翼序列设计引物，利用 PCR 技术扩增，用聚丙烯酰胺凝胶电泳检测扩增产物，获得多态性序列后分析结果。

三、SSR 分子标记技术特点

在真核生物基因组中，存在大量的微卫星序列。并且在植物中，已经证明微卫星标记是一种信息量大、具有特异性位点的分子标记。其重要性和特殊性在于其有以下优点。

1）密切相关物种的微卫星 DNA 所在区域的生物基因组是相对保守的，因此某一物种的微卫星引物可以应用于相近物种，具有较高的保守与通用性。

2）在植物的非编码区，改变重复序列的重复次数并不影响植物的生长发育，品种间位点变异广泛，多态性高。

3）由于微卫星在不同个体中的重复单位数目变异大，因而造成其长度具有高度的多态性，使其可以包含大量丰富的信息，SSR 位点的等位基因数目较多，杂合程度较高，多态性信息含量较大。

4）共显性，呈孟德尔遗传，可鉴别出杂合子和纯合子，对个体鉴定具有特殊意义，同时还可以很好地鉴定杂交后代的差异性状来源。

5）对 DNA 质量要求不高，并且仅需微量的 DNA 组织就能通过 PCR 技术进行分析。

6）通常使用聚丙烯酰胺凝胶电泳检测单拷贝差异，遗传信息量大，分辨率高。

然而，SSR 分子标记需要建立和筛选基因文库，进行克隆和测序，都是非常繁琐、耗时的工作。由于不同物种的微卫星侧翼序列不尽相同，因此针对不同物种设计相应的特异性引物也非常耗时，这是该方法的局限性。

第二节　SSR 分子标记研究与应用

一、在植物研究中的应用

在植物研究中，EST-SSR 标记主要集中应用于比较基因组学研究。比较基因组学是通过对一种生物相关基因组的研究来理解、诠释另一种生物的基因组。利用 EST 分子标记对相关物种基因组进行比较分析，可以发掘出同源基因，研究物种复杂的生理和病理过程，进而分析种内遗传背景的差异和物种间进化关系。

1. 构建植物遗传图谱

SSR 技术由于具有丰富的多态性信息含量，被应用于许多植物遗传图谱的构建。随着 EST-SSR 标记技术的不断发展，许多物种的 DNA 图谱的绘制也陆续完成，如小麦、花生、猕猴桃及棉花等。

Kurata 等（1994）利用来自水稻根部组织和愈伤组织的 883 条 EST 序列，构建完成了第一张植物基因表达图谱。Barrett 等（2004）从白苜蓿的 26 480 个 EST-SSR 数据中，获得了 EST-SSR 引物 792 个，其中有 335 个引物在作图群体中产生了多态性，并将 493 个多态性位点定位在白苜蓿的遗传图谱上。Khlestkina 等（2004）利用从黑麦的 8930 条 EST 中选择设计 65 个 EST-SSR 引物，并进行作图分析，发现其中 36 个引物在作图群体中产生 39 个多态位点，并将这 39 个多态性位点的 EST-SSR 标记与 60 个 SSR 标记一起用在黑麦遗传图谱上。Varshney 等（2005）利用大麦遗传图谱中的 EST-SSR 与黑麦、小麦、水稻的 EST 数据比对，发现在大麦中的 EST-SSR 在这些物种中都有存在。把其中 9 个大麦的 EST-SSR 用于黑麦图谱的绘制，发现这些标记的位置都分布在预期的功能区内，并且与在大麦中一样都是在相似的位置。

2. 遗传多样性和种质鉴定

利用 EST-SSR 标记进行遗传多样性研究是对基因内部变异的一种直接评价，因此它将有可能与植物的某些形态性状、生理生化特征相联系。

品种鉴别和种质资源多样性研究是育种者的工作基础。Scott 等（2000）从葡萄的 EST 中设计了 16 对 SSR 引物并用这些引物对 7 个葡萄品种的遗传多样性进行检测，其中 10 对引物可在这些供试品种中扩增出多态性条带。此外，研究还表明来自 EST 不同区域的引物在属间、种间和品种间表现出不同的差异性，来自 3′非转录区（3′UTR）的 SSR 在品种间多态性最高，5′非转录区（5′UTR）的 SSR 在种间和品种间多态性最高，来自编码区的 SSR 在种间和属间多态性最高。在其他物种上也有类似的报道，这是由于在 cDNA 的合成过程中 poly T 的剪切往往出现在 3′非转录区，以致出现较大的变异。李宏伟等（2005）利用 35 对小麦 EST-SSR 引物对 96 份小麦材料的遗传多样性进行检测，结果表明这些小麦 EST-SSR 引物均可获得清晰的预期产物，共检测到 129 个等位变异。王盈盈等以 23 份黄淮冬麦区小麦为参照，采用 55 个 EST-SSR 分子标记对从匈牙利、捷克引进的 39 份欧洲小麦群体内和群体间的遗传多样性进行了分析。结果表明，55 个标记在 62 个小麦品种中检测到 213 条差异带，能够将所有品种区分开，引进的品种遗传变异基础高于国内品种。龙青姨（2010）利用 EST-SSR 标记研究了橡胶树栽培种质的遗传多样性与遗传分化，路娟等（2010）基于苹果 EST-SSR 对梨的种质资源遗传多样性进行了分析。

在种质资源遗传多样性分析时，利用 EST-SSR 的多态性，为揭示不同品种或材料间的差异提供了一条新途径，也为检测功能基因多样性提供了基础。基于序列的系统发育分析是以分子学理论为基础，依据序列的相似性来判断物种的亲缘关系，通过 DNA 或 RNA 及蛋白质序列之间的比较，以得到相关物种的信息。长期以来系统发育分析主要是基于小部分特征序列，其劣势是某个基因位点不能精确地反映整体物种间的关系，如基因的倍增及可能导致亲缘关系树不一致。

Mian 等（2005）运用 EST-SSR 标记对禾本科的 12 个牧草品种进行系统分类分析，分别基于所选 SSR 的 DNA 序列和序列长度构建了系统树，其结果表明所研究的 12 个牧草品种与黑麦草具有比较近的亲缘关系，且两种分析方法所得结果相似。

对某一物种基因组 SSR 序列分布和变异的研究，可以阐明该物种起源、进化和人工选择的历史过程。对微卫星标记多态性的研究，有助于了解群体分化且突变率低而稳定的 EST-SSR 标记可被用于重建较久远的进化事件。Eujayl 等（2001）利用 22 对 EST-SSR 引物对 64 个小麦品种的遗传关系作了分析，22 对引物共产生变异位点 189 个，这些等位基因位点可以区分出这 64 个小麦品种的亲缘关系，说明利用 EST-SSR 进行资源分析和遗传多样性评价是可行的。

3. SSR 标记在基因功能研究上的应用

EST-SSR 来源于基因的编码区，它作为基因的一部分，在很多分子标记方面都有一定的优势。可以通过检测已知功能基因的 EST-SSR 长度的变化，进而联系表型变化或其他生物学变化。它作为一种有功能的分子标记，有助于使一些无功能的分子标记逐步向这方面发展。例如，运用 EST 序列信息做成芯片，在同一时间对不同基因表达进行比较，发现了一些表达状态发生改变的基因，这对于筛选组织特异性的 cDNA 是很有利的。此外，EST 在研究一些因环境改变而引起的基因表达方式的改变及新基因的发现也具有非常重要的意义。Wang 等（2006）分析了在盐胁迫下的翠枝柽柳的 EST 序列，大约 400 条 EST 涉及抗盐性，通过序列的同源性比对把这些 EST 可分成 12 个大类。选取其中的 9 个基因做 cDNA 芯片分析，发现其中 6 个基因表达明显下降而另有 3 个明显上升，因而可以确定这些基因有可能与抗盐性有关。

二、牡丹基因组中 SSR 分子标记的频率及分布

SSR 标记广泛分布于真核生物的基因组中，包括基因编码区和非编码区。Wu 等（2014）从洛阳红花蕾的转录组测序结果中得到了 59 275 条序列，其中有 39 987 条 EST 序列，平均每 698 bp 出现一个 SSR。用 SSRIT 软件从 3787 条（6.4%）序列中得到了 4373 条 EST-SSR 序列，其中有 500 条（13.2%）序列包含的 SSR 标记不止一个，平均含一个 SSR 标记的 EST 长度为 9.24 kb。在识别的片段中，二核苷酸重复的频率为 46.26%是最为丰富的，其次是三核苷酸（27.30%）、六核苷酸（21.88%）、四核苷酸（3.06%）和五核苷酸（1.49%）。其中，在二核苷酸中，最常见的片段是 AG/CT（41.4%）和 GA/TC（39.9%），其次是 AT/TA（11%）、CA/TG（4.4%）、AC/GT（2.9%）和 CG/GC（0.4%）。在三核苷酸序列中，CCA/TGG（10.3%）和 GAA/TTC（10.3%）是最丰富的。然而，在四核、五核、六核苷酸序列中没有明显的优势片段。SSR 长度主要分布在 12～24 bp，占总 SSR 的 99.1%，其中 18 bp 长度的 SSR 是最常见的，其次是 25～66 bp（0.9%）。

Gao 等（2013）通过二代测序技术，发现在这些读取片段的核苷酸中，腺嘌呤是最丰富的，其次是胞嘧啶、胸腺嘧啶、鸟嘌呤。SSR 标记重复的长度为 1～4 bp（单核苷酸、二核苷酸、三核苷酸和四核苷酸），其中二核苷酸重复序列是最丰富的，最常见的片段是$(AC)_n$和$(AG)_n$，这也是所有 SSR 标记中最主要的片段。在三核苷酸序列中，A/T 重复占主导地位，其中 AAC/GTT 的重复序列是最丰富的，其次是 AAG/CTT 重复序列，而 CCG 和 ACG 重复序列是很罕见的，这与 Sonah 等（2011）的研究结果是一致的。最常见的五核苷酸和六核苷酸重复序列，是包括二核苷酸 CG 的 AACGT/ACGTT 和 AAGGAG/CCTTCT 重复序列。五核苷酸的重复序列在单核苷酸至六核苷酸重复中是最少的，这与 Wu 等（2014）的研究结果是一致的。

表 10-1 是对目前已报道的关于牡丹基因组中 SSR 标记频率分布。

表 10-1　牡丹微卫星长度分布

碱基种类	数量	比例/%
单核苷酸	4 604	1.90
二核苷酸	187 934	77.80
三核苷酸	28 429	11.77
四核苷酸	19 087	7.90
五核苷酸	164	0.07
六核苷酸	1 333	0.55

三、SSR 分子标记在牡丹研究中的应用

近年来牡丹的 SSR 分子标记技术越来越多地被开发出来，并且已得到广泛应用，表 10-2 为近几年牡丹 SSR 标记技术开发情况。

表 10-2　2009～2014 年开发的牡丹 SSR 标记

检测序列总数（序列）	包含 SSR 序列总数（序列）	鉴定 SSR 序列数目（序列）	设计 SSR 引物数量/对	发表年份	作者	发表期刊
59 275	4 373	3 787	2 989	2014	Wu et al.，2014	Mol Breeding
675 221	237 134	164 043	100	2013	Gao et al.，2013	BMC Genomics
—	—	—	48	2013	Yu et al.，2013	Sci. Hortic.
48 457 692	11 203	—	1 504	2013	Gilmore et al.，2013	J. Am. Soc. Hortic. Sci.
2 204	901	—	29	2011	Hou et al.，2011b	Am. J. Bot.
—	362	24	24	2011	Hou et al.，2011a	Biol. Plant.
96	56	41	26	2010	Homolka et al.，2010	Am. J. Bot.
240	58	—	45	2009	Wang et al.，2008	Conserv. Genet.

1. 遗传多样性研究

由于 SSR 标记揭示的多态性水平高，因此更加适宜进行牡丹遗传多样性分析。Hou 等（2011b）用开发的 20 个新的 EST-SSR 标记对两个种群的 45 个牡丹品种的多态性进行分析，对洛阳品种群，其等位基因范围为 2～4，平均 2.6，期望杂合度（expected heterozygosity，He）为 0.2087～0.6581，平均 0.4103；对于嵩县品种群，等位基因范围为 1～4，平均 2.4，期望杂合度为 0.2239～0.5933，平均 0.4041，这些结果说明开发的 20 个 EST-SSR 标记的多态性较好。Yu 等（2013）用 12 对 SSR 引物在 8 个野生种和 40 个牡丹栽培品种样本中增扩，共发现了 42 个等位基因，等位基因数目（numbers of alleles，Na）变化范围 2～9，平均 3.5；有效等位基因数目（effective numbers of alleles，Ne）变化范围 1.4～4.7，平均

2.4。观测杂合度（observed heterozygosity，Ho）从 0.333 到 1.000，平均 0.785；期望杂合度 0.298~0.795，平均 0.541。多态性信息含量（polymorphism information content，PIC）范围为 0.257~0.794，平均为 0.468。Shannon 信息指数范围为 0.594~1.771，平均值为 0.906。此外，12 个微卫星标记中的 11 个（除了 seq4）也在芍药中有多态性，每个位点的等位基因为 2~4，并且除了 seq7，所有引物在川赤芍（*Paeonia veitchii*）中均可交叉扩增。Gao 等（2013）选择 100 对 SSR 引物在 Liu li guan zhu、Fu gui hong、Wu cai die 3 个牡丹品种上对其多态性进行验证，其中 24 对引物有很高的多态性，随后被用于分析 23 个品种间的多态性分析，结果表明：等位基因位点数目为 2~5；期望杂合度在 0.0850~0.7275，而观测到的杂合度 0~0.8410。Wu 等（2014）用 30 对 EST-SSR 引物在 36 个牡丹品种中进行多态性评估，结果表明：这 30 对引物都有多态性，并发现 254 个等位基因，等位基因数量变化范围为 3~12，平均 7.4；此外，观测杂合度范围为 0.19~0.81，平均 0.52；期望杂合度范围为 0.43~0.87，平均 0.74。30 个 SSR 标记的多态性信息含量范围为 0.36~0.85，平均为 0.69。这些结果说明 EST-SSR 位点的多态性信息量丰富。此外，有 28 个 SSR 标记的 PIC 值大于 0.5。而且 Shannon 信息指数范围从 0.83~2.14，平均值为 1.56，也能反映其多态性。

2. 亲缘关系研究

Yuan 等（2010）从牡丹 3 个野生种即紫斑牡丹（*Paeonia rockii*）、延安牡丹（*P. yananensis*）和稷山牡丹（*P. jishanensis*）的 159 个样本个体中检测到 152 个等位基因，其中有 14 个 SSR 标记位点。在检测到的等位基因中，有 36 个（23.68%）是 3 个野生种所共有的，21 个（13.81%）是稷山牡丹特有的，3 个（1.97%）是延安牡丹特有的，71 个（46.71%）是紫斑牡丹特有的。而后，分别对 55 个延安牡丹、68 个稷山牡丹和 123 个紫斑牡丹的等位基因位点进行检测，发现在延安牡丹的 55 个等位基因中，有 42 个（76.36%）与稷山牡丹共享，有 46 个（83.64%）与紫斑牡丹共享。因此，延安牡丹的基因组是来自稷山牡丹和紫斑牡丹。同时，共享等位基因的分布也表明，稷山牡丹和紫斑牡丹在物种特异性的遗传成分中占有相当大的比例，而延安牡丹所占的物种特异性的遗传成分的比例很低，同时主坐标分析结果表明：JWM 的个体是与 YWM 个体的基因混合体，并且 RGQ 群体在遗传上和空间上比紫斑牡丹的任何群体都接近延安牡丹；同时，还结合叶绿体基因片段的分析，从而证明了延安牡丹是以稷山牡丹为母本、紫斑牡丹为父本的杂交后代。Zhang 等（2012a）利用 EST-SSR 研究了 48 个牡丹品种和 8 个牡丹野生种间的亲缘关系，发现来源相同的栽培品种的亲缘关系较近，紫斑牡丹与西北牡丹群的亲缘关系较近。

3. 种质资源遗传多样性研究

牡丹在长期的驯化栽培和自然选择下，形成了众多的栽培品种。由于其分类地位的不断更新及新品种的不断出现，使得种质资源遗传多样性研究更加困难。因此，众多学者开始致力于牡丹遗传关系的研究，常用系统发生树对牡丹种质资源遗传多样性进行分析。

Gao 等（2013）对 23 个品种进行聚类分析，结果表明：紫斑牡丹和凤丹是所有 21 个品种的祖先；姚黄、豆绿、水晶白和琉璃冠珠同中原品种群聚在一起，说明它们的遗传关系密切；而且来自日本的 Taiyoh、Shima Nisshiki 和 Gun Pou Den 3 个品种与中原品种群聚在一起，说明这 3 个日本牡丹品种来自中国的中原牡丹品种群；品种 Huai Nian、Ju Yuan Shao Nv 和 Xin Xing 与西北品种群聚在一起，反映了它们的密切关系，并且在聚类分析图上形成了另外一个分支。Yu 等（2013）为了解牡丹野生物种和栽培品种间的遗传关系，基于 SSR 标记构建了 NJ 树。结果表明：芍药组的桃花飞雪、粉玉奴、巧玲、大富贵和川赤芍在聚类分析图中作为一个外围组，芍药品种先形成一个独立的分支后与川赤芍聚集在一起。牡丹组品种主要聚集在两个分支中。在分支 1 中，9 个西北品种群的品种和紫斑牡丹品种分布在一个亚支中，说明紫斑牡是西北品种群的祖先，这与先前的研究是一致的，并且它们有相同的形态学特征，如在花瓣的基部都有清晰的黑紫色或紫红色斑点（Zhou *et al.*，2003；Cheng，2007）。在分支 A 中，红妆素裹、红楼藏娇、清心白、高原圣火和蓝杖采薇 5 个重瓣或半重瓣花型的品种聚集在一起。同时，所有的单瓣花型品种，像夜光杯、冰心粉荷、瀚海冰心和明眸与紫斑牡丹品种聚集在分支 B 中。牡丹花的原始形态是单瓣花，但可能由于栽培条件不同，导致雌雄蕊瓣化形成了半重瓣或重瓣花型，说明花的形态和遗传信息存在一些关系，这与侯小改等（2006b）的研究结果一致。分支 2 是由中原牡丹品种群的品种组成，二乔和洛阳红聚在一起，清晰地说明了二者的起源。在聚类分析图中，相似系数较高的栽培品种聚在一起，说明它们的亲缘关系相近。Wu 等（2014）将开发的 30 对 EST-SSR 引物用于牡丹组的 8 个野生种和 28 个栽培品种、芍药组的 2 个野生种和 6 个栽培品种及 12 个杂交种共 56 份材料的种质资源遗传关系的调查，从而进一步说明 EST-SSR 标记开发的有效性。在 NJ 树状图中，紫斑牡丹和它的栽培品种群与四川牡丹紧密相关，这与 Zhao 等（2008）的研究相一致；凤丹（杨山牡丹）与日本品种群的品种有更多的遗传相似性，这与日本栽培品种起源于中国，尤其是来自中原牡丹品种群结论相一致。在系统发生树的几个分支中存在一些不一致的分支，这可能是受研究样品数量的限制造成的。

第三节　不同牡丹种质资源 SSR 评价分析

以洛阳红为试材，以条带的多态性和稳定性为标准筛选出条带清晰、多态性较好的 13 对引物，分别用这 13 对引物对 55 个牡丹品种的亲缘关系进行分析，结果基本反映了牡丹品种间的地域差异，进而为牡丹育种的亲本选择提供科学依据。

一、材料与方法

1. 试验材料

试验材料为 55 个牡丹品种嫩叶（表 10-3），均来自中国洛阳国家牡丹基因库。

表 10-3　试验材料一览表

编号	品种名称	类型	编号	品种名称	类型	编号	品种名称	类型
1	盘中取果	中原品种	20	醉杨妃	西北品种	39	黑海盗	美国品种
2	虞姬艳妆	中原品种	21	玉瓣绣球	西北品种	40	瑞农	美国品种
3	豆蔻年华	中原品种	22	冰山翡翠	西北品种	41	黑道格拉斯	美国品种
4	胭脂图	中原品种	23	紫竹纱	西北品种	42	海黄	美国品种
5	银粉金鳞	中原品种	24	银百合	西北品种	43	盛宴	美国品种
6	佛门袈裟	中原品种	25	红冠玉珠	西北品种	44	连鹤	日本品种
7	银鳞碧珠	中原品种	26	粉娥娇	西北品种	45	五大洲	日本品种
8	天香湛露	中原品种	27	奥运圣火	西北品种	46	皇嘉门	日本品种
9	豆绿	中原品种	28	轻罗	江南品种	47	岛锦	日本品种
10	紫凤朝阳	中原品种	29	玫红	江南品种	48	岛大臣	日本品种
11	洛阳红	中原品种	30	呼红	江南品种	49	花競	日本品种
12	胡红	中原品种	31	西施	江南品种	50	户川寒	日本品种
13	乌龙捧盛	中原品种	32	雀好	江南品种	51	越按卡诺	日本品种
14	首案红	中原品种	33	昌红	江南品种	52	寒樱狮子	日本品种
15	十八号	中原品种	34	羽红	江南品种	53	金阁	法国品种
16	二乔	中原品种	35	黑旋风	江南品种	54	金晃	法国品种
17	姚黄	中原品种	36	梦神娇	西南品种	55	金帝	法国品种
18	玫瑰紫	中原品种	37	七蕊	西南品种			
19	紫金菏	中原品种	38	丹景红	西南品种			

2. 操作步骤

（1）牡丹基因组 DNA 提取与检测

采用改良的 CTAB 法从每一个牡丹品种完全伸展的真叶中提取基因组 DNA。基因的完整性和质量用紫外分光光度法和 1.0%（m/V）的琼脂糖凝胶（0.5×TBE buffer）检验，保存于 -20℃。

（2）引物的设计

EST-SSR 标记引物的开发见第九章，查阅相关文献，根据试验要求及目的，采用 Prime Primer 5.0 进行引物的设计，引物由上海生工生物工程技术服务有限公司合成。所用引物详细信息如表 9-11 所示。

（3）PCR 扩增

本试验采用 PCR 扩增体系为正交试验优化,最佳反应体系为 Mg^{2+} 2.5 mmol/L,正反引物 0.5 μmol/L, dNTPs 0.75 mmol/L, *Taq* DNA 聚合酶（5U/L），DNA 模板 3.00 ng/μl，加灭菌双蒸水补足 20 μl。

PCR 扩增程序：PCR 扩增在 PTC-200 PCR 仪上进行，其程序为，94℃预变性 5 min, 94℃变性 45 s, 50℃复性 45 s, 72℃延伸 1 min, 35 个循环; 72℃延伸 8 min, 4℃保存。

（4）凝胶分析

DNA 扩增产物在 0.5×TBE 缓冲系统中，扩增产物用 1%琼脂糖凝胶电泳和聚丙烯酰胺凝胶电泳分离，在凝胶成像分析系统上采集图像。具体操作步骤详见第三章。

（5）试验结果统计与分析

电泳图谱的每条多态性条带代表引物结合位点的一个等位基因。每个反应进行两次，不稳定的条带或弱带或模糊不清的条带不进行统计。根据条带的有无统计所有二元数据，无条带记为 "0"，有带记为 "1"，所有引物对供试样品的读带结果形成 1、0 矩阵，然后利用 NTSYS-pc2.10e 数据软件计算相似系数，并获得相似系数矩阵；用 UPGMA 方法进行聚类分析生成聚类图。

二、多态性 SSR 引物的筛选

按照引物设计的标准,利用 Primmer Primmer 5.0 软件,共设计了 29 对 SSR 引物，以洛阳红为试验材料对这 29 对引物进行多态性检测，其检测结果如图 9-5，共 13 对引物显示多态性。而后它们将用于供试 55 个牡丹品种材料的聚类分析。

三、SSR 扩增产物多态性分析

13 对引物对 55 个牡丹品种基因组 DNA 进行扩增共得到多态性等位基因位点 58 个，其变化 2～7 不等，平均每对引物检测到 4.5 个多态性等位基因，总的多态性比率为 86.60%，各引物的多态性比率为 66.70%～100.00%（表 10-4）。

表 10-4　牡丹 SSR 引物的多态性

引物名称	多态性条带数	检测谱带数	多态性比率/%
7f/z	3	4	75.00
9f/z	4	6	66.67
10f/z	5	7	71.44
12f/z	4	4	100.00
13f/z	7	7	100.00
16f/z	4	4	100.00
18f/z	2	3	66.67
23f/z	4	4	100.00
24f/z	5	6	83.33
26f/z	5	7	71.44
27f/z	4	4	100.00
28f/z	7	7	100.00
29f/z	4	5	80.00

其中引物 24f/z 扩增出较清晰且丰富的多态性条带,共检测出多态性等位基因位点有 5 个,多态性比率为 83.33%(图 10-1)。

四、聚类分析

利用 UPGMA 法构建树状聚类图,分析不同牡丹品种间亲缘关系。由图 10-2 可知,55 个牡丹品种的相似系数的变化范围为 0.53~0.95,表明所选品种间的遗传关系较远,也说明供试牡丹品种间的遗传变异较大,遗传多态性较高,这与牡丹的品种选育方式及引种驯化有关。在遗传距离 0.53 处将 55 个牡丹品种划分为两个遗传聚类组。第一聚类组包括 11 个中原品种(盘中取果、紫凤朝阳、虞姬艳妆、胭脂图、银粉金鳞、豆绿、首案红、豆蔻年华、十八号、姚黄、玫瑰紫)和 3 个法国品种(金阁、金晃和金帝),且两个法国品种金阁和金帝首先聚在一起。其余品种均被划分在第二聚类组中。在遗传距离为 0.64 处可将第二聚类组分为 2 个亚组,其中 8 个江南品种(羽红、黑旋风、玫红、呼红、雀好、昌红、轻罗和西施)全部聚在第一亚组。在遗传距离为 0.68 处,又可将第二聚类组分为 4 个亚组,其中多数中原品种(佛门袈裟、银鳞碧珠、天香湛露、洛阳红、胡红、二乔、乌龙捧盛和紫金荷)、西北品种(醉杨妃、冰山翡翠、银百合、紫竹纱、红冠玉珠、奥运圣火、粉娥娇 和玉瓣绣球)、日本品种(五大洲、皇嘉门、岛锦、岛大臣、花競、户川寒和寒樱狮子)和美国品种(黑海盗、瑞农、黑道格拉斯、海黄和盛宴)分别相聚,且 7 个日本品种和 5 个美国品种聚在一起,表现出较近的亲缘关系，但也存在部分产地相同没有聚在一起的现象，这基本反映了牡丹品种间的地域差异，说明产地来源对牡丹品种的亲缘关系的影响比较大。

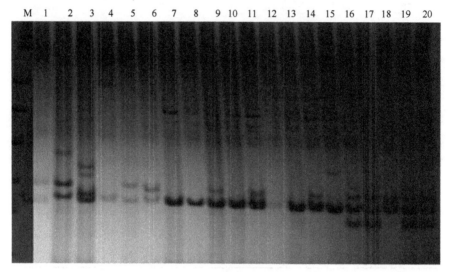

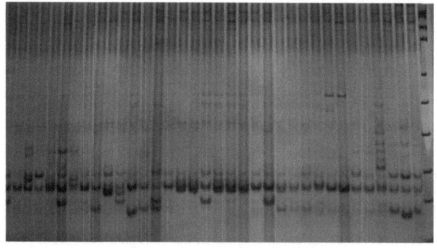

图 10-1 SSR 引物 24f/z 对 55 个牡丹品种的扩增

M. DNA Marker DL 20；1～55：表 10-3 中不同品种牡丹

五、讨论

以洛阳红牡丹品种为试材，用 29 对引物进行 PCR 扩增，然后利用 8%的聚丙烯酰胺凝胶电泳进行引物筛选，以条带的多态性和稳定性为标准筛选出条带清晰、多态性较好的 13 对引物。分别用这 13 对引物对 55 个牡丹品种进行基因组 DNA扩增，共检测出等位基因位点 67 个，每对引物等位基因位点数的变化 2～7 不等，平均每对引物位点数是 4.5，总的多态性比率为 85.33%，各引物的多态性比率分布于 66.67%～100.00%。

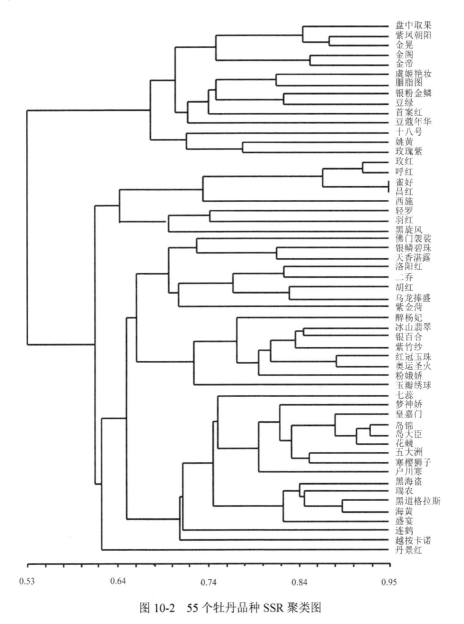

图 10-2 55 个牡丹品种 SSR 聚类图

对扩增的条带结果进行统计，并利用 NTSYS2.0 软件计算 55 个牡丹品种的遗传相似系数的变化分布在 0.53～0.95。由结果可知：供试牡丹种质资源间的遗传变异比较大，品种间的遗传多样性较高。利用 UPGMA 法构建聚类树状图，在遗传距离 0.53 处将 55 个牡丹品种划分为两个遗传聚类组。第一聚类组包括 11 个中原品种和 3 个法国品种，其余品种均被划分在第二聚类组中。在遗传距离为 0.64 处可将第二聚类组分为 2 个亚组，其中 8 个江南品种全部聚在第一亚组。在遗传距离为 0.68 处，又将第二组分为 4 个组，多数江南品种、中原品种、西北品种、日本品种、美国品种分别相聚，但也存在部分产地相同没有聚在一起的现象，这反映了牡丹品种间的地域差异，进而为牡丹育种的亲本选择提供科学的依据。

第十一章 牡丹简单重复序列区间分子标记

简单重复序列区间（inter-simple sequence repeat，ISSR）分子标记，亦称为锚定简单重复序列扩增（anchored simple sequence repeat，ASSR）或微卫星为引物的 PCR（microsatellite-primed PCR，MP-PCR）。与 SSR 分子标记类似，均是基于基因组 DNA 中广泛存在的 SSR 序列开发的分子标记技术。

第一节 ISSR 分子标记概述

一、ISSR 分子标记技术原理

ISSR 分子标记是以基因组 DNA 中存在的 SSR 序列为基础，在其 3′端或 5′端加上 2～4 个碱基来设计引物，对基因组进行 PCR 扩增，引物与基因组 DNA 中 SSR 的 5′端或 3′端结合，从而扩增出反向排列、间隔不太大的重复序列间的基因组 DNA，表现出多态性。ISSR 分子标记引物在 SSR 序列 3′端或 5′端添加的 2～4 个随机碱基，是为了使 PCR 扩增具有选择性，不同的物种所添加的随机碱基和随机碱基数不同。通过选择随机碱基序列的碱基数目，可以调节 ISSR 分子标记的 PCR 扩增的片段数，从而避免 PCR 扩增产物过多，导致结果无法分析，或者 PCR 扩增产物过少，导致多态性较低（Pradeep *et al.*，2002；侯渝嘉和李品武，2005；林志坤等，2014）。ISSR 分子标记引物的扩增结果通过聚丙烯酰胺凝胶电泳或者琼脂糖凝胶电泳检测。

ISSR 分子标记的关键性技术是引物的设计，其引物序列包括 SSR 序列和 3′端或 5′端的选择性碱基，为了保证合适的引物长度，其中 SSR 序列通常为二核苷酸、三核苷酸、四核苷酸，重复次数为 4～8 次（王绪等，2007；Agarwal *et al.*，2008）。索志立等（2006）通过对 ISSR 标记在牡丹研究上的应用，总结出牡丹最适 ISSR 引物对大部分品种的 PCR 扩增产物应该是 1～3 个清晰、易于识别的条带，在少数品种中可能略多于 3 个条带，并且同一个体的扩增产物中相邻两条带之间要有一定距离，在研究对象的个体间要有多态性。通过 ISSR 标记构建牡丹品种 DNA 指纹图谱的合理策略，应该是每个引物可以明显区分出一部分品种，利用 50～100 条引物将所研究的所有品种个体逐步区分开来。研究人员在研究实践中通常以哥伦比亚大学所设计的 ISSR 分子标记的引物序列为引物，或者以此为基础进行新的 ISSR 引物设计和开发见表 11-1。

表 11-1 哥伦比亚大学设计并公布的 ISSR 引物序列

引物名称	引物序列	引物名称	引物序列	引物名称	引物序列
801	ATATATATATATATATT	822	TCTCTCTCTCTCTCTCA	843	CTCTCTCTCTCTCTCTRA
802	ATATATATATATATATG	823	TCTCTCTCTCTCTCTCC	844	CTCTCTCTCTCTCTCTRC
803	ATATATATATATATATC	824	TCTCTCTCTCTCTCTCG	845	CTCTCTCTCTCTCTCTRG
804	TATATATATATATATAA	825	ACACACACACACACACT	846	CACACACACACACACART
805	TATATATATATATATAC	826	ACACACACACACACACC	847	CACACACACACACACARC
806	TATATATATATATATAG	827	ACACACACACACACACG	848	CACACACACACACACARG
807	AGAGAGAGAGAGAGAGT	828	TGTGTGTGTGTGTGTGA	849	GTGTGTGTGTGTGTGTYA
808	AGAGAGAGAGAGAGAGC	829	GTGTGTGTGTGTGTGC	850	GTGTGTGTGTGTGTGTYC
809	AGAGAGAGAGAGAGAGG	830	TGTGTGTGTGTGTGTGG	851	GTGTGTGTGTGTGTGTYG
810	GAGAGAGAGAGAGAGAT	831	ATATATATATATATATYA	852	TCTCTCTCTCTCTCTCRA
811	GAGAGAGAGAGAGAGAC	832	ATATATATATATATATYC	853	TCTCTCTCTCTCTCTCRT
812	GAGAGAGAGAGAGAGAA	833	ATATATATATATATATYG	854	TCTCTCTCTCTCTCTCRG
813	CTCTCTCTCTCTCTCTT	834	AGAGAGAGAGAGAGAGYT	855	ACACACACACACACACYT
814	CTCTCTCTCTCTCTCTA	835	AGAGAGAGAGAGAGAGYC	856	ACACACACACACACACYA
815	CTCTCTCTCTCTCTCTG	836	AGAGAGAGAGAGAGAGYA	857	ACACACACACACACACYG
816	CACACACACACACACAT	837	TATATATATATATATART	858	TGTGTGTGTGTGTGTGRT
817	CACACACACACACACAA	838	TATATATATATATATARC	859	TGTGTGTGTGTGTGTGRC
818	CACACACACACACACAG	839	TATATATATATATATARG	860	TGTGTGTGTGTGTGTGRA
819	GTGTGTGTGTGTGTGTA	840	GAGAGAGAGAGAGAGAYT	861	ACACACACACACACACC
820	GTGTGTGTGTGTGTGTC	841	GAGAGAGAGAGAGAGAYC	862	AGCAGCAGCAGCAGCAGC
821	GTGTGTGTGTGTGTGTT	842	GAGAGAGAGAGAGAGAYG	863	AGTAGTAGTAGTAGTAGT

续表

引物名称	引物序列	引物名称	引物序列	引物名称	引物序列
864	ATGATGATGATGATGATG	877	TGCATGCATGCATGCA	890	VHVGTGTGTGTGTGTGT
865	CCGCCGCCGCCGCCGCCG	878	GGATGGATGGATGGAT	891	HVHTGTGTGTGTGTGTG
866	CTCCTCCTCCTCCTCCTC	879	CTTCACTTCACTTCA	892	TAGATCTGATATCTGAATTCCC
867	GGCGGCGGCGGCGGCGGC	880	GGAGAGGAGAGGAGA	893	NNNNNNNNNNNNNNNN
868	GAAGAAGAAGAAGAAGAA	881	GGGTGGGTGGGGTG	894	TGGTAGCTCTTGATCANNNNNN
869	GTTGTTGTTGTTGTTGTT	882	VBVATATATATATATAT	895	AGAGTTGGTAGCTCTTGATC
870	TGCTGCTGCTGCTGCTGC	883	BVBTATATATATATATA	896	AGGTCGCGGCCGCGCNNNNNNNATG
871	TATTATTATTATTATTAT	884	HBHAGAGAGAGAGAGAG	897	CCGACTCGAGNNNNNNNATGTGG
872	GATAGATAGATAGATA	885	BHBGAGAGAGAGAGAGA	898	GATCAAGCTTNNNNNNNATGTGG
873	GACAGACAGACAGACA	886	VDVCTCTCTCTCTCTCT	899	CATGGTTGGTCATTGTTCCA
874	CCCTCCCCTCCCCCCT	887	DVDTCTCTCTCTCTCTC	900	ACTTCCCACAGGTTAACACA
875	CTAGCTAGCTAGCTAG	888	BDBCACACACACACACA		
876	GATAGATAGACAGACA	889	DBDACACACACACACAC		

注：N=（A、G、C、T），R=（A、G），Y=（C、T），B=（C、G、T），D=（A、G、T），H=（A、C、T），V=（A、C、G）。

二、ISSR 分子标记技术特点

ISSR 分子标记是通过 PCR 技术，对相隔不远的 SSR 序列间的基因组 DNA 进行扩增的分子标记技术，其主要特点如下。

1）ISSR 分子标记所用引物的设计，无须预先知道任何目标序列的 SSR 信息，比 SSR 分子标记技术的引物设计简单得多；同时也不需要知道 DNA 序列就能进行 PCR 扩增，其试验设计要简单得多。

2）为显性标记，呈孟德尔遗传，并且 ISSR 标记可能是不编码的位点，所承受的胁迫较低，具有良好的稳定性和多态性。

3）对 DNA 质量要求不高，并且仅需微量的 DNA 组织就能通过 PCR 技术进行分析。

4）试验操作简单、快速，不需要繁琐的基因文库构建、杂交及同位素显示等步骤；试验成本低、效率高。

5）该分子标记的引物序列长度一般为 17～24 bp，引物具有更强的专一性，具有较高的可重复性，同时其多态性较高。

6）适用于任何富含 SSR 及 SSR 广泛分布的物种，可同时提供多位点信息和提示不同卫星个体间变异的信息。

第二节　ISSR 分子标记的研究与应用

一、ISSR 分子标记在植物研究中的应用

ISSR 分子标记广泛应用于植物种质资源研究、遗传图谱构建、遗传多样性研究等方面。

1. 种质资源研究

Fang 等（1998）采用 ISSR 标记对柑橘属部分品种进行了系统发育关系研究，其 ISSR 标记结果与传统的分类相一致。Mcgregor 等（2000）运用 RAPD、ISSR、AFLP 和 SSR 标记对四倍体马铃薯栽培品种进行 DNA 指纹谱图构建，结果表明 4 种标记方法均能通过其特有标记区分出每个栽培品种，但是不同标记的不同引物在不同品种中所产生的条带不同，但都能有效地应用于 DNA 指纹图谱的构建。Kafkas 等（2006）采用 RAPD、AFLP 和 ISSR 标记对不同基因型的阿月浑子材料进行种植资源研究，结果表明，3 种标记方法均能区别出所有材料的不同基因型和不同品种，不过 ISSR 标记较其他标记方法更加节省成本并且其对分子生物学技术知识要求要低。毛伟海等（2006）采用 ISSR 标记法对南方长茄种质资源的遗传多样性进行分析，品种间遗传相似系数在 0.51～0.98，表明茄子栽培种内

品种间的遗传基础相对较狭窄。聚类分析结果类群的划分与来源地的不同没有很大的关系。其研究结果与其他多数研究结果并不一致，毛伟海等认为可能与近期内南方地区之间茄子种质资源的频繁交流有关。刘本英等（2008）利用 ISSR 标记构建了 40 份大叶种茶树资源的指纹图谱，证明 ISSR 标记是鉴定茶树资源的有效方法，聚类分析结果在分子水平上清楚地显示了云南大叶种茶树资源间的亲缘关系，为今后茶树育种和杂交亲本的选择提供了依据。包英华等（2008）采用 ISSR 标记对束花石斛种质资源进行了分析，施维属等（2010）采用 ISSR 标记对 24 份甜橙种质资源进行了分析，王海飞等（2011）对中国蚕豆种质资源 ISSR 标记遗传多样性进行了分析，宋常美等（2011）采用 ISSR 标记分析了贵州樱桃种质资源。

除了应用 ISSR 技术外，研究人员还采用 ISSR 分子标记与其他标记技术相结合，进行种质资源的研究。Zhao 等（2007）采用 ISSR 和 RAPD 标记对来自不同地区的蜡梅无性繁殖系进行研究，分子标记结果与其地理来源一致，其研究结果为蜡梅品种遗传改良、种质识别及保护具有重要作用。Santhosh 等（2009）采用 RAPD 和 ISSR 标记对腰果种质多样性和亲缘关系进行研究，其结果表明，尽管两种方法均能有效地区别各个品种，但是采用 RAPD+ISSR 的方法，结果比单独采用一种标记方法效果更好。

2. 遗传图谱构建

在遗传图谱构建中，许多研究人员都运用了包括 ISSR 在内的多种标记方法。例如，Casasoli 等（2001）采用 RAPD、ISSR 和同工酶标记构建了欧洲栗的遗传图谱，其母本和父本图谱长度分别为 720 cM 和 721 cM，对欧洲栗的基因组结构、演变和功能的研究，以及通过 QTL 定位识别与欧洲栗颜色相关的基因提供了基础。易克等（2003）通过 SSR 标记和 ISSR 标记构建了西瓜的遗传连锁图谱，该图谱总长 558.1 cM，平均图距为 11.9 cM。连莲（2008）利用 ISSR、AFLP 标记，按照拟测交的作图策略，分别构建了长纤维白桦和短纤维白桦的分子标记连锁图谱，长纤维白桦连锁图谱总图距为 901.3 cM，平均图距 19.4 cM，短纤维白桦连锁图总图距为 1195.2 cM，平均图距 18.1 cM。Guo 等（2009b）以 RAPD、ISSR、SRAP 和 AFLP 标记构建了龙眼的遗传图谱。战晴晴等（2010）采用 ISSR 和 SSR 标记构建了首张北柴胡遗传图谱，该图谱覆盖长度 2633.9 cM，平均图距 33.4 cM，13 个连锁群包含 2～31 个标记不等。Gulsen 等（2010）采用 SRAP、SSR、ISSR、POGP、RGA 和 RAPD 等标记构建了柑橘的基因连锁图谱。Gupta 等（2012）采用 ISSR、RAPD 和 SSR 标记构建了兵豆总长度 3843.4 cM 的遗传图谱。Quezada 等（2014）通过 ISSR、AFLP 和 SSR 标记构建了第一个斐济果遗传图谱，全长 2875 cM，平均每两个标记间长度为 13.8 cM。

3. 遗传多样性研究

Kantety 等（1995）采用 ISSR 标记对爆裂种玉米和马牙种玉米进行遗传多样性的研究，结果表明 ISSR 标记可以有效地用于玉米的遗传多样性研究，对玉米的分子标记辅助育种有着重要应用价值。Joshi 等（2000）采用 ISSR 引物对野生稻、栽培品种及近缘属的稻属植物进行遗传多样性的研究，其结果同样表明 ISSR 标记可以有效地对稻属栽培品种和野生种进行指纹识别。Huang 和 Sun（2000）采用 ISSR 标记对甘薯及其野生近缘种进行了遗传多样性研究。Raina 等（2001）采用 RAPD 和 ISSR 标记技术对花生的栽培品种和野生种的遗传多样性进行了研究。Fernandez 等（2002）采用 RAPD 和 ISSR 标记对大麦的遗传多样性进行研究，通过分子标记构建的系统进化树与目前的分类方式相一致。其研究结果表明，RAPD 和 ISSR 标记均可用于构建一种快速、可靠和信息量丰富的 DNA 指纹图谱，从而进行大麦遗传多样性的研究。马朝芝和傅廷栋（2003）利用 ISSR 对中国半冬性、瑞典冬性和瑞典春性油菜的遗传多样性进行了研究，聚类分析将所有材料分为 3 组，主成分分析结果与聚类分析结果相似，中国半冬性油菜与瑞典冬性油菜之间的遗传关系比瑞典春性油菜的关系近。结果显示，ISSR 技术是估计油菜种质资源遗传多样性的有效手段。赵杨等（2007）利用 ISSR 分子标记技术对二色胡枝子的遗传多样性进行分析，进行 Ht、Shannon 信息指数、Gs、Nm 等分析结果表明二色胡枝子种群具有丰富的遗传多样性，在育种上具有很大的潜力；根据居群间遗传相似系数聚为三大类群，但居群的遗传多样性参数与其地理、生态因子相关性均不显著,遗传多样性无明显的地域性分布格局。余贤美和艾呈祥（2007）采用 ISSR 标记技术对海南、云南、广西 3 省（自治区）的部分杧果野生居群的遗传多样性水平及居群遗传结构进行研究，聚类分析表明，广西的 3 个居群（那坡、邕宁、平南）优先与云南的文山居群聚为一支；而云南的永德和版纳居群各自聚为一支。李强等（2008）用 ISSR 标记分析了中国甘薯主要亲本的遗传多样性，聚类分析可聚为两大类，一类为国内自育亲本，另一类为外引亲本，说明中国甘薯主要亲本遗传多样性较丰富，其中自育亲本与外引亲本之间遗传距离较远，亚洲亲本遗传多样性高于非洲和美洲亲本，并且与其他亲本间遗传距离较远，亚洲品种中，中国大陆亲本遗传距离最小，与来自中国台湾的亲本差异较小，但与外引亚洲亲本遗传距离较远。

二、ISSR 分子标记在牡丹研究中的应用

1. 牡丹种质资源研究

多年研究实践表明：ISSR 分子标记是研究芍药属品种分类的有效工具。建立牡丹 ISSR 指纹图谱进行牡丹品种鉴定具有成本低廉、操作便捷等优点，对于建

立客观、科学的牡丹和芍药品种分类体系，以及种质资源的保存、评价与合理利用具有重要价值（索志立，2008）。杨淑达等（2005）应用 ISSR 标记对中国西南地区特有植物滇牡丹的种质资源遗传多样性进行了研究，在取自 16 个自然居群和 1 个迁地保护居群的 511 个个体中，检测到 92 个多态位点，在居群水平上多态位点比率为 44.61%，在物种水平上，多态性比率为 79.31%，结果表明滇牡丹遗传多样性水平较高，居群间遗传分化较大（图 11-1）。李保印（2007）在构建了中原牡丹品种的核心种质时采用 ISSR 标记对初级核心种质的 120 个品种进行分析，8 条 ISSR 引物共扩增出 244 条条带，多态性条带占 93.3%，采用 UPGMA 法进行聚类分析，在遗传相似系数 0.55～0.85 的聚类结果显示，8 个 ISSR 引物能将供试品种分开，对初级核心种质进行抽样压缩，结果表明采用"表型数据+AFLP+ISSR"压缩法构建的核心种质既能很好地代表初级核心种质，又能很好地代表总体种质。王晓琴（2009）采用 ISSR 标记技术对滇牡丹种质资源遗传多样性进行了研究，多态性比率为 80.60%，Nei's 基因多样性指数（H）为 0.3506，Shannon's 多态性信息指数（I）为 0.5032，各野生居群按色系区分进行聚类分析，表明橙色组、复色组与黄色组亲缘关系较近，红色组与墨紫色组亲缘关系较近，紫红色组与紫色组亲缘关系较近，类型间的聚类结果较为复杂，其中黄色组、橙色组、复色组的低矮类型聚在一起。刘通等（2014）采用 ISSR 分子标记技术对云南香格里拉 4 个滇牡丹天然居群进行遗传多样性分析，结果表明滇牡丹居群间的遗传分化较大，

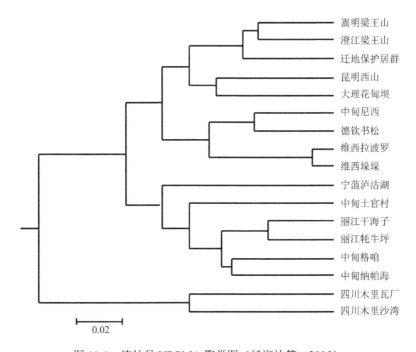

图 11-1　滇牡丹 UPGMA 聚类图（杨淑达等，2005）

遗传变异主要存在于居群间，同时表明，滇牡丹虽然为分布区狭窄的特有种，但是与一些典型稀有和濒危的物种相比，遗传多样性并不低，滇牡丹的分布区域和种群数量呈现狭窄化、缩小化的趋势。

2. 牡丹遗传多样性研究

索志立等（2002）对部分中原牡丹品种进行 ISSR 标记分析与叶片形态数量分类的比较研究，聚类分析结果表明，ISSR 标记与叶形态特征数量分类的研究结果之间有相同之处，但并不完全一致，遗传关系的划分与花型和花色之间没有发现相关性。周波（2010）采用 ISSR 标记对不同来源牡丹品种的遗传多样性进行分析，聚类分析将供试品种分成 2 个类群，ISSR 标记聚类结果与品种来源及花型花色相关，与形态学分析对不同来源牡丹品种遗传多样性的评价相近。石颜通等（2012）利用 ISSR 分子标记技术对 89 个牡丹品种的遗传多样性进行了分析，聚类分析将供试的 89 个品种聚为 2 个类群，能够很好地将不同来源的品种区分开来。甘娜等（2014）以天彭牡丹品种为试材，通过野外调查与 ISSR 分子标记进行其遗传多样性的研究，聚类结果与花色相关性最大，该结果与周波（2010）研究结果相一致。通过 ISSR 标记结果与形态学结果相比较，表明 ISSR 标记结果与牡丹的花型和花色均有一定的相关性，但是并不完全一致，同时不同的研究人员的研究结果表明与花型或者花色一致性的大小也不相同。李宗艳等（2015）通过 ISSR 标记对西南牡丹品种、中原牡丹品种、江南牡丹品种和 1 个野生种之间的亲缘关系进行研究，聚类结果显示所有样本在阈值为 0.625 时，聚为 4 组，天彭牡丹总是先与中原牡丹品种相聚，再与云南品种相聚，云南牡丹品种除狮山皇冠、香玉板外，不同产地、株型相似和花色相同的云南品种间遗传相似性较高，它们总是先聚为一分支后，才与其他中原品种相聚，西南牡丹品种栽培起源较复杂，天彭牡丹比云南牡丹与中原牡丹有着较近的亲缘关系，云南牡丹品种不可能是天彭牡丹品种直接引种驯化产物，推测云南品种可能是由几个祖先品种演化的产物，但本地黄牡丹参与起源的可能性较小。

杨美玲和唐红（2012）利用 ISSR 标记，选用由哥伦比亚大学设计的 100 条引物（表 11-1），筛选出 15 条条带清晰、稳定性和重复性好的 ISSR 标记引物，对一个紫斑牡丹居群内的 16 个紫斑牡丹品种进行分析，表明紫斑牡丹遗传多样性比较丰富，聚类分析表明同居群的花型或花色相同的紫斑牡丹品种并未聚在一起，不同相似系数的遗传聚类划分与花色、花型之间并非完全具有相关性（图 11-2）。其结果与 Hosoki 等（1997）对日本 19 个牡丹品种间亲缘关系进行的 RAPD 分析结果、陈向明等（2002）运用 RAPD-PCR 技术对 7 个花色 35 个牡丹品种进行基因组 DNA 多态性分析、孟丽和郑国生（2004）对 35 个不同花色牡丹品种亲缘关系的 RAPD-PCR 分析，以及侯小改等（2006c）利用荧光标记 AFLP 技术对 4 个牡丹野生种和 26 个矮化及高大品种间的亲缘关系进行的分析有相似之处，同样表明依据牡丹品种花色、花型的形态学分类和基因组学分类结果没有完全一致的关系。

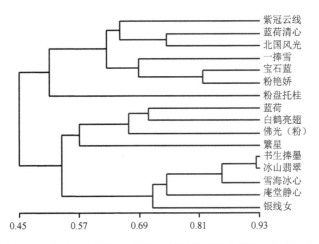

图 11-2 建立在 ISSR 数据基础上的 16 个紫斑牡丹品种的聚类图（杨美玲和唐红，2012）

3. 牡丹杂交后代早期鉴定

索志立等（2004）以杨山牡丹作为母本，分别以中原牡丹品种赵粉和紫二乔作为父本，进行人工杂交，获得了杂交后代，利用 ISSR 标记技术构建的亲子代 DNA 指纹图谱显示，在杂交后代中检测到分别来自双亲的特征带。建立起来的专用于牡丹研究的 ISSR 标记技术方法可以用于牡丹杂交后代的苗期快速鉴定。随后运用 ISSR 标记对 3 个牡丹杂交组合的亲本及 F_1 代进行基因组 DNA 多态性分析，聚类分析表明，9 个植株按照各自所属的杂交组合聚类在一起，杂交 F_1 代的基因组中 ISSR 标记存在偏父性遗传和偏母性遗传现象，杂交 F_1 代与其亲本间的相似程度高于其父本和母本之间的相似程度，研究结果表明，ISSR 标记技术可以用来研究牡丹的杂交 F_1 代的鉴定及品种间遗传与演化关系（索志立等，2005b）。同年，索志立等又以紫斑牡丹品种作为母本，分别以中原品种海棠争润、胭脂红和盛丹炉为父本，进行人工杂交。应用 ISSR 构建的亲子代 DNA 指纹图谱显示，在杂交后代中检测到了分别来自双亲的特征带，因而在 DNA 水平上证实了花瓣基部带紫斑的栽培牡丹品种杂交起源的可能性（索志立等，2005a）。吴蕊等（2011）利用形态学标记结合 ISSR 分子标记对以栽培牡丹秋发 1 号（*Paeonia suffruticosa* Qiufa 1）为母本、野生紫牡丹（*Paeonia delavayi* Franch.）为父本的远缘杂交幼苗进行早期鉴定，结果显示 ISSR 标记鉴定在 $L=0.65$ 时将 F_1 代幼苗分为偏父型 6 株、偏母型 5 株和中间型 5 株，16 株杂交幼苗中有 12 株表现为 ISSR 标记与形态学标记分组结果一致，另有 4 株分组结果不一致，认为形态学标记结合分子标记的评价方法有利于牡丹杂交后代的早期鉴定。

第十二章　牡丹反转录转座子序列的分离

　　转座子又称为可移动基因、跳跃基因，是一种可在基因组内插入和切离并能改变自身位置的 DNA 序列。早在 20 世纪 50 年代，首先由 McClintock 在玉米中发现，从而改变了人们对基因组序列稳定性的认识，打破了遗传物质在染色体上呈线性固定排列的传统理论。

　　转座子可分为两类，一类是 DNA 转座子，是以 DNA→DNA 方式转座的转座子；另一类就是反转录转座子，以 DNA→RNA→DNA 的途径来实现转座。反转录转座子是一种广泛存在于高等植物中可活动的遗传成分（Deininger and Batzer，1993；Kumar and Bennetzen，1999）。

　　反转录转座子广泛存在于植物基因组中，是植物基因组的重要组成部分，如在玉米中占总 DNA 的 50%～80%，小麦中达到了 90%。通过原位杂交发现，反转录转座子在染色体上的分布因其种类和宿主不同而不同，有的分布比较均匀，而有的很不均匀，有的只在某些特定的区域较多，而在另外的区域则缺乏（Hirochika *et al.*，1992；Kramerov and Vassetzky，2005；Kejnovsky *et al.*，2012；Lisch，2013）。反转录转座子可以像其他基因一样，由亲代传递到下一代，进行纵向传递，这种遗传传递是其主要传递途径。同时它也可以像病毒一样，在不同物种间通过非有性途径进行横向传递，这种传递的结果导致一个物种中的反转录转座子可以在多种没有必然亲缘关系的物种中广泛存在（王石平和张启发，1998；Feschotte *et al.*，2002）。植物反转录转座子具有较高的相似性，同一类型的反转录转座子保守性较强。然而通过序列比较，发现同一类反转录转座子的同一家族，在基因组成上却有着高度的异质性。反转录转座子在植物中的广泛存在及其序列的高度异质性表明，反转录转座子在早期的植物中就已经出现，是一类古老的序列（李晓玲和赵欣欣，2004；Finnegan，2012）。

　　植物反转录转座子的以上特性使得它很容易作为一种分子标记，应用于遗传变异的研究中。将基于反转录转座子的分子标记与常规分子标记技术加以比较，可以看出反转录转座子最大的优势在于它能覆盖全基因组，提供的信息更丰富，可作为高通量标记分析，因而具有很大的发展潜力（Kumar and Hirochika，2001；Queen *et al.*，2004；Schulman，2007；Marino，2013）。与 RFLP、RAPD、SSR 和 AFLP 等常规 DNA 标记检测多态性不同，基于反转录转座子的标记技术的多态性来源于其结构、组成、分布和逆转座的生物学过程。针对反转录转座子的特性，开发出一些基于 LTR 反转录转座子的分子标记技术，主要有 SSAP、IRAP、

REMAP、RBIP 和 iPBS 分子标记等（Kalendar *et al.*，2010，2011；Pillay *et al.*，2012；Seibt *et al.*，2012）。

但是关于植物的反转录转座子的研究还较少，公共数据库中的反转录转座子信息还不够丰富，因此开发反转录转座子的分子标记并将该类方法应用到新的研究物种上时，通常需要首先分离获得反转录转座子序列。

第一节　植物反转录转座子

自 Shepherd 等（1984）发现植物反转录转座子（retrotransposon）以来，许多研究人员进行了相关的研究。研究表明它们是寄生性 DNA，整合到宿主基因组之后，和宿主基因遵循相同的遗传规律，能进行复制和表达。植物反转录转座子是构成植物基因组的主要成分，多以拷贝形式出现，其转座过程是转座因子的 DNA 先被转录成 RNA，再借助反转录酶/RNase H 反转录成 DNA，插入到新的染色体位点。反转录转座子能通过插入基因附近或内部而导致基因突变或重排，并且因其特有的复制模式，保留了插入位点的序列，引起的突变相对稳定。由于反转录转座子具有存在广泛、高拷贝数、插入位点专一性等特点，在研究植物基因组的组成、表达调控、基因组进化、系统发育及生物多样性评价中，目前已经受到了广泛的关注（王子成等，2003；陈志伟和吴为人，2004；唐益苗和马有志，2006；Finnegan，2012；Marino，2013）。

一、植物反转录转座子概述

反转录转座子是真核生物基因组中一类可移动的遗传元件，最早在动物和酵母中发现，随后的研究表明反转录转座子在植物中也普遍存在，而且是目前所知数量最大、分布最广泛的转座元件。反转录转座子转座过程必须以 RNA 为中介，在反转录酶的作用下进行增殖和转座。

植物反转录转座子在基因组中具有大量的拷贝，自身结构短小并且其转座作用很容易造成染色体的倒位、易位、重复，以及核苷酸序列的缺失、插入等突变，对基因组的结构、大小及功能具有重要的影响。

1. 介导基因突变的发生

植物反转录转座子的转座作用使其拷贝能再次插入到基因组内。大部分 SINE 的拷贝是插入到基因组无功能区域，但是仍有部分 SINE 反转录转座子的拷贝会插入到染色体的基因内部或靠近基因序列区域，从而改变原有的基因编码的蛋白质的活性和结构，或者影响基因 mRNA 的剪接，从而引起基因的突变（Vassetzky and Kramerov，2002；Kramerov and Vassetzky，2011）。

2. 基因组塑形性

植物反转录转座子在基因组中插入、转座虽然大部分对基因组是沉默的、无影响的,或是有害的、致死的,但是仍然有部分对基因组的作用是有活性的,对基因组起到一定的塑造作用(Hirochika *et al.*,1992;Finnegan,2012)。植物反转录转座子对基因组的大小起着很大的作用。植物反转录转座子具有高拷贝数,但是在不同的物种中所具有的拷贝数并不相同,对基因组的大小有很大的影响。

植物反转录转座子的插入和转座会导致染色体断裂,产生黏性末端。这些黏性末端必须通过末端转移酶修复,或者与其他黏性末端连接相融合,这个断裂、融合的过程会导致染色体发生倒位、删除和重复,从而引起染色体的重排(Eickbush,1997;Santana *et al.*,2013)。

3. 维持基因组的稳定

非 LTR 类反转录转座子编码的反转录酶是一段以 mRNA 为模板合成的 DNA 序列,与真核生物端粒酶具有相似的结构域,它们具有很近的亲缘关系。

反转录转座子在植物基因组中以多拷贝的形式广泛存在,并且以其在物种内和物种间的转座作用,表现出插入位点的多态性。同时,活跃的反转录转座子可以在植物基因组中产生新的插入位点,从而导致产生新的多态性。这些特性使得植物反转录转座子很容易作为一种分子标记,应用于遗传变异的研究(Kumar and Hirochika,2001;Kalendar *et al.*,2011;Seibt *et al.*,2012)。

反转录转座子是散布于基因组中的中度重复序列,其导致的基因组多样性主要有两个原因:首先是转座作用,由于反转录转座子在基因组中的复制与转座造成基因组的多样性;其次是反转录转座子或其 LTR 之间的同源重组。由于以上特性,植物的反转录转座子很容易作为一种分子标记,应用于遗传变异的研究中,其检测的多态性信息含量明显高于传统分子标记。

二、反转录转座子的类型及结构

植物反转录转座子按其结构可分为长末端重复序列(long terminal repeat,LTR)反转录转座子和非长末端重复序列(non-long terminal repeat,non-LTR)反转录转座子(Finnegan,2012)。LTR 类反转录转座子又分为 Ty1-*copia* 组和 Ty3-*gypsy* 组,non-LTR 类反转录转座子又包括 LINE 类反转录转座子和 SINE 类反转录转座子,LINE 在植物中广泛存在,SINE 仅在被子植物中被发现(Singer,1982;Kumar and Bennetzen,1999;Kejnovsky *et al.*,2012)。具体结构如图 12-1 所示。

LTR 反转录转座子

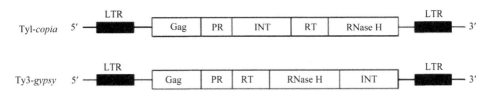

非LTR 反转录转座子

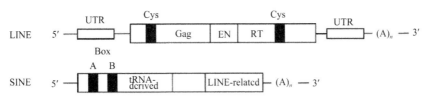

图 12-1　植物反转录转座子的类型和结构

LTR. 长末端重复序列；Gag. 种属特异抗原；PR. 蛋白酶；INT. 整合酶；RT. 反转录酶；RNase H. 核糖核酸酶 H；
EN. 限制性内切核酸酶；UTR. 非编码区；Cys. 半胱氨酸的核酸结合结构区域；Box A、Box B. RNA 聚合酶 III
识别的两个保守位点；tRNA-derived. tRNA 衍生区域；LINE-related. LINE 相关区域

　　LTR 反转录转座子中 LTR 不编码任何已知的蛋白质，但含有与该类转座子转录密切相关的启动子和终止子，LTR 通常以反向重复序列 5'-TG-3'和 5'-CA-3'结束。LTR 反转录转座子内的一些编码蛋白，主要有种属特异抗原基因（*gag*）、整合酶基因（*int*）和酶基因区域（Kumar and Bennetzen，1999；Schmidt，1999；Vershinin *et al.*，2002）。*gag* 编码的蛋白质与反转录转座子的 RNA、蛋白质的产生及包装有关，*int* 编码的整合酶使 DNA 形式的反转录转座子插入到新的染色体位置，酶基因区域编码的反转录酶（*rt*）和核糖核酸酶（*RNase*）控制反转录转座子的复制和转座功能，Ty1-*copia* 组和 Ty3-*gypsy* 的区别在于编码蛋白区的这 3 个基因的位置不同（郭玉双等，2011；蒋爽等，2013）。贾甜甜等（2012）分离获得了牡丹 Ty1-*copia* 类反转录转座子 RT 序列。

　　非 LTR 反转录转座子的结构较 LTR 反转录转座子的结构简单（程旭东和凌宏清，2006）。LINE 的平均长度为 4～6 kb，两端各有一个非编码区（UTR），也含 *gag* 和酶基因区域，但是缺少起鉴定识别作用的整合酶。LINE 的 DNA 整合到宿主 DNA 中是依靠 *gag* 位点产生具有限制性内切核酸酶（EN）活性的蛋白质来决定，此外 LINE 也可能通过 DNA 切除、修复活性整合到宿主染色体内（Schmidt，1999）。序列比较说明 LINE 是真核生物中最原始的反转录转座子，LTR 反转录转座子可能由 LINE 进化而来（Vershinin *et al.*，2002）。宋程威等（2014）分离获得了牡丹 LINE 类反转录转座子 RT 序列。

　　SINE 不同于其他反转录转座子，在它的结构中没有编码任何起顺式作用功能的蛋白质（Vassetzky and Kramerov，2002；Kramerov and Vassetzky，2011）。SINE 一般由 3 部分组成：5′端的 RNA 相关区，这部分序列由 tRNA、5S RNA 或者 7SL RNA 衍生而来，在该区域有典型 RNA 聚合酶 III 启动子序列 Box A 和 Box B 结构；中部的 RNA 非相关区，一般在 50～200 bp 变化，没有特征性的模式，在目前的研究中，这部分序列的起源和功能还不清楚。3′端的 AT 富含区，有时也称为 LINE 衍生区。所知的 SINE 都源于 RNA 聚合酶 III 的产物，它可以利用 LINE 或 LTR 反转录转座子所编码的蛋白质来进行自身的复制、整合。SINE 侧翼靶 DNA 改变类型与 LINE 具有一定的相似性，并且在其 3′端同样有一个 LINE 类似的 poly A 尾巴，暗示了其可能拥有一些 LINE 所特有的功能（Okada *et al.*，1997；Kroutter *et al.*，2009）。

第二节　牡丹反转录转座子 LTR 序列的分离

反转录转座子在植物基因组组成、表达调控，以及在植物基因组学研究中的应用已受到广泛关注。LTR 序列是存在于 LTR 类反转录转座子两端的长末端重复序列，其具有相对保守性但又存在一定程度的变异，是目前反转录转座子分子标记中用作引物开发的理想靶位点。近年来，作为一种有效的遗传分析工具的分子标记，反转录转座子日益受到人们的重视，一系列反转录转座子分子标记已经成功开发，在遗传多样性检测、种质鉴定及谱带分析、遗传连锁图谱构建、基因定位与标记辅助育种等领域得到广泛应用。

但反转录转座子分子标记分析中引物的获得需要预先获知核酸序列，也就是欲对某种植物进行基于反转录转座子分子标记方法分析，必须事先知道其反转录转座子序列，而不同的反转录转座子序列之间存在着较大的异质性，分离难度较大。采用同源克隆法分离反转录转座子基因序列，快捷且成本低，但基于此类序列开发的反转录转座子引物可应用的标记种类有限，目前只有 IRAP 和 REMAP 两种标记技术。反转录转座子 LTR 序列的分离方法步骤复杂，成本较高，但是基于此类开发的 LTR 引物可供采用的反转录转座子分子标记种类选择自由度高，多态性更丰富，尤其是基于 LTR 引物的 SSAP 标记，不仅可以检测反转录转座子插入位点及旁侧宿主基因的多态性信息，并且可以追溯由反转录转座子引发的突变机制。反转录转座子 LTR 序列的直接分离方法有许多，如根据 LTR 反转录转座子的 *RT* 基因存在保守基序的特点，可以利用简并引物能够从不同植物的基因组中扩增出 *RT* 基因片段，在此基础上，采用染色体步移（chromosome walking）技术获得 LTR 序列信息（Rommens *et al.*，1989）。另外还有磁珠富集法、抑制 PCR 法及利用 iPBS 标记来分离 LTR 序列。

一、巢式 PCR 方法分离牡丹 LTR 序列

反转录转座子具有广泛存在、高拷贝数、高异质性，插入位点不可逆等特点，

对基因组的大小、结构、功能和进化都具有重要的作用，近年来成为基因克隆、基因表达及其功能、生物多样性及系统发育进化研究的重要工具。但其广泛的应用却受限于全长序列的分离，尤其是 LTR 序列的获得。Guo 等（2014a）提出了一种结合了抑制 PCR（Siebert *et al.*，1995）、复性控制引物（Kim *et al.*，2004）及 hiTAIL-PCR（Primers，2007）3 种技术的优点来分离反转录转座子的 LTR 序列，该方法降低了 hiTAIL-PCR 过程中由随机简并引物引发的非特异扩增，提高了引物的退火温度，增加了目标侧翼序列在原始模板中的相对比例，大大提高了其特异性，能够更加有效地扩增靶序列。因为其直接瞄准反转录转座子 LTR 区，针对性强，与其他方法相比免去酶切、接头连接、杂交、洗脱、筛选等步骤，流程简化，经济高效，假阳性低，重复性好，有望在获得植物 LTR 反转录转座子引物开发所需的反转录转座子序列的分离中得到广泛应用。

1. 试验原理

（1）引物设计基础

high-efficiency TAIL-PCR（hiTAIL-PCR）基本原理是利用目标序列旁的已知序列设计 3 个嵌套的特异引物（special primer：sp1、sp2、sp3），用它们分别和 1 个 5′端带尾巴的高简并倍数的 LAD 引物在靶序列上创造结合位点，以基因组 DNA 作为模板，根据引物的长短和特异性的差异设计不对称的温度循环，通过分级反应来扩增特异产物，并抑制两端均为 LAD 引物的非特异产物的扩增。

Siebert 等在 1995 年提出的抑制 PCR 是利用链内复性优于链间复性的特点，当 PCR 产物两端有反向重复序列时，非目标序列片段两端的长反向重复序列在复性时形成茎环结构。茎环的形成会影响其与引物的结合，降低扩增效率，从而选择性地抑制非目标序列的扩增。

引物在 PCR 过程中，复性过程是其是否与靶序列特异结合的关键，因此引物结构的优化显得十分重要。复性温度的高低决定引物是否能与其互补链完全结合，还是有一个或多个碱基的错配，因此通过调整复性温度就可以增加引物与模板结合的特异性。Hwang 等在 2003 年设计了复性控制引物，可以提高 PCR 扩增的特异性，其大致由 3 部分组成（图 12-2），3′端和 5′端部分由中间的调节部分连接（Hwang *et al.*，2003）。3′端部分是核心部分，能与模板完全互补；5′端部分是通用

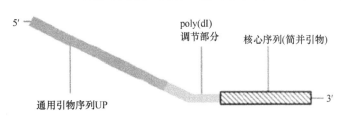

图 12-2　复性控制引物（ACP 引物）的组成示意图（根据 Hwang *et al.*，2003 修改）

引物序列；中间调节的部分为多聚脱氧次黄苷［poly（dI）］，在控制引物的复性温度时起着关键的作用（Hwang *et al.*，2003；Kim *et al.*，2004）。

（2）引物设计原理

1）利用 hiTAIL-PCR 简并引物在靶序列上创造结合位点。

2）利用抑制 PCR 提高扩增产物特异性。

3）利用复性控制引物来控制引物结合的特异性，其序列组成为 5'端的抑制 PCR 接头引物，中间 5 个脱氧次黄苷（dI），3'端的 hiTAIL-PCR 中的 LAD 兼并引物。

4）利用 Ty1-*copia* 类反转录转座子的 RNase H 保守序列来替代 hiTAIL-PCR 中的特异引物。

5）模板高倍数稀释以降低非特异产物在下一轮作为模板的比例。

引物的设计是根据 Pearce 等（1999）对 Ty1-*copia* 类反转录转座子的 RNase H 保守序列的分析，采用 2 条嵌套引物（RNase H 1 引物和 RNase H 2 引物），参照 Lavrentieva 等（1999）开发的抑制 PCR 的接头引物替代 Hwang 等在 2003 年研究中 ACP 引物的 5'端，ACP 引物的 3'端为 hiTAIL-PCR 中所用的 LAD 兼并引物，中间为 5 个脱氧次黄苷（dI），通用引物 UP 为 Lavrentieva 等的抑制 PCR 的接头引物。

（3）试验流程

首先进行复性温度较高的反应，使特异引物 RNase H 1 与 Ty1-*copia* 类反转录转座子的 RNase H 保守序列复性并延伸，3'端可以与模板复性，而复性温度较低的［poly（dI）］不能复性，形成了泡状结构，使得 5'端不能与模板结合，从而促进目标核心序列与模板特异性结合而抑制非目标尾部序列与模板的非特异结合，目标序列扩增呈直线形上升，由 ACP 引物自身结合产生的非特异性产物的浓度则较低。而后先进行 1 次低复性温度的反应，目的是使 LAD 简并引物结合到较多的目标序列上，可以使两种引物均能与模板复性，从而使原来由高严谨性循环所产生的单链靶 DNA 复制成双链 DNA，为下一轮线性扩增模板做准备。

经过上述一系列的反应得到了不同浓度的 3 种类型产物（图 12-3）。I 型：特异引物 RNase H 1 和 ACP-LAD 引物的扩增产物和非特异性产物。II 型：特异引物 RNase H 1 自身的扩增。III型：ACP-LAD 引物自身的扩增。I 型产物是我们主要的目标产物；II 型产物的量由于反转录转座子相互间的距离较远，本身比较少，同时 II 型和 I 型产物中的非特异产物可以通过下一轮的巢式 PCR 除去；III 型产物由于 ACP 引物的 5'端均具有相同的通用引物序列，从而使得到的短的基因片段两端反向重复系列在复性时产生类似于"锅柄"的结构，降低了其与引物配对的概率，选择性地抑制了非特异性扩增的产物。随后由于特异性引物 RNase H 1 的延伸，构成了完整的 ACP 引物的模板，接下来的扩增 ACP 引物可以完全复性进行扩增。

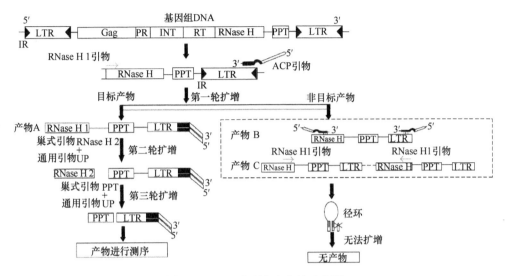

图 12-3　LTR 序列分离方法示意图

LTR. 长末端重复序列；Gag. 种属特异抗原；PR. 蛋白酶；INT. 整合酶；RT. 反转录酶；RNase H. 核糖核酸酶 H；EN. 限制性核酸内切酶；UTR. 非编码区；PPT. poly A/G

2. 材料和方法

（1）材料

牡丹材料洛阳红、迎日红、舟曲紫斑牡丹和锦桃红均来自中国洛阳国家牡丹基因库。幼嫩的叶片用于基因组总 DNA 的提取然后统一稀释成 25 ng/μl。

（2）方法

利用不同引物组合进行 3 轮连续的巢式 PCR 反应，引物序列见表 12-1，PCR 扩增反应体系见表 12-2，PCR 反应程序见表 12-3，第一轮 PCR 分别以 RNase H 1 引物/ACP1、RNase H 1 引物/ACP 2、RNase H 1 引物/ACP3、RNase H 1 引物/ACP4 为引物对、RNase H 1 引物/ACP5 和 RNase H 1 引物/ACP6 为引物对，使用 PCR 扩增目的片段。第二轮 PCR 的模板为第一轮扩增产物稀释 1000 倍，所用引物为 RNase H 2 引物和通用引物 UP。第三轮 PCR 的模板为第二轮扩增产物稀释 1000 倍，所用引物为通用引物 UP 和 PPT。第三轮 PCR 扩增产物连接于 pMD18-T 载体（TaKaRa，Japan），转化、筛选、阳性克隆鉴定后，由北京三博远志生物技术有限公司完成序列测定。

表 12-1 本研究所用的引物序列

引物		序列
巢式引物	RNase H 1	MGNACNAARCAYATHGA
	RNase H 2	GCNGAYATNYTNACNAA
ACP 引物	ACP 1	TGTAGCGTGAAGACGACAGAA IIIII VNVNNNGGAA
	ACP 2	TGTAGCGTGAAGACGACAGAA IIII BNBNNNGGTT
	ACP 3	TGTAGCGTGAAGACGACAGAA IIII HNVNNNCCAC
	ACP 4	TGTAGCGTGAAGACGACAGAA IIII CAATGGCTACCAC
	ACP 5	TGTAGCGTGAAGACGACAGAA IIII VVNVNNNCCAA
	ACP 6	TGTAGCGTGAAGACGACAGAA IIII BDNBNNNCGGT
UP 引物	UP	TGTAGCGTGAAGACGACAGAA
PPT 引物		RRRRRRRRRRRRRRRR

注: I 代表脱氧次黄嘌呤, B (CGT), D (AGT), H (ACT), V (ACG), N (AGCT)。

表 12-2 PCR 反应体系的组成

反应液成分	反应物终浓度		
	第一轮 PCR 扩增	第二轮 PCR 扩增	第三轮 PCR 扩增
模板 DNA	50~100 ng	将第一轮 PCR 产物稀释 1000 倍	将第二轮 PCR 产物稀释 1000 倍
Buffer (TaKaRa)	1×	1×	1×
Mg²⁺	1.5 mmol/L	1.5 mmol/L	1.5 mmol/L
dNTPs	0.2 mmol/L	0.2 mmol/L	0.2 mmol/L
RNase H 1 引物	0.4 μmol/L	—	—
RNase H 2 引物	—	0.4 μmol/L	—
ACP 引物	0.8 μmol/L	—	—
PPT 引物	—	—	0.4 μmol/L
Universal 引物 UP	—	0.4 μmol/L	0.4 μmol/L
Taq DNA 聚合酶	1.0 U	1.0 U	1.0 U
总体积	10 μl	20 μl	20 μl

表 12-3 PCR 反应程序

阶段	步骤	反应程序	循环次数
第一轮 PCR	1	94℃ 5min	1
	2	94℃ 50 s, 60℃ 1 min, 72℃ 2 min	5
	3	94℃ 50 s, 45℃ 30 s, 72℃ 2 min	1
	4	94℃ 50 s, 55℃ 30 s, 72℃ 2 min	25
	5	72℃ 8 min	1
第二轮 PCR	1	94℃ 5 min	1
	2	94℃ 50 s, 55℃ 30 s, 72℃ 2 min	30
	3	72℃ 10 min	1
第三轮 PCR	1	94℃ 5 min	1
	2	94℃ 1 min, 55℃ 30 s, 72℃ 2 min	30
	3	72℃ 10 min	1

（3）序列分析

采用 DNA Star V 7.0 推断其氨基酸序列，并利用 Megalign 进行同源性比较分析；DNAMAN V6.0 用于序列的排列和比对。

3. 结果分析

（1）PCR 扩增产物分析

本试验采用 RNase H 酶基因简并引物与 ACP 引物和 UP 引物组合进行 PCR 扩增，琼脂糖凝胶电泳检测。结果表明，第一轮 PCR 扩增（引物组合为 RNase H 1 和 ACP1-6）产物在泳道上呈均匀的弥散状分布，范围为 100～2000 bp，说明引物位点结合较多（图 12-4）。第二轮巢式 PCR 后（引物组合为 RNase H 2 和通用引物 UP），电泳结果显示出特异位点的结合。进一步巢式 PCR 扩增（引物组合为 PPT 和通用引物 UP）并克隆，挑选插入目的片段大于 200 bp 的 28 个阳性克隆测序的结果显示，有 22 条序列被成功测序，经软件比对后，去除两端无目的引物的序列后，共获得 20 条序列。氨基酸总序列间在长度和组成上均表现出高度异质性。参考 Galindo 等在 2004 年开发的方法，对序列中 PPT 及 IR 结构选择定位。所获 20 条序列 RNase H 3′端的终止密码子和 LTR 之间区域，均可找到一段由连续的腺嘌呤（A）和鸟嘌呤（G）组成的多聚腺苷酸链，但在长度、组成和距离的远近上存在很大差异。末端倒转重复序列（IR）在 Tyl-*copia* 类反转录转座子作为 3′LTR 起始的标志，上述对 PPT 区域进行选择鉴定，也参照了该项结构特点。证明所获序列为牡丹反转录转座子的 LTR 序列。

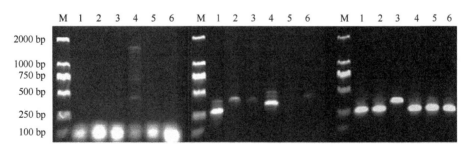

图 12-4　本方法洛阳红三轮 PCR 的扩增结果

M. DNA Marker DL 2000；1～6. ACP1～ACP6 引物

（2）LTR 序列分析

利用 DNAStar 将序列比对并排列整齐，可以发现这 20 条序列在 5′端都有由连续的嘌呤碱基组成的反转录转座子保守序列 PPT，紧随其后的 0～3 bp 后有 LTR 序列的起始标志 TG（A），而在序列的 3′端有 UP 通用引物的序列。20 条序列结构如图 12-5 所示。

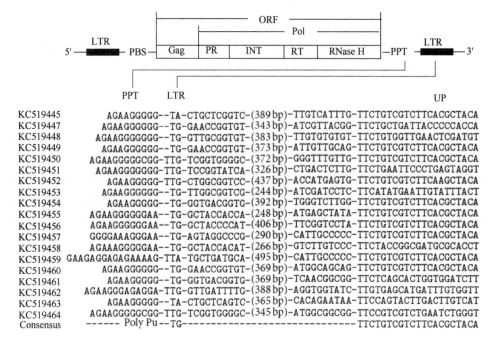

图 12-5　PPT 和 3′LTR 核酸序列的比对结果

（3）LTR 序列同源性分析

20 条 LTR 核苷酸序列碱基数差异很大，303～588 bp 不等，可能与 LTR 反转录转座子的高异质性有关。利用 MegAlign 7.1 软件对上述 2 条序列进行同源性比较，同源性范围为 24.1%～99.4%，其中序列 KC519450 和 KC519460 同源性最低，仅为 24.1%。序列 KC519447 和 KC519449 同源性最高，高达 99.4%（图 12-6）。由此可见，相同方法扩增获得的 LTR 序列在长度、碱基变化上并不相同，存在高度的异质性等特点。

（4）LTR 序列进化树分析

利用 DNAMAN 和 DNAStar 软件对 20 条牡丹 LTR 序列进行聚类分析，构建发育进化树，用以说明牡丹 LTR 类反转录转座子之间的进化关系（图 12-7）。

根据进化树分支长度可将上述 20 条序列分为 7 个组，其中前 4 组分别含有 4～5 条不等的序列，不同组中所含有的 LTR 类反转录转座子数目不等，反映出每组 LTR 类反转录转座子在反转录过程中表现出来的差异，历史越久远的组含有序列也越多。同一组内分布的序列数量较为平均，表现出本试验所分离出的反转录转座子 LTR 序列具有相对一致性的表现，相同一组的序列其亲缘关系较近，说明其来源一致，或者发生过类似的突变。

	1	2	3	4	5	6	7	8	9	10	11	12	13	14	15	16	17	18	19	20	
1	■	33.7	31.0	30.5	31.0	30.9	35.2	34.1	27.4	28.5	29.1	37.4	33.4	37.0	24.8	33.0	29.2	34.1	34.0	31.2	1
2	162.9	■	35.6	32.0	35.7	30.2	37.5	37.1	31.4	32.1	33.5	35.5	28.9	35.8	30.6	35.0	32.6	29.9	97.4	30.2	2
3	243.4	150.7	■	31.4	99.3	35.8	48.1	47.6	31.7	37.1	34.1	34.9	30.5	35.4	24.4	83.0	37.3	28.9	35.9	35.8	3
4	350.0	177.6	193.2	■	30.8	33.0	34.2	33.3	35.2	32.1	30.1	33.9	29.4	33.3	26.1	28.9	32.9	32.4	32.0	32.8	4
5	253.8	150.8	0.7	202.2	■	35.1	47.4	46.6	32.0	37.1	34.1	34.8	30.8	35.5	24.9	84.6	37.4	28.3	36.5	35.1	5
6	350.0	211.0	148.6	168.1	156.7	■	29.8	29.7	27.1	74.9	32.3	30.4	28.8	29.9	24.1	33.0	76.9	24.6	31.2	99.3	6
7	186.9	141.5	89.5	169.5	92.3	350.0	■	91.9	29.3	32.8	30.7	32.7	27.0	32.9	28.2	45.9	33.3	28.8	37.5	30.1	7
8	214.4	143.4	91.2	171.6	95.3	350.0	8.7	■	30.5	31.4	32.2	33.8	26.1	34.1	27.4	43.9	32.6	29.2	37.7	30.0	8
9	350.0	187.6	189.1	152.8	182.8	350.0	279.3	218.1	■	26.9	31.1	33.0	28.6	32.7	28.2	28.3	26.3	30.7	31.4	27.1	9
10	350.0	182.3	145.8	181.0	147.2	31.0	197.5	257.4	295.0	■	32.0	32.0	30.6	32.0	28.8	36.2	98.1	26.3	32.6	74.4	10
11	350.0	186.2	157.9	210.4	157.9	175.5	234.6	189.7	217.5	178.3	■	31.9	31.7	31.9	30.7	32.4	31.3	33.6	33.5	33.0	11
12	138.0	152.7	168.7	162.9	173.9	200.8	219.2	179.8	169.3	188.3	317.3	■	27.5	98.0	30.6	34.0	31.9	30.5	36.7	30.1	12
13	166.6	221.0	206.8	215.2	202.1	235.3	350.0	350.0	264.9	196.2	203.2	254.4	■	26.9	27.8	30.6	30.6	25.7	30.2	28.1	13
14	140.6	150.4	163.0	169.2	165.7	210.7	213.9	175.4	172.7	190.2	263.7	2.1	275.7	■	30.0	34.4	31.9	30.5	36.3	29.6	14
15	350.0	198.4	350.0	350.0	350.0	238.9	281.2	350.0	350.0	227.4	216.1	197.9	350.0	217.2	■	24.4	28.1	31.8	32.4	23.8	15
16	186.5	157.3	19.2	232.9	17.2	167.8	96.8	105.3	339.9	145.2	178.2	174.0	218.3	172.2	350.0	■	35.9	30.5	36.3	33.6	16
17	350.0	177.1	143.4	170.2	144.4	28.0	189.7	206.5	350.0	1.9	186.7	187.2	196.2	191.4	245.1	147.2	■	25.8	32.8	76.3	17
18	177.9	218.4	231.9	174.1	263.1	350.0	224.5	216.8	193.9	350.0	168.7	255.5	350.0	264.0	184.1	223.1	350.0	■	29.6	25.1	18
19	159.2	2.7	148.9	178.5	144.8	195.7	140.9	138.1	188.8	177.1	189.2	144.0	201.8	146.5	176.1	146.1	174.6	228.6	■	31.2	19
20	284.2	211.0	148.6	170.3	156.7	0.7	350.0	350.0	350.0	31.9	168.1	205.8	264.7	217.4	350.0	162.2	28.9	350.0	195.7	■	20
	1	2	3	4	5	6	7	8	9	10	11	12	13	14	15	16	17	18	19	20	

图 12-6 牡丹中 LTR 类反转录转座子 LTR 序列同源性分析

图中编号为图 12-5 中序列由上到下编号

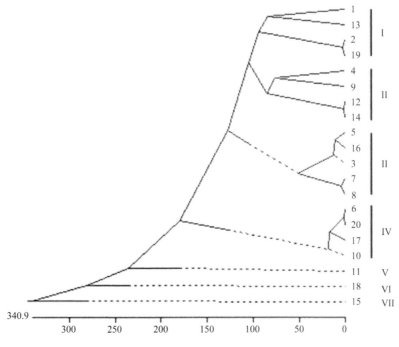

图 12-7 牡丹 LTR 类反转录转座子 LTR 序列进化树

图中编号为图 12-5 中序列由上到下编号

另外，有 3 条序列各自分在独立的一组中，表现出与其他序列高度的异质性，说明同样在牡丹属植物中的反转录转座子 LTR 序列，其亲缘关系也具有很大的差异，可能是由于这几条序列发生过丰富的变异，或者在牡丹基因组中历史较为久远。

（5）讨论

本研究在牡丹中获得反转录转座子 LTR 序列尚属首次，在牡丹分子水平上的研究具有突出意义，并为牡丹 SSAP 分子标记的开发提供了理论依据。本方法思路来源于 3 种不同技术，综合其优点，可高效分离 LTR，具有假阳性低、试验时间短且效率高、应用广泛和重复性高等优点，具体优点如下所述。

假阳性低：假阳性高是 TAIL-PCR 的问题之一，由于随机引物较短（10~13 bp）在 PCR 循环时通常需要在 40~45℃退火，这种低的复性温度导致引物与模板的非特异性性结合，使得该技术具有较高的假阳性，并且结果重复性差。本方法采用 Liu 等在 2007 年改进后的 hiTAIL-PCR 中所用的 LAD 兼并引物，同时结合复性控制引物的技术，增加 5′端通用引物（18~20 bp）长度，中间加 5 个 poly（dI），引物的复性温度可以提高至 60℃，ACP 技术可使引物在初始反应就与模板链特异结合，扩增出真实可靠的产物，从而降低了 PCR 结果的假阳性。

试验效率高：不需要 PAGE 电泳（聚丙烯酰胺凝胶电泳），只需通过琼脂糖凝胶电泳就足以进行分析。ACP 和抑制 PCR 两个技术明显增加了 PCR 扩增的特异性和灵敏性，使得 PCR 产物的特异性大为增强。无须再用成本高且不安全的聚丙烯酰胺凝胶电泳进行检测的步骤，而只经过低成本且应用方便的普通琼脂糖凝胶电泳就可以检测 PCR 产物。

应用方便：本方法是基于 PCR 和普通琼脂糖凝胶电泳的一种技术，操作简单容易。因为直接瞄准反转录转座子 LTR 区，针对性强，与磁珠杂交法相比免去杂交、洗脱、筛选等步骤，流程简化，且效率较高。与其他的分离方法相比，也不需要酶切、接头连接等一系列繁琐的步骤，只需要 PCR 技术。

可重复性高：由于 ACP 采用简单容易的操作就可得到结果，避免了 hiTAIL-PCR 繁复步骤引入误差的机会，同时 PCR 过程中，引物复性温度比较高使得试验结果的可重复性大大提高。本技术除了能应用于 LTR 序列的扩增和分离，还可以用作其他已知序列的邻近未知序列扩增，当然特异引物需要重新设计。

速度快、经济实惠：本技术所有反应在 1 天内可以完成，可以快速地获得目标片段；在较短时间内就可克隆到 LTR 序列，且不需要花大量的时间来排除假阳性。相反，目前其他的一些克隆技术要大量的精力来鉴定候选片段的可信度。

本方法结合了 hiTAIL-PCR、抑制 PCR 及复性控制引物 3 种技术的优点，降低了 hiTAIL-PCR 过程中由随机简并引物引发的非特异扩增、增加了目标侧翼序列在原始模板中的相对比例，从而提高其特异性，能够更加有效地扩增出靶序列。因为直接瞄准反转录转座子 LTR 区，针对性强，与磁珠杂交法相比免去杂交、洗脱、筛选等步骤，流程简化，且效率较高，有望在获得植物 LTR 反转录转座子引物开发所需要的反转录转座子序列的分离中得到广泛应用。因此这是一种相对而言更为便捷、经济的分离方法。

二、利用 iPBS 方法分离牡丹反转录转座子 LTR 序列

iPBS 技术是一种可以从植物基因组中分离 LTR 类反转录转座子 LTR 序列的有效方法，试验成本低廉且操作较为简单（Kalendar *et al.*，2010）。该方法首先从公共数据库（NCBI、TREP 等）收集注释过的 LTR 类反转录转座子，再利用 FastPCR 软件进行排列比对，得到 PBS 序列，最后根据每一组比对的 PBS 保守区域设计引物，再利用设计好的 PBS 引物对动植物基因组 DNA 进行扩增，从而达到特异性扩增目的片段 LTR 序列的富集。区别于早期方法，iPBS 不仅适用于内源性反转录病毒和非内源性反转录病毒，而且也适合 *Copia* 和 *Gypsy* 类 LTR 类反转录转座子。利用 iPBS 方法从牡丹基因组 DNA 中克隆得到 LTR 序列，并对获得的序列进行分析。

1. 材料与方法

（1）材料

试验材料为牡丹洛阳红和红绣球等品种，均取自中国洛阳国家牡丹基因库。

（2）PCR 扩增体系及程序

牡丹基因组 DNA 的提取是利用改良的 CTAB 法提取。iPBS 技术分离牡丹 LTR 的 2395 号引物为 Kalendar 等（2010）设计，引物序列见表 12-4。

表 12-4　引物信息

名称	引物名	序列（5′→3′）	GC/%	T_m/℃
iPBS 引物	2395	TCCCCAGCGGAGTCGCCA	61.1	52

PCR 反应体系：DNA 50 ng，1×PCR buffer（TaKaRa），2.0 mmol/L Mg^{2+}，0.2 mmol/L dNTPs，0.6 μmol/L 引物（2395 号 iPBS 引物），1.0U *Taq* DNA 聚合酶，灭菌双蒸水补足至 25 μl。PCR 扩增程序：95℃　3 min；95℃　15 s，52.8℃　1 min，68℃　1 min，30 个循环；最后 72℃　5 min。

（3）PCR 产物纯化、克隆及转化

用 1.0%琼脂糖凝胶检测扩增产物，PCR 扩增产物直接使用 pMD18-T 载体试剂盒进行克隆，转化大肠杆菌 DH5α 感受态细胞，涂板并摇菌培养后，挑取经 PCR 鉴定为阳性克隆的质粒送北京三博远志生物技术有限公司测序。获得的 LTR 序列均使用 DNAStar 和 DNAMAN 等软件进行分析、讨论。具体操作步骤见第三章。

2. PCR 扩增产物分析

利用 iPBS 引物 2395 分别对中原牡丹品种洛阳红和西北牡丹品种红绣球两个

品种进行扩增，PCR 结果表明，在两个品种中均能扩增出较多条带（图 12-8），表明 LTR 类反转录转座子在牡丹中普遍存在。

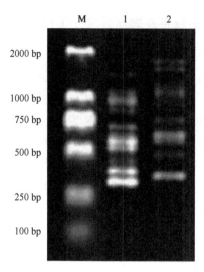

图 12-8　牡丹洛阳红和红绣球品种的扩增
M. DNA Marker DL 2000；1. 洛阳红；2. 红绣球

3. iPBS 分离牡丹 LTR 序列

将来自牡丹的扩增产物克隆、转化并测序，获得 40 条目的序列。首先除去两端为非目的引物或者相似度较高的重复序列，再删除初步比对没有 LTR 特征的序列，最终得到 12 条不同的 LTR 类反转录转座子 LTR 序列。经 DNAStar 软件分析后，序列长度范围为 313～894 bp。将这 12 条序列依次命名为 PALTR1～PALTR12，并提交到 GenBank，登录号为 JX965002～JX965013。这 12 条序列富含 AT，AT/GC 的比例范围为 1.56～2.72（表 12-5），与前人研究结果较为相近（杜晓云等，2008）。

表 12-5　牡丹 LTR 类反转录转座子 LTR 序列的组成

序列编号	序列长度/bp	AT/GC	序列登录号
PALTR1	374	1.56	JX965002
PALTR2	518	1.63	JX965003
PALTR3	491	1.89	JX965004
PALTR4	358	2.72	JX965005
PALTR5	894	1.74	JX965006
PALTR6	313	2.19	JX965007
PALTR7	466	1.81	JX965008
PALTR8	669	2.50	JX965009

序列编号	序列长度/bp	AT/GC	序列登录号
PALTR9	414	1.74	JX965010
PALTR10	754	1.73	JX965011
PALTR11	750	1.63	JX965012
PALTR12	694	1.65	JX965013

iPBS 方法中，两条 LTR 类反转录转座子必须是反向相对并且距离足够小，从而获得有效的扩增。如图 12-9 所示，图中显示了 LTR 类反转录转座子的两个关键结构，即 LTR 和 PBS，而中间的黑色实线代表 LTR 内部结构，包含 PBS 扩增产物的预期产物则处于图中最上端两箭头之间的黑色细线。PCR 产物既包含 LTR 和 PBS 序列，也存在 LTR 之间的基因组 DNA，因此分离出来的 LTR 序列长度存在较大的差异。图中中间区域显示出 5′LTR 和 3′LTR 的起始序列 TG 和 CA，而最下方的 N 则代表 PBS 与 LTR 起始序列 TG 或 CA 之间存在 0～9 bp 的间隔。

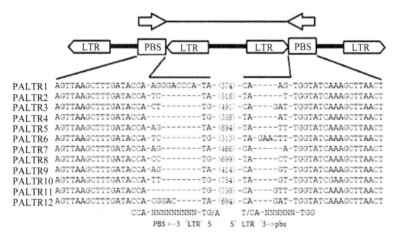

图 12-9 牡丹 LTR 类反转录转座子 LTR 序列比较

图中第一行两箭头中间黑色实线为试验分离的 LTR 序列；括号中代表省略的序列长度

4. LTR 核苷酸序列的分析

12 条 LTR 核苷酸序列碱基数差异很大，313～894 bp 不等，可能与 iPBS 分离 LTR 扩增产物中包含两条 LTR 序列之间的基因组有关。利用 MegAlign7.1 软件对上述 12 条序列进行同源性比较，同源性范围为 31.1%～65.8%，其中序列 PALTR3 和 PALTR12 同源性最高，为 65.8%。序列 PALTR1 和 PALTR2 同源性最低，仅为 31.1%（表 12-6，编号 1～12 为 PALTR1～PALTR12 序列）。从此可见，同一引物扩增获得的 LTR 序列在长度、碱基变化上并不相同，存在高度的异质性等特点。

表 12-6　牡丹中 LTR 类反转录转座子 LTR 序列同源性分析

	1	2	3	4	5	6	7	8	9	10	11	12
PALTR1		31.1	37.1	40.1	37.6	37.8	34.7	38.1	36.3	38.2	34.2	31.8
PALTR2			40.1	37.0	34.5	39.9	38.0	32.7	34.8	32.2	32.4	36.6
PALTR3				40.1	40.1	41.6	40.1	34.0	37.9	39.5	38.0	65.8
PALTR4					43.3	41.2	40.5	46.7	41.7	36.1	39.2	36.5
PALTR5						37.3	51.6	39.8	49.4	32.7	28.6	38.0
PALTR6							38.5	36.0	39.8	36.9	37.4	35.2
PALTR7								44.6	36.0	35.0	34.1	36.3
PALTR8									44.6	38.3	34.8	35.4
PALTR9										35.0	33.7	35.3
PALTR10											32.3	37.7
PALTR11												35.2
PALTR12												

5. 牡丹与其他物种 LTR 类反转录转座子聚类分析

利用 DNAMAN 和 DNAStar 软件对 12 条牡丹 LTR 序列及数据库中搜索出来的 4 条利用 iPBS 方法在其他物种中分离得到的 LTR 序列进行聚类分析，构建发育进化树，用以说明牡丹和其他物种中 LTR 类反转录转座子之间的进化关系（图 12-10）。PALTR 为牡丹 LTR 序列；TIMOTHY_68F 为猫尾草（*Phleum pratense*）LTR 序列（Witte *et al.*，2001）；S0579 为二穗短柄草（*Brachypodium distachyon*）LTR 序列（Kalendar *et al.*，2008）；s565_21 为春侧金盏花（*Adonis vernalis*）LTR 序列；V2 为葡萄（*Vitis vinifera*）LTR 序列（Verries *et al.*，2000），其他物种中 4 条序列登录号分别为 AF538603、DQ094839、EF191000 和 EU009616。根据进化树分支长度可将上述 16 条序列分为 4 个组，其中第一组和第三组中 9 条所有序列均为牡丹 LTR 序列且遗传距离相近，占到了总数的 56%，说明这两组序列是构成牡丹 LTR 类反转录转座子的主要成分。不同组中所含有的 LTR 类反转录转座子数目不等，反映出每组 LTR 类反转录转座子在反转录过程中表现出来的差异，历史越久远的组含有的序列也越多（范付华等，2012）。

由图 12-10 可知，PALTR6 与 V2 两个 LTR 类反转录转座子分在了第四组且遗传距离相近，说明牡丹的 LTR 序列与葡萄 LTR 序列亲缘关系较近。另外 3 个物种则共同聚类在第二组中，同在第二组中的还有牡丹 LTR 类反转录转座子 LTR 序列 PALTR2 和 PALTR11，但遗传距离较其他 3 个远，说明牡丹 LTR 类反转录转座子与猫尾草、二穗短柄草和春侧金盏花物种没有与葡萄的亲缘关系近。

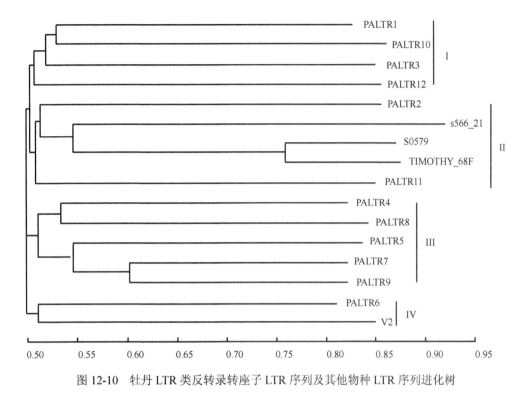

图 12-10 牡丹 LTR 类反转录转座子 LTR 序列及其他物种 LTR 序列进化树

反转录转座子在植物界的广泛分布，作为基因组的重要组成部分，不仅可以纵向传递，也可以横向传递（Doolittle *et al.*，1989），说明了不同物种中存在着起源相同或者相近的反转录转座子，另外在不同物种之间有时候也存在着比种内更高同源性的反转录转座子。

6. 讨论

本研究首次利用 iPBS 技术对 2 个牡丹品种的 LTR 类反转录转座子 LTR 序列进行扩增，均获得了预期目的片段，说明该 LTR 类反转录转座子在牡丹中广泛存在。杜晓云等（2008）利用抑制 PCR 方法获得的 LTR 类反转录转座子 LTR 序列长度为 200~250 bp，且变幅较小，Kalendar 等（2010）利用 iPBS 技术分离的 LTR 序列则变幅较大，序列长度范围较广，表明不同方法分离出的 LTR 序列存在一定的差异。造成差异的原因可能为 iPBS 分离方法中的 PCR 产物既包含 LTRs 和 PBS 序列，也存在 LTRs 之间的基因组 DNA，又因 LTR 类反转录转座子本身具有高度的异质性，因此序列变幅较大。另外，LTR 类反转录转座子在反转录过程中发生缺失突变也可能是造成 LTR 类反转录转座子 LTR 序列长度变化的原因。

反转录转座子是植物等物种基因组的重要组成，在基因组结构和进化中起着重要的作用，但由于其转录的方式，导致 LTR 类反转录转座子在长期进化过程中形成了高度的异质性，本节中 PALTR1 和 PALTR2 序列同源性最低，仅为 31.1%，也验证了 LTR 类反转录转座子的高异质性确实存在于相同品种之间。而在牡丹组与其他种属之间的聚类分析中，葡萄属 LTR 基因 V2 与牡丹组 PALTR6 基因表现出高度一致性，这在一定程度上说明了 LTR 类反转录转座子不仅能在同一物种世代间纵向传递，也可在物种间进行横向传递（Kumar and Chambon，1988）。

第三节　牡丹 LINE 类反转录转座子 RT 序列的克隆及分析

本试验以部分牡丹种及品种为试材，建立并优化牡丹 LINE 类反转录转座子 RT 序列扩增的反应体系，利用简并引物，采用 PCR 方法从中原牡丹洛阳红基因组 DNA 中分离得到反转录转座子 LINE 部分反转录酶（reverse transcriptase，RT）序列，并利用 DNAMAN 和 DNAStar 等软件对这些序列进行分析，研究其序列变化特点。

一、材料与方法

1. 材料

试验材料为大花黄牡丹、滇牡丹、四川牡丹、紫斑牡丹、卵叶牡丹、矮牡丹及中原牡丹栽培品种洛阳红幼叶，于 2012 年 3 月取自中国洛阳国家牡丹基因库。

2. 试验所用引物

牡丹 LINE 类反转录转座子 RT 序列所用引物，参照 Hill 等（2005）扩增 RT 序列的引物。引物序列见表 12-7。

表 12-7　牡丹 LINE 类反转录转座子 RT 序列扩增引物

引物	引物序列	GC/%	T_m/℃
DVO144	GGGATCCNGGNCCNGAYGGNWT	65.9	66.6
10712	SWNARNGGRTCNCCYTG	58.8	57.0

注：R=A/G，Y=C/T，S=C/G，W=A/T，N=A/C/G/T。

3. 牡丹 LINE 类反转录转座子 RT 序列的克隆主要操作步骤

牡丹基因组 DNA 的提取、基因组 DNA 的定量与纯度检测、PCR 扩增反应、扩增产物的回收与纯化、PMD18-T 载体连接、克隆、转化、测序具体操作方法见第三章。

测序后得到序列经 DNAMAN 和 DNAStar 等软件进行进一步分析、筛选得到牡丹 LINE 类反转录转座子 RT 序列，用 MEGA5.0 软件邻接法构建系统发育进化树，进行分析讨论。

二、PCR 反应体系及扩增程序的优化

1. 正交设计优化 PCR 反应程序

以中原牡丹品种洛阳红基因组 DNA 为模板，采用 20 µl PCR 扩增反应体系，设计正交试验，对影响 PCR 反应的 4 个因素（Mg^{2+}浓度、模板 DNA 用量、dNTPs 浓度和引物浓度）进行优化，设计正交表见表 12-8。

表 12-8　正交设计优化牡丹 PCR 反应

水平	因素			
	模板 DNA 用量/（mg/L）	Mg^{2+}浓度/（mmol/L）	引物浓度/（µmol/L）	dNTPs 浓度/（µmol/L）
1	1.0	1.0	0.6	62.5
2	1.0	1.5	0.7	75.0
3	1.0	2.0	0.8	87.5
4	1.0	2.5	0.9	100
5	1.5	1.0	0.7	87.5
6	1.5	1.5	0.6	100
7	1.5	2.0	0.9	62.5
8	1.5	2.5	0.8	75.0
9	2.0	1.0	0.8	100
10	2.0	1.5	0.9	87.5
11	2.0	2.0	0.6	75.0
12	2.0	2.5	0.7	62.5
13	2.5	1.0	0.9	75.0
14	2.5	1.5	0.8	62.5
15	2.5	2.0	0.7	100
16	2.5	2.5	0.6	87.5

PCR 扩增程序为进行复性温度梯度优化，具体为 94℃ 5 min；94℃ 1 min，47～56℃ 1 min，72℃ 2 min；35 个循环；最后 72℃ 8 min。

扩增产物用 1%琼脂糖凝胶电泳检测。

2. 正交试验优化 PCR 反应程序结果

以中原牡丹品种洛阳红基因组 DNA 为模板，按照正交设计表中所设计的反应体系进行 PCR 扩增。电泳检测后结果如图 12-11 所示。

在第 3、第 4、第 7、第 8、第 10、第 11、第 12、第 14、第 15 和第 16 泳道中扩增出条带，其余泳道中没有扩增出条带，其中第 4、第 8、第 11、第 12、第 14、第 15 和第 16 泳道中扩增得到多条条带，特异性较差，其对应的 PCR 反应体系中 Mg^{2+}的浓度都较高，说明较高的 Mg^{2+}的浓度会导致较高的非特异性扩增。只有在第 3、

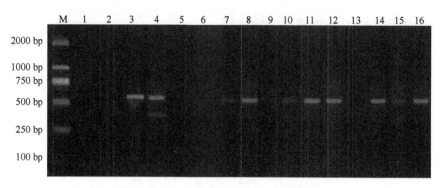

图 12-11 正交设计优化牡丹 PCR 反应

M. DNA Marker DL 2000；1～16. 表 12-8 正交试验设计不同 PCR 反应体系

第 10 和第 11 3 条泳道所扩增出的产物为单一条带，而其中第 10 条泳道中所扩增的条带较暗，说明其扩增产物较少。单独对比 Mg^{2+} 浓度不同的反应体系，表明较高的 Mg^{2+} 浓度会导致非特异性扩增的产生，而较低的 Mg^{2+} 浓度会导致目的产物较少，因此选择 Mg^{2+} 浓度为 2.0 mmol/L 为牡丹 LINE 类反转录转座子 RT 序列扩增的最佳 Mg^{2+} 浓度。通过对正交试验的分析，优化出牡丹 LINE 类反转录转座子 RT 序列扩增的最佳反应体系为 2.0 mmol/L Mg^{2+}，1×PCR buffer，87.5 μmol/L dNTPs，0.8 μmol/L 引物，2.0 mg/L 模板 DNA，1.0 U *Taq* DNA 聚合酶，总体积 20.00 μl。

3. 复性温度梯度优化 PCR 扩增程序

PCR 扩增程序进行复性温度梯度优化，结果如图 12-12 所示。

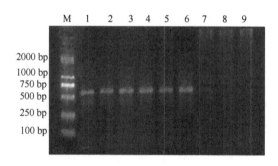

图 12-12 温度梯度优化 PCR 扩增程序

M. DNA Marker DL 2000；1～9. 不同复性温度 PCR 反应

在第 1、第 2 和第 3 条泳道中，扩增出多个条带，表明较低的复性温度，会导致非特异性扩增；随着复性温度的升高，所扩增出条带特异性逐渐升高，而在第 7、第 8 和第 9 泳道中没有扩增出条带，表明复性温度过高会导致 PCR 反应扩增不出目的产物。通过复性温度优化牡丹 LINE 类反转录转座子 RT 序列扩增的最佳扩增程序为 94℃ 5 min；94℃ 1 min，53℃ 1 min，72℃ 2 min；35 个循环；

最后 72℃ 8 min。

三、牡丹 LINE 类反转录转座子 RT 序列的普遍存在性

以部分牡丹组植物为模板，通过优化后的 PCR 反应体系及扩增程序进行 PCR 扩增，电泳检测后结果如图 12-13 所示。电泳条带清晰、明亮，无拖尾现象，扩增产物大小一致，均为约 600 bp 的特异扩增条带。

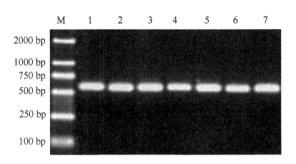

图 12-13　牡丹组部分植物中 RT 片段的扩增

M. DNA Marker DL 2000；1. 大花黄牡丹；2. 滇牡丹；3. 四川牡丹；4. 紫斑牡丹；
5. 卵叶牡丹；6. 矮牡丹；7. 洛阳红

通过对牡丹组部分植物中 LINE 类反转录转座子 RT 序列的扩增，在 7 个牡丹种及中原牡丹栽培品种洛阳红中均扩增出条带，大小约为 600 bp，结果表明，分布于不同地域的牡丹野生种和栽培种都有一致的扩增产物，这说明牡丹组植物中 LINE 类反转录转座子 RT 序列存在的历史可能较为久远，并且随着基因组的进化而共同进化。这初步证明了反转录转座子 RT 序列在牡丹组植物中的广泛存在。

四、牡丹 LINE 类反转录转座子 RT 序列的分析

1. 牡丹 LINE 类反转录转座子 RT 序列的分离

利用引物在洛阳红中扩增检测到 LINE 类反转录转座子 RT 序列，长度约为 580 bp（图 12-14）。

将回收的片段连接于 pMD18-T 载体上进行克隆并提取质粒。以重组质粒 DNA 为模板，用简并引物进行 PCR 检测。反应体系和程序同牡丹 LINE 类反转录转座子 RT 序列的 PCR 扩增体系和程序。检测结果与图 12-11 类似，扩增产物条带清晰，片段长度与目的片段一致，说明该克隆为阳性克隆，可进行测序。

测序后，共得到 60 条序列。经 DNAMAN 和 DNAStar 等软件分析，去除重复及过短序列，得到 32 条不同序列，依次命名为 PTLRT01~PTLRT32，并提交到 GenBank，登录号为 KC454401~KC454432。

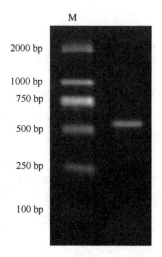

图 12-14　牡丹 LINE 类反转录转座子 RT 序列的 PCR 扩增

2. 牡丹 LINE 类反转录转座子 BLAST 比对

　　将所得到的 32 条序列，登录 NCBI 进行 BLAST 比对，结果见表 12-9：32 条序列与 GenBank 中同源序列的最大得分范围为 53.6～147；序列覆盖率范围为 9%～73%；最高一致度范围为 65%～87%。PTLRT02 序列最大得分达到 147，说明它与同源序列 AM442190 的相似性较高。PTLRT03 序列与同源序列 CU570761 的覆盖率虽然仅有 9%，但是其最高一致度达到了 81%，这说明其与同源序列的相似度也是非常高的。

表 12-9　牡丹 RT 基因片段碱基序列的 Blast 比对结果

序列	含有同源序列的物种	GenBank 登录号	最大得分	序列覆盖率/%	E 值	最高一致度/%
PTLRT01	*Vitis vinifera*	AM443874	118	52	7×10^{-23}	69
PTLRT02	*Vitis vinifera*	AM442190	147	73	1×10^{-37}	69
PTLRT03	*Medicago truncatula*	CU570761	53.6	9	2×10^{-3}	81
PTLRT04	*Medicago truncatula*	CU302331	80.6	42	2×10^{-11}	68
PTLRT05	*Vitis vinifera*	GQ220325	69.8	28	3×10^{-8}	70
PTLRT06	*Arabidopsis thaliana*	CP002688	69.8	54	3×10^{-8}	73
PTLRT07	*Vitis vinifera*	GQ220325	80.6	27	2×10^{-11}	71
PTLRT08	*Populus trichocarpa*	AC208050	78.8	10	6×10^{-11}	87
PTLRT09	*Medicago truncatula*	AC174468	71.6	68	9×10^{-9}	65
PTLRT10	*Arabidopsis thaliana*	CP002688	75.2	36	7×10^{-10}	74
PTLRT11	*Brassica rapa*	AC189465	60.8	10	2×10^{-5}	81
PTLRT12	*Vitis vinifera*	AM474446	60.8	13	2×10^{-5}	78

续表

序列	含有同源序列的物种	GenBank 登录号	最大得分	序列覆盖率/%	E 值	最高一致度/%
PTLRT13	*Medicago truncatula*	AC127021	66.2	37	4×10^{-7}	68
PTLRT14	*Medicago truncatula*	CR962125	77	30	2×10^{-10}	72
PTLRT15	*Vitis vinifera*	AM431899	145	62	5×10^{-31}	69
PTLRT16	*Arabidopsis thaliana*	CP002688	55.4	26	7×10^{-4}	81
PTLRT17	*Vicia melanops*	AJ850250	77	12	2×10^{-10}	83
PTLRT18	*Populus trichocarpa*	AC215647	59	19	6×10^{-5}	71
PTLRT19	*Vitis vinifera*	AM431899	152	62	3×10^{-33}	70
PTLRT20	*Glycine max*	AC235160	73.4	21	2×10^{-9}	73
PTLRT21	*Fragaria vesca*	XM_004293133	80.6	15	2×10^{-11}	79
PTLRT22	*Medicago truncatula*	CU302331	95.1	52	8×10^{-16}	67
PTLRT23	*Vitis vinifera*	AM487630	116	69	2×10^{-22}	67
PTLRT24	*Brassica rapa*	AC189330	100	45	2×10^{-17}	70
PTLRT25	*Medicago truncatula*	CU302331	98.7	43	6×10^{-17}	69
PTLRT26	*Vitis vinifera*	GQ220325	71.6	27	9×10^{-9}	70
PTLRT27	*Medicago truncatula*	AC174305	93.3	25	3×10^{-15}	74
PTLRT28	*Populus trichocarpa*	AC211805	91.5	27	9×10^{-15}	73
PTLRT29	*Cucumis sativus*	GQ326558	55.4	23	7×10^{-4}	69
PTLRT30	*Fragaria vesca*	XM_004292208	62.6	17	4×10^{-6}	74
PTLRT31	*Vitis vinifera*	GQ220325	89.7	41	3×10^{-14}	69
PTLRT32	*Medicago truncatula*	AC174305	95.1	48	8×10^{-16}	68

3. 牡丹 LINE 类反转录转座子 RT 序列特征

通过 DNAStar 对所得到的 32 条牡丹 LINE 类反转录转座子序列碱基进行分析，见表 12-10。

表 12-10　牡丹 LINE 类反转录转座子 RT 序列的组成

测序编号	序列编号	长度/bp	A+T/%	C+G/%	AT/CG	登录号
1.01	PTLRT01	574	62.37	37.63	1.66	KC454401
1.03	PTLRT02	576	57.81	42.19	1.37	KC454402
1.05	PTLRT03	583	53.17	46.83	1.14	KC454403
1.06	PTLRT04	588	60.88	39.12	1.56	KC454404
1.07	PTLRT05	583	54.55	45.45	1.20	KC454405
1.08	PTLRT06	583	53.52	46.48	1.15	KC454406
1.09	PTLRT07	583	52.66	47.34	1.11	KC454407

续表

测序编号	序列编号	长度/bp	A+T/%	C+G/%	AT/CG	登录号
1.1	PTLRT08	582	58.93	41.07	1.43	KC454408
1.11	PTLRT09	583	57.12	42.88	1.33	KC454409
1.12	PTLRT10	583	54.37	45.63	1.19	KC454410
1.13	PTLRT11	583	58.49	41.51	1.41	KC454411
1.14	PTLRT12	581	58.00	42.00	1.38	KC454412
1.15	PTLRT13	583	61.64	38.59	1.60	KC454413
1.17	PTLRT14	581	59.72	40.28	1.48	KC454414
1.19	PTLRT15	580	57.93	42.07	1.38	KC454415
1.26	PTLRT16	583	55.92	44.08	1.27	KC454416
1.27	PTLRT17	578	61.25	38.75	1.58	KC454417
1.29	PTLRT18	593	57.17	42.83	1.33	KC454418
1.3	PTLRT19	581	57.14	42.86	1.33	KC454419
1.31	PTLRT20	583	57.29	42.71	1.34	KC454420
1.36	PTLRT21	582	58.59	41.41	1.41	KC454421
1.37	PTLRT22	583	59.69	40.31	1.48	KC454422
1.39	PTLRT23	547	64.35	35.65	1.81	KC454423
1.4	PTLRT24	583	62.26	37.74	1.65	KC454424
1.41	PTLRT25	583	52.14	47.86	1.09	KC454425
1.47	PTLRT26	583	51.80	48.20	1.07	KC454426
1.52	PTLRT27	583	58.66	41.34	1.42	KC454427
1.53	PTLRT28	586	57.34	42.66	1.34	KC454428
1.56	PTLRT29	583	56.26	43.74	1.29	KC454429
1.57	PTLRT30	571	54.12	45.88	1.18	KC454430
1.59	PTLRT31	528	53.78	46.22	1.16	KC454431
1.6	PTLRT32	583	60.72	39.28	1.55	KC454432

　　结果显示：克隆的 32 条牡丹 LINE 类反转录转座子 RT 序列并不完全一致。其中 PTLRT18 序列长度最长为 593 bp，PTLRT31 序列长度最短为 528 bp，其次为 PTLRT23 为 547 bp，其余核苷酸序列长度为 571～588 bp。其中序列长度在 570～579 bp 的序列有 4 个，分别为 PTLRT01、PTLRT02、PTLRT17 和 PTLRT30，其余 25 条序列的长度集中在 580～589 bp，其中有 17 条序列的长度为 583 bp，占所分离得到牡丹 LINE 类反转录转座子 RT 序列的 53.13%，虽然这 17 条序列长度一致，但是其核苷酸组成完全不同。所分离得到的 32 条牡丹 LINE 类反转录转座子均富含碱基 AT，其 AT 与 GC 的比例为 1.07～1.81，其中 PTLRT26 序列的 AT/CG

最低为 1.07，PTLRT23 序列的 AT/GC 最高为 1.81。结果表明所分离得到的 32 条牡丹 LINE 类反转录转座子 RT 序列富含碱基 A 和 T，同时存在着高度的异质性，这与前人的报道一致。

由此可见，由同一简并引物获得的反转录转座子反转录酶序列并不完全一致，它们在长度、碱基变化上存在高度异质性。碱基的插入可能是造成牡丹中该基因片段序列长度异质性的主要原因。此外，由于反转录转座子反转录酶没有错读校对功能，在转座过程中易发生高频突变，其错配率至少比 DNA 聚合酶高 10 000 倍，因此在其转座过程中造成大量碱基突变，这可能是碱基序列高度异质性的另外一个重要原因。

4. 牡丹 LINE 类反转录转座子 RT 序列的同源性

将获得的 32 条序列与 NCBI 数据库进行序列比对，结果显示它们与已报道的其他植物的 LINE 类反转录转座子的反转录酶序列有很高的同源性，说明本研究中克隆到了牡丹 LINE 类反转录转座子的反转录酶序列。

从表 12-11 可以看出牡丹反转录酶序列间同源性范围为 25.7%～94.2%，其中序列 PTLRT09 与 PTLRT20 的同源性最高，为 94.2%，PTLRT07 与 PTLRT26 序列间的同源性为 93%，说明这些同源性较高的序列之间可能有着共同的起源序列；PTLRT04 与 PTLRT30、PTLRT05 与 PTLRT15 的同源性最低，仅为 25.7%，这些同源性较低的序列可能是在转座过程中由于某些原因发生了序列突变，这其中某些序列对应的反转录转座子可能具有转座活性。同时序列同源性高低不同，差异性很大，其中也可能存在大量的替代突变。

绝大部分序列间的同源性都很低，大部分序列间的同源性集中在 30%～40%，而序列间同源在 50% 以上的仅有 70 对，只占总数的 14.11%，表明牡丹反转录转座子反转录酶序列本身存在高度的异质性，同时其序列间的同源性也大小不一。这说明在长期进化过程中，牡丹基因组内该反转录酶序列已经形成了一个高度异质的群体。反转录转座子通过自身编码的反转录酶进行转录，同时这种转座会造成基因组的不稳定性，甚至是基因突变。而在进化过程中，寄主会采取各种方式来抑制其转座过程的发生，以防止其转座造成突变致死。因此，牡丹基因组中 LINE 类反转录转座子反转录酶可能是一个比较古老的元件，它们在遗传进化中不断积累突变才具有了很高的异质性。

由此得出，同一简并引物获得的反转录转座子反转录酶序列并不相同，其在序列长度、序列同源性、碱基变化上存在多态性（Ungerer et al.，2009）。这与在甜菜中的研究结果比较一致，同样表明即使来自同一物种的同一反转录转座子的 RT 序列仍具有较高的异质性（Kubis et al.，1998；Noma et al.，1999）。

表 12-11　牡丹 LINE 类反转录座子 RT 序列同源性比较　（%）

PTLRT

编号 No.	12	13	14	15	16	17	18	19	20	21	22	23	24	25	26	27	28	29	30	31	32	01	02	03	04	05	06	07	08	09	10	11
PTLRT 12		44.6	45.6	31.6	34.9	37.1	29.4	38.6	35.1	42.7	32.5	26.0	34.4	33.6	33.4	34.9	31.3	33.6	30.5	32.9	33.0	30.1	36.1	33.6	30.5	32.9	31.3	33.4	43.7	34.6	31.7	32.9
PTLRT 13			48.4	35.3	37.9	30.6	29.8	40.8	47.5	39.0	49.4	33.2	38.9	42.5	41.2	46.5	31.9	38.3	37.8	44.7	35.1	31.7	35.1	40.0	31.7	41.3	38.3	41.5	40.9	47.9	37.7	38.4
PTLRT 14				35.9	31.5	31.3	46.8	47.4	33.2	43.2	33.2	32.0	29.8	28.9	27.2	31.3	29.8	31.2	44.3	44.6	33.3	28.6	33.3	28.9	26.5	29.4	28.7	25.8	25.8	32.2	29.3	32.0
PTLRT 15					28.4	32.7	30.7	31.0	34.3	34.3	31.2	29.4	27.9	28.1	27.8	31.2	32.6	28.8	30.5	29.5	34.3	34.3	32.6	25.9	29.7	25.9	27.9	27.9	33.1	30.9	28.4	28.6
PTLRT 16						39.3	40.1	32.4	49.7	32.8	49.2	30.0	69.5	45.3	47.7	52.3	45.5	94.5	28.4	32.5	49.4	37.8	38.7	47.3	33.3	46.1	72.6	49.4	31.8	51.1	72.7	66.0
PTLRT 17							40.8	33.2	39.8	30.6	39.6	29.4	43.9	37.7	36.7	37.4	40.7	39.4	32.0	29.4	36.0	43.2	37.0	36.3	33.6	36.0	39.4	37.9	29.9	39.8	39.8	41.2
PTLRT 18								30.5	34.6	31.4	36.5	31.4	44.4	34.3	35.3	38.9	43.3	41.0	27.5	30.1	36.9	39.0	37.3	35.2	31.5	34.8	40.7	36.2	31.1	34.8	41.2	41.7
PTLRT 19									34.6	40.1	32.0	29.3	33.4	29.9	27.2	30.8	29.3	33.0	37.0	35.6	30.8	30.8	38.7	27.4	27.5	31.5	31.7	26.2	41.0	34.6	31.5	32.4
PTLRT 20										30.8	75.5	30.2	50.6	56.9	54.4	65.4	41.0	49.1	31.5	32.8	36.9	36.9	38.9	56.1	31.9	56.6	51.8	55.4	31.1	94.2	52.0	49.1
PTLRT 21											31.8	27.8	33.8	29.7	29.9	30.8	28.7	33.0	35.9	45.9	31.9	31.5	31.9	29.0	28.5	29.9	30.6	30.2	71.5	30.6	30.2	35.7
PTLRT 22												31.3	49.6	56.1	55.2	61.6	41.5	48.4	30.2	30.2	36.6	36.9	36.6	54.0	32.9	57.1	49.4	56.6	30.6	76.3	49.9	47.0
PTLRT 23													30.3	28.0	29.3	30.7	28.9	29.4	26.3	26.1	29.3	30.0	29.3	29.3	30.3	30.3	31.1	29.6	26.3	29.6	31.4	30.5
PTLRT 24														44.3	46.8	52.1	46.1	69.3	31.3	33.5	49.2	39.0	40.8	46.7	33.3	44.3	64.8	47.9	33.8	50.8	65.0	70.2
PTLRT 25															65.0	36.7	45.3	32.2	32.5	32.5	53.3	37.3	34.5	66.2	29.8	67.2	44.6	65.5	29.2	58.0	44.6	44.8
PTLRT 26																54.7	40.0	48.0	29.2	54.7	54.7	36.4	35.6	74.4	32.8	72.6	49.9	93.0	28.9	55.2	47.9	46.1
PTLRT 27																	39.6	51.6	30.6	32.3	80.4	39.4	35.8	55.7	35.5	56.3	50.3	57.1	30.4	65.9	49.7	48.7
PTLRT 28																		45.5	31.8	31.8	37.9	37.6	35.8	37.4	32.3	37.9	45.8	49.2	28.7	72.2	44.6	44.9
PTLRT 29																			28.9	32.8	49.9	36.8	37.3	46.5	32.2	47.3	72.7	47.3	32.0	50.4	72.2	67.4
PTLRT 30																				52.9	29.6	30.5	32.6	29.9	25.7	29.1	28.5	29.8	38.5	32.0	29.4	29.2
PTLRT 31																					30.4	30.3	33.5	31.8	28.2	31.3	30.8	33.3	49.0	32.1	31.3	31.3

续表

编号 No.	PTLRT																															
	12	13	14	15	16	17	18	19	20	21	22	23	24	25	26	27	28	29	30	31	32	01	02	03	04	05	06	07	08	09	10	11
PTLRT 32																						38.5	36.8	53.3	32.4	54.7	49.6	57.1	29.4	63.5	49.6	49.2
PTLRT 01																							36.9	35.5	30.1	34.3	35.9	36.1	29.5	31.9	35.5	36.1
PTLRT 02																								36.8	32.1	34.5	36.5	35.8	34.0	39.4	36.3	38.2
PTLRT 03																									30.5	80.1	46.8	74.4	27.7	56.4	44.9	46.5
PTLRT 04																										31.0	30.4	32.2	27.5	32.4	30.2	31.2
PTLRT 05																											46.3	73.8	27.5	57.3	44.9	46.5
PTLRT 06																												51.5	28.0	52.3	92.3	66.7
PTLRT 07																													29.2	55.9	50.3	47.0
PTLRT 08																														31.6	28.5	34.9
PTLRT 09																															51.6	50.8
PTLRT 10																																66.4
PTLRT 11																																

5. 牡丹 LINE 类反转录转座子 RT 氨基酸序列分析

将得到的 32 条 RT 序列翻译成氨基酸序列（图 12-15），在第 18 氨基酸序列处有一个共同的甘氨酸（Gly），推测此氨基酸位点可能是 LINE 类牡丹反转录转座子 RT 序列中一个非常保守的位点，另外，在第 138 位点处也表现出一个半保守的赖氨酸位点（Lys）。32 条序列发生终止密码子突变的频率较高，其中 PTLRT03、PTLRT19 和 PTLRT27 有 5 个，PTLRT07、PTLRT22 和 PTLRT26 有 6 个，PTLRT14 和 PTLRT32 有 7 个终止密码子突变位点，其余均有 9 个及以上突变位点，因此推

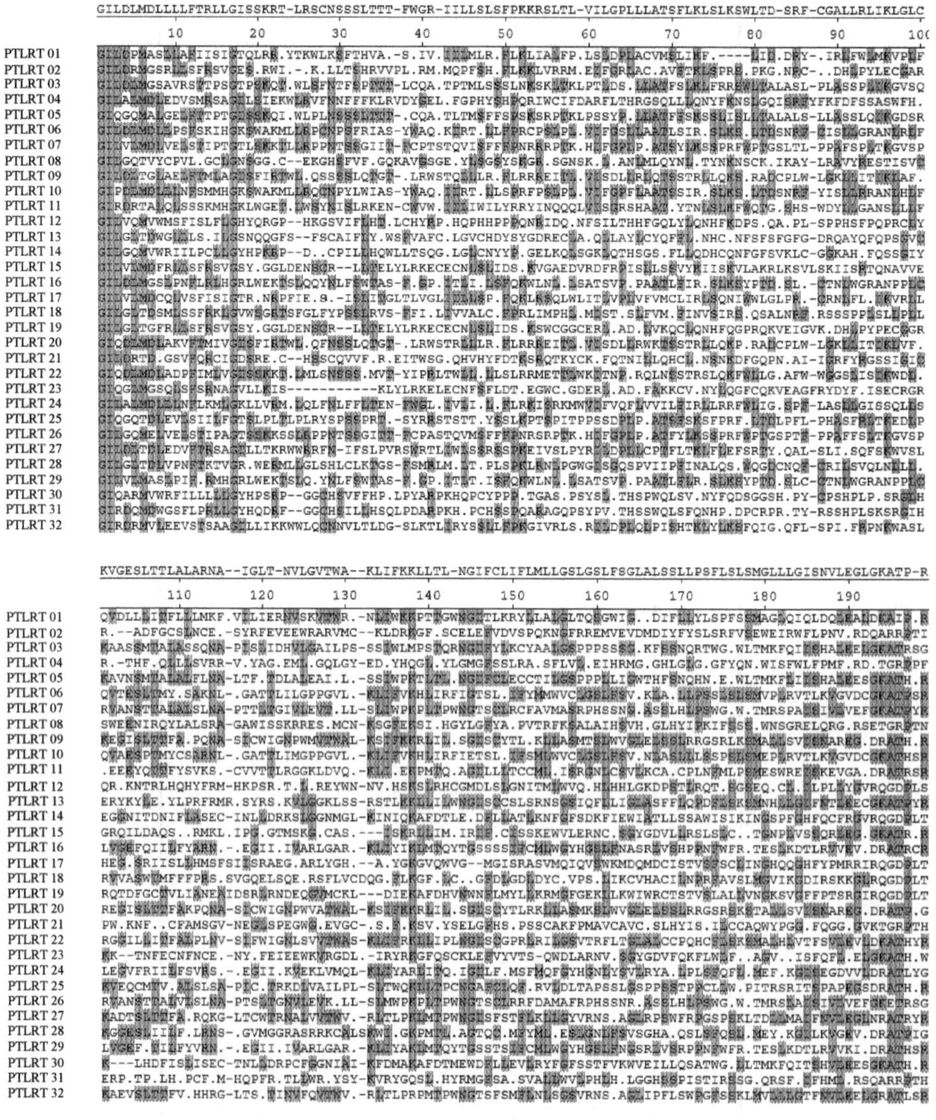

图 12-15 牡丹 LINE 类反转录转座子 RT 氨基酸序列比较

断，氨基酸点突变和终止密码子突变可能是导致牡丹反转录转座子 LINE 异质性的重要原因。另外，此 32 条序列表现出很高的不保守性，发生了大量的移码突变，表明移码突变也是导致牡丹反转录转座子 LINE 异质性的主要原因之一。

五、牡丹 LINE 类反转录转座子 RT 序列聚类分析

1. 牡丹 LINE 类反转录转座子 RT 序列聚类分析

利用 DNAStar 对分离得到的 32 条 LINE 类牡丹反转录转座子 RT 序列进行聚类分析，构建牡丹中 LINE 类反转录转座子 RT 序列的系统发育进化树（图 12-16），从而明确所获得的 LINE 类牡丹反转录转座子 RT 序列间的相互关系。

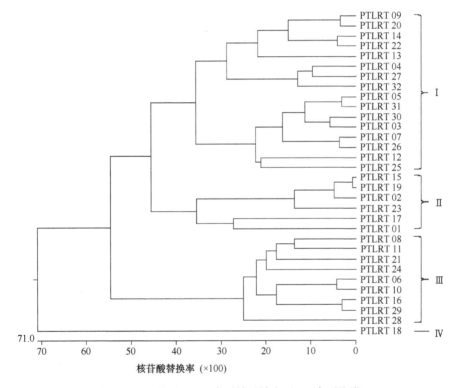

图 12-16　牡丹 LINE 类反转录转座子 RT 序列聚类

经 Clustal W 比对后将这 32 条 RT 序列分成 I～IV 4 家族，每组代表遗传距离比较近的遗传家族。IV 家族只含有一条序列 PTLRT18，其序列长度为 593 bp，与其余家族的遗传距离较大，这可能是核苷酸序列间碱基的缺失突变造成的。家族 I、II、III 分别有 16 条、6 条和 9 条序列，其中家族 I 和家族 III 分别占所分离出总序列数的 50% 和 28%，这两个家族是克隆所得到的牡丹 LINE 类反转录转座子 RT 序列的主要成分。家族 I 中 16 条序列的相似性为 71.55%，核苷酸序列长度比

较一致，同时表现出一定程度上的碱基替换、点突变和缺失突变导致的差异性。另外家族 I 可以分为两个亚家族，两个亚家族的一致性分别为 78.16%和 82.87%，这可能是两个亚家族在进化过程中一类反转录转座子发生突变等造成。家族 II 的 6 条序列的一致性为 77.89%，其中表现有碱基替换、点突变和缺失突变。家族 III 的 9 条序列的一致性为 78.16%，同样表现有碱基替换、点突变和缺失突变。可见碱基替换、点突变或缺失突变都可能是同一家族的反转录转座子产生多拷贝群的原因（Wang *et al.*，2010）。

2. 系统进化树分析

将本研究中从牡丹中克隆的 32 条 LINE 类牡丹反转录转座子 RT 序列，与从 GenBank 中搜索已登录的不同物种来源的反转录转座子 LINE 中 RT 的氨基酸序列进行比较，并构建系统进化树（图 12-17）进行分析。克隆得到的牡丹 LINE 类反

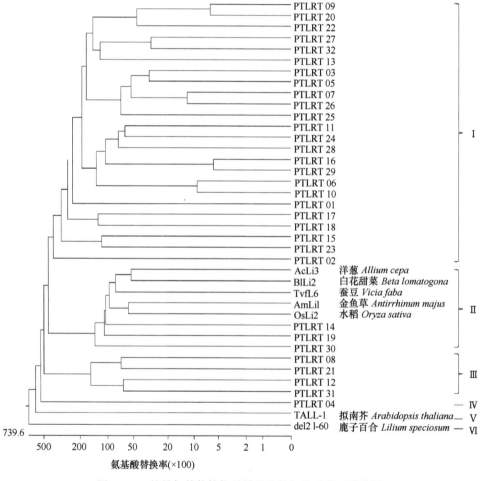

图 12-17　牡丹与其他植物反转录酶的氨基酸序列进化树

转录转座子 RT 序列聚类比较集中，其中家族 I、III 和 IV 全为 LINE 类牡丹反转录转座子 RT 序列，其中 75%的牡丹 LINE 类反转录转座子 RT 序列聚类在家族 I 中，表明 LINE 类牡丹反转录转座子 RT 序列具有较高的同源性；同样，与拟南芥（*Arabidopsis thaliana*）和鹿子百合（*Lilium speciosum*）遗传距离较远，具有一定的保守性。PTLRT14、PTLRT19 和 PTLRT30 此 3 条牡丹 LINE 类反转录转座子 RT 序列与洋葱（*Allium cepa*）、白花甜菜（*Beta lomatogona*）、蚕豆（*Vicia faba*）、金鱼草（*Antirrhinum majus*）和水稻（*Oryza sativa*）遗传距离较近，聚在家族 II 中，说明它们具有较高的同源性。反转录转座子作为基因组的重要组成部分，在生物中广泛存在，它不仅可以在物种内纵向传递，而且可以在物种间进行横向传递，由此推断可能在牡丹的进化历史上与这几个物种的 LINE 类反转录转座子 RT 序列间存在横向传递的现象。

六、讨论

本研究首次利用 LINE 类牡丹反转录转座子 RT 序列的简并引物采用 PCR 技术从洛阳红中扩增分离出牡丹相应的 RT 序列，长度为 547～593 bp。

反转录转座子广泛存在于真核生物中，对基因组的大小、结构、功能和进化都具有重要的作用，近年来已经成为基因克隆、生物多样性及系统发育进化研究的重要工具。反转录转座子在种内和种间表现出较高的序列差异性和丰富的插入多态性，因此在长期的进化过程中，反转录转座子形成了高度异质群体。本研究分离的 32 条 LINE 类牡丹反转录转座子 RT 序列在长度、碱基同源性、碱基变化上存在较大的异质性，经过对序列特征的深入分析表明碱基替换、定点或缺失突变可能是造成牡丹反转录转座子异质性的重要原因，这与 Woodrow 等（2012）在其他植物中的研究结果一致。

对本研究分离出的 LINE 类牡丹反转录转座子 RT 序列的系统聚类分析可将它们分为 4 个家族，不同家族里含有的反转录酶序列数量不同，反映了不同家族反转录转座子的转录过程存在差异，其存在的历史地位也可能不同，对牡丹基因组进化的作用也可能各异。将 32 条 LINE 类牡丹反转录转座子 RT 序列翻译为氨基酸后，发现在第 18 氨基酸序列处它们有一个共同的非常保守的甘氨酸（Gly）位点，在第 138 位点处也表现出一个半保守的赖氨酸位点（Lys）；而在其他多处位点的氨基酸序列表现出很大的差异性，这可能是在进化的过程中发生氨基酸突变而形成。32 条序列均发生较多的终止密码子突变和移码突变。这也反映了在牡丹进化的过程中其存在的历史地位也可能不同。

将本研究中从牡丹中克隆的 32 条 LINE 类反转录转座子 RT 序列与其他物种的反转录转座子 LINE 中 RT 序列比较，并构建系统进化树。由聚类图可知牡丹的反转录转座子 LINE 中 RT 序列聚类比较集中，说明其具有一定的保守性；同样，部分序列与洋葱、白花甜菜、蚕豆、金鱼草和水稻遗传距离较近，说明它们具有一定的同源性。推测在牡丹的进化历史上可能与这几个物种的 LINE 类反转录转座子 RT 序列存在物种间的横向传递。

本研究分离出 LINE 类牡丹反转录转座子 RT 序列，对进一步基于其开发出一种新型分子标记具有重要意义。

第四节　植物 LTR 类反转录转座子序列分析方法

利用生物信息学软件对新测定的 LTR 类反转录转座子序列进行比对分析，通过数据库搜索，便可找出具有一定相似性的同源序列，以推测该序列可能属于哪个基因家族，具有哪些生物学功能；也可对多条新测定的 LTR 类反转录转座子序列进行比对，找出序列之间共同的区域，同时辨别序列之间的差异，结合保守序列及其结构特点预测 LTR 类反转录转座子中 LTR 序列或其他目的序列。另外，经过多序列比对，可以发现 LTR 类反转录转座子序列保守与变异部分，构建进化树后，可简明地获得生物进化历程和亲缘关系。因此 LTR 类反转录转座子序列的比对在生物信息学分析方法中具有重要的应用价值。

对 LTR 类反转录转座子序列的生物信息学分析软件大致可分为 LTR 类反转录转座子序列比对软件和 LTR 类反转录转座子序列识别鉴定软件两类。对序列进行生物信息学分析的软件数量众多，特点也各不相同，然而目前还没有一套完整对其序列分析的方法概论。本节针对软件不同特点，阐述软件基本使用方法，比较分析此类软件的特性及其参数，并总结出一套完整的分析流程，为 LTR 类反转录转座子比对和识别鉴定提供参考，提高分析效率。

一、LTR 类反转录转座子序列的比对软件

序列比对是指将两条或多条序列按照一定规律排列的一种生物信息学分析方法，可确定序列之间相似性从而判定序列之间是否具有同源性，探索生物序列中的功能、结构和进化等信息（杨洁和刘海，2011）。基因组中新测定的 LTR 类反转录转座子序列，在长度、种类和特点等方面往往存在较大差异，且同种类 LTR 类反转录转座子也具有高异质性（Vershinin and Ellis，1999），给后续工作带来许多麻烦。生物信息学软件可以对序列进行比对分析，描述一组序列之间的相似性关系，以便了解一个基因家族的基本特征，寻找 motif、保守区域等，也可描述一个同源基因之间的亲缘关系的远近，应用到分子进化分析中。另外，可以构建 profile、打分矩阵等，对生物信息学研究具有非常重要的理论和实践意义（唐玉荣，2003）。比对软件可将 LTR 类反转录转座子在数据库中在线比对，可获得相似性、最大得分和序列覆盖率等数据，如 BLAST 可对 LTR 类反转录转座子进行类似性或同源性检索

（Johnson *et al.*，2008）。Clustal W、DNAStar 等软件可对多条 LTR 类反转录转座子序列进行比对。唐益苗等（2005）根据 RT-PCR 方法从小麦基因组中扩增出 51 条反转录转座子反转录酶（reverse transcriptase，RT）片段后，使用多种生物信息学比对软件对其 RT 序列进行分析。例如，用 Clustal W、DNAStar 软件，将该研究中获得的 51 条和 Matsuoka（1996）报道的共 58 条 RT 序列比对后，构建 UPGMA 系统发育树，将所有序列分为 10 个家族。另外将其中 3 个小麦家族 RT 序列在 GenBank 的 BLAST 中搜索比较，它们与小麦及其近缘属反转录转座子核苷酸序列同源性均在 86% 以下，因此将这 3 个家族认定为家族新成员。生物信息学比对软件不仅能研究遗传家系，而且能发现家族新成员，对生物家族分化和种质资源评价具有重要的应用价值。根据多序列比对结果，结合保守区域和结构特点还可预测和分离 LTR 类反转录转座子部分目的序列，如杜晓云等（2008）利用 DNAStar 推断 Ty1-*copia* 类反转录转座子 RNase H 酶的氨基酸序列，发现从罗田甜柿（*Diospyros kaki* Luotian-tianshi）中扩增出的 31 条序列起始 6 个氨基酸序列完全一致，均为反转录转座子 RNase H 3′端的保守结构域，并用 Clustal W 将序列排序比对，BioEdit 编辑序列，结合 PPT（polypurine tract）、IR（inverted terminal repeat）结构特征和 RNase H（ribonuclease H）基因中保守结构域的综合分析，表明扩增的 31 条 RNase H-LTR 序列结果可靠。然后用 DNAStar 中 Mega 3.0 对 RNase H-LTR 序列构建系统进化树，将 31 条序列分为 10 个家族，对序列同源性和异质性进行类分析讨论。为验证多序列比对方法预测和分离 LTR 类反转录转座子部分目的序列，张曦（2013）参照 Lavrentieva 等（1999）的方法稍作改进，从牡丹基因组中扩增出 47 条序列。根据 PPT 序列结构特点，利用 DNAStar 比对排序，去除重复序列后，成功分离出 18 条两端为目的引物的牡丹 LTR 序列。

　　利用生物信息学软件对 LTR 类反转录转座子序列进行比对，LTR 类反转录转座子序列的比对方法与其他序列比对方法相同，目前应用十分广泛。大部分生物信息学软件都有比对这项功能，也有不少网页提供在线的比对。本节列举了常用的可用于 LTR 类反转录转座子序列比对的软件（表 12-12）。

表 12-12　LTR 类反转录转座子比对软件特性比较

软件名称	运行环境	程序类型	用户图形界面	特点	地址
BLAST	Windows	在线	有	分成 5 个不同的程序，用于序列相似性分析，使用简单，效率高，耗时短	http://blast.ncbi.nlm.nih.gov/Blast.cgi
BLAT	Linux	本地/在线	无	速度快，共线性输出结果简单易读，序列量越大，优势越明显	http://users.soe.ucsc.edu/-kent/ http://genome.ucsc.edu/cgi-bin/hgBlat?command=start
Bioedit	Windows	本地	有	序列编辑器与分析工具软件，功能十分强大，使用十分容易，同时提供比对功能	http://www.bioon.com/Soft/Class1/Class17/200408/190.html

软件名称	运行环境	程序类型	用户图形界面	特点	地址
Clustal W	Linux/Windows	本地/在线	有	用于多序列比对,证明序列间的同源性,还可以绘制进化树	http://www.clustal.org/download/current/ http://www.ebi.ac.uk/Tools/msa/clustalw2/
DNA STAR	Windows	本地	有	共有 7 个小程序,其中Megalign 比对方法和Clustal W 类似	http://www.dnastar.com
DNAMAN	Windows	本地	有	高度集成化的分子生物学应用软件,可以两序列或多序列比对,也可用软件在数据库比对	http://www.lynnon.com/
Fasta	Linux/Windows	本地	有	第一个广泛使用的数据库相似性搜索的程序,但比较耗时	http://en.wikipedia.org/wiki/FASTA
HMMer	Linux	本地/在线	无	可从序列数据库中查找同源序列,可对新基因功能进行鉴定,比 BLAST灵敏度高,搜索速度快,但远没有 BLAST 普及	http://hmmer.org/

二、LTR 类反转录转座子序列的识别鉴定软件

LTR 类反转录转座子识别鉴定软件可以通过输入原序列,利用软件分析鉴定转座子类型、结构和身份。基于从头算起的软件还可从没有注释过的全基因组中预测 LTR 类反转录转座子序列全长,并有机会发现新的 LTR 类反转录转座子。

对于 LTR 类反转录转座子序列的识别鉴定软件,按原理可大致分为 4 类,从头算起法(de novo repeat discovery)、比较基因组学法(comparative genomic methods)、同源搜索法(homology-based methods)和结构基础法(Structure-based methods),另外还有许多基于其他原理鉴定转座子的软件。LTR-STRUC 是一种新型数据分析软件,基于从头算起法,并根据 LTR 类反转录转座子的结构特征,从全基因组上预测 LTR 类反转录转座子的位置和结构。例如,Mccarthy 和 McDonald(2003)使用 LTR-STRUC 在水稻基因组中分析了 LTR 类反转录转座子。Marsano 和 Caizzi(2005)使用 LTR-STRUC 对蚊子(*Anopheles gambiae*)全基因组序列进行分析,推测出 1179 条反转录转座子序列,结合其他方法后注释出 67 条 LTR 类反转录转座子。另外,基于从头算起法的软件还有 LTR-par、MGEScan-LTR 和 PILER(Massimiliano and Ruggiero,2005)等。类似研究有 Rho 等(2010)利用 MGEScan-LTR 软件在水蚤全基因组中进行 LTR 类反转录

转座子预测，鉴定出142个家族共333个LTR类反转录转座子。Xu和Wang（2007）开发的LTR-FINDER借鉴LTR_STRUC和LTR_par模型，开发出来更有效率的基于从头算法软件，其可从单个基因组中快速分析，鉴定LTR类反转录转座子一般结构特征的全长转座子模型。LTR-INSERT（Wang et al.，2008）则适用于两个亲缘关系较近的基因组，利用比较基因组方法，准确可靠地鉴定全长LTR类反转录转座子。Wang等（2008）利用LTR-INSERT对亚洲栽培水稻的LTR类反转录转座子进行分析。同源搜索法则是先输入所要搜寻的序列，使用预先准备好的LTR类反转录转座子作为数据库，通过比对找出全长LTR类反转录转座子相关拷贝，再经去除假阳性序列和修正边界等工作，达到对LTR类反转录转座子准确的识别鉴定，ReapeatMasker（Smit et al.，1996）是迄今实现这种算法的较好工具，广泛应用在多物种基因组的鉴定中，而Kramerov和Vassetzky（2005）就是利用RepeatMasker在真核生物基因组中分析了长度较短的反转录转座子。基于结构基础法的软件有SMaRTFinder等（Morgante et al.，2005）。TEclass是基于向量机算法（support vector machine，SVM）的一个在线分类TE的软件。使用者只需输入原始序列数据，则可以对原始序列进行TE类型的鉴定。TEclass对DNA反转录转座子和LTR类反转录转座子序列的鉴定具有高达90%～97%的准确性，而对LINEs和SINEs序列只有75%（Abrusán et al.，2009）。类似LTR类反转录转座子识别鉴定软件的软件还有许多，如Ellinghaus等（2008）开发的LTRharvest等，具体软件及其特性见表12-13。

表 12-13　LTR 类反转录转座子识别鉴定软件特性比较

软件名称	运行环境	程序类型	用户界面图形	特点	地址
LTR_FINDER	Linux	本地	无	基于从头算起法，适用于单个基因组，敏感性高，处理速度快	http://tlife.fudan.edu.cn//ltr.finder
LTR_STRUC	Windows	本地	有	基于从头算起法，并根据转座子结构特征对LTR类反转录转座子进行预测，可发现新家族，但计算耗时	http://www.mcdonaldlab.biology.gatech.edu/ltr-struc.htm
LTR_par	Linux	本地	无	在LTR-STRUC基础上的改进版本	http://www.eecs.wsu.edu/_ananth/software.htm
RepeatMasker	Linux	本地/在线	无	需要预先准备好的数据库作为支持，基于BLAST进行同源比对，发现序列中可能存在的LTR类反转录转座子	http://www.repeatmasker.org/ http://www.repeatmasker.org/cgi-bin/WEBRepeatMasker
SMaRTFinder	Linux/Windows	本地	无	基于结构基础法，检索基因组中结构模型。可发现不完全或退化的LTR类反转录转座子	http://services.appliedgenomics.org/software/smartfinder/

续表

软件名称	运行环境	程序类型	用户界面图形	特点	地址
TE nest	Linux	本地/在线	无	该软件可以注释嵌入 TE 的插入点，利用预先构建的序列数据库来识别 TEs	http://www.plantgdb.org/tool/TE_nest/ http://www.plantgdb.org/cgi-bin/TE_nest/cgi/displayTE.pl
REPuter	Linux	本地	无	基于从头算起法，可以在全基因组中快速预测大量的重复序列	http://bibiserv.techfak.uni-bielefeld.de/reputer/
PILER	Linux	本地	无	基于从头算起法，可对基因组重复序列进行鉴定和分类	http://www.drive5.com/piler/
TE Class	Windows	在线	有	对 TEs 进行分类，使用方便、快捷，但不能分辨 TE 和非转座因子	http://www.compgen.uni-muenster.de/tools/teclass/
RECON	Linux	本地	无	基于从头算起法，可对基因组重复序列进行鉴定	http://eddylab.org/software.html
LTRharvest	Linux	本地	无	基于从头算起法，一种有效灵活识别反转录转座子的软件，支持大型数据的快速计算	http://www.zbh.uni-hamburg.de/forschung/arbeitsgruppe-genominformatik/software/ltrharvest.html
MGEScan-LTR	Linux	本地	无	基于从头算起法，可对基因组 LTR 类反转录转座子进行鉴定	http://darwin.informatics.indiana.edu/cgi-bin/evolution/daphnia_ltr.pl

三、LTR 类反转录转座子分析识别流程

对 LTR 类反转录转座子预测的软件都有各自的特点和优缺点。比对软件可以分析 LTR 类反转录转座子结构、特点、相似性和同源性，以及比对 LTR 类反转录转座子的保守序列，还可结合保守结构域等方法预测 LTR 类反转录转座子部分序列。LTR 类反转录转座子识别鉴定软件中，有的软件可将新测定出的序列输入计算机，通过相似性等原理直接鉴定结果。从头算起法可以从基因组中注释新的 LTR 类反转录转座子家族，然而得到的结果假阳性率较高，对边界的鉴定不是很准确。同源比对法对已知的 LTR 类反转录转座子可有效识别，但不能预测 LTR 类反转录转座子新家族。

新测定的 LTR 类反转录转座子序列，不仅可以利用软件进行比对分析，还可使用某些软件进行直接鉴定，虽使用方便，但合格率低。为了获得最佳的序列分析效果，对杜晓云等（2008）从罗田甜柿分离出的 31 个 RNaseH-LTR 序列进行鉴定，在 31 条原序列中，有 16 条序列被鉴定为 LTR 类反转录转座子，合格率仅为 48.4%，5 条错误地鉴定为 DNA 转座了，2 条错误地鉴定为 LINES，

另外有 8 条鉴定失败。结果显示，虽然 TEclass 预测 LTR 类反转录转座子较为方便，但与杜晓云等（2008）试验结果差异较大，成功率不容乐观。识别鉴定软件中利用 LTR_FINDER、LTR_INSERT 等软件在全基因组中预测 LTR 类反转录转座子的方法，步骤多，操作复杂，且需要全基因组数据库支持，但其合格率很高。若从单个基因组中预测则使用 LTR_FINDER，而两个近缘基因组被提供时，则使用 LTR_INSERT 等基于比较基因组原理的软件。例如，汪浩（2008）分别利用 LTR_FINDER、LTR_par 和 LTR_STRUC 在酿酒酵母基因组上进行测试，结果显示 LTR_FINDER 共找到 52 个转座子模型，其中 50 个与 Kim 等于 1998 年验证的酿酒酵母基因组上的 50 个 LTR 类反转录转座子完全相符合。也就是说，LTR-FINDER 的敏感性为 100%，特异性为 96%，而 LTR-par 和 LTR-STRUC 的敏感性分别为 80% 和 76%，特异性分别为 100% 和 95%。在处理速度上，LTR-FINDER 处理时间远远少于另外两个软件，也保证了 LTR-FINDER 在大规模基因组序列处理上的广泛应用。因此，从全基因组中识别注释序列的方法可大量获得 LTR 类反转录转座子序列。然而经过前两种方法从全基因组中注释出的转座子模型往往假阳性高，再进行全基因组比对注释、同源搜索、修正边界及删除假阳性后，方可达到对基因组全长与非全长 LTR 反转录转座子准确可靠的注释。例如，Cossu 等（2012）首先利用 LTR_FINDER 在毛果杨（*Paeonia trichocarpa*）基因组中预测出 LTR 类反转录转座子模型，再经过 RepeatMasker 软件同源搜索处理后，注释出准确的 LTR 类反转录转座子。利用相近方法的还有许红恩等在 2011 年利用从头算起法和同源搜索法结合的方法在家蚕基因组中共鉴定出了 38 个 LTR 类反转录转座子家族，序列长度占整个基因组的 0.64%，远小于先前预测的 11.8%，其中有 6 个家族为本研究的新发现。上述试验证实，预先用 LTR-FINDER 等软件在全基因组中预测的 LTR 类反转录转座子，修正边界并经过同源搜索法软件进行修饰筛选后，即可更准确地注释 LTR 类反转录转座子。

综合对 LTR 类反转录转座子进行全面和系统的分析注释，即可得到准确的鉴定结果。本节综合了这些软件的使用方法和特点，初步总结出一套完整的 LTR 类反转录转座子分析识别流程，具体如图 12-18 所示。

四、讨论

目前，大部分 LTR 分析比对软件都支持 Windows 的操作环境，并提供在线使用，极大地方便了研究者对软件的使用和对 LTR 类反转录转座子序列的分析。而绝大部分 LTR 类反转录转座子识别鉴定软件则不支持 Windows 平台，多数需要在 Linux 系统下运行，因此，如果使用者能够适应多个操作系统，熟练掌握软件的使用方法，则会节省许多时间，提高科研效率。用户在对 LTR 类反转录转座子进

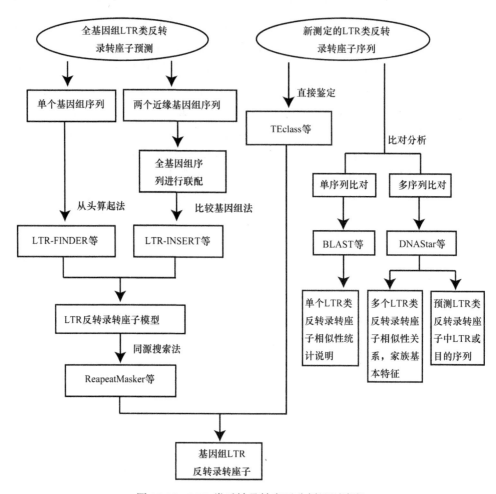

图 12-18　LTR 类反转录转座子分析识别流程

行识别鉴定时，需要根据自己的需求进行软件和方法的选择。为提高结果的可靠度，用户可以使用不同软件、方法对同一数据进行预处理，通过分析比较，选择可靠度评分较高且在不同软件均能识别出目的 LTR 类反转录转座子的基础上，最后得出结论，这也是提高效率的一种有效方法。

　　比对软件可对 LTR 类反转录转座子进行结构、特点和同源性等数据分析，而对 LTR 类反转录转座子序列预测注释则实用性较差。识别鉴定软件可以直接从全基因组注释 LTR 类反转录转座子，但操作较麻烦。因而需要研究者综合大量学术信息，耐心和主观地选择合适的软件和方法，才能得到高质量可靠的 LTR 类反转录转座子。随着公共数据中 LTR 类反转录转座子序列数目的急剧上升，越来越多的软件也将被开发出来，序列比对将更加快捷准确，对 LTR 类反转录转座子进行直接注释和识别的方法将更加方便、快捷和高效并得到更广泛的应用。

第十三章 牡丹序列特异扩增多态性分子标记

第一节 SSAP 分子标记技术概述

SSAP 是在 AFLP 标记基础上发展起来的，其原理和操作与 AFLP 相似，多态性来源于限制性位点及其两侧序列的变异，这点与 AFLP 相同，而 LTR 5′端和反转录转座子插入位点的变异所产生的多态性是 AFLP 所没有的，因此 SSAP 标记方法不仅可以检测插入位点的多态性，还可识别反转录转座子内部变异，在大麦（Waugh et al.，1997）、甘薯（Berenyi et al.，2002）和苹果（Venturi et al.，2006）等作物的研究也表明，SSAP 标记在检测多态性方面比 AFLP 标记具有更大优势。

一、SSAP 分子标记技术原理

SSAP 分子标记技术是基于反转录转座子开发的分子标记技术，其技术原理是通过基因组 DNA 中的反转录转座子序列和限制性内切核酸酶的酶切位点设计引物，对反转录转座子和与其邻近的酶切位点之间 DNA 片段扩增，从而表现出多态性。

反转录转座子广泛存在于植物基因组中，是构成植物基因组的重要组成部分，具有物种间横向传递性及较高的保守性。SSAP 分子标记是基于反转录转座子开发的分子标记技术，因此针对某一物种开发 SSAP 分子标记时必须先进行反转录转座子序列的分离。

目前牡丹的研究上已经开发出 SSAP 分子标记，其采用的是牡丹 LTR 类反转录转座子的 LTR 序列。

牡丹 SSAP 分子标记 LTR 引物的设计可以分为正向和反向两种引物序列。张曦（2013）根据 LTR 序列分别设计了正向引物和反向引物两种引物，同时以限制性内切核酸酶酶切位点设计引物，对牡丹基因组 DNA 进行扩增，并进行多态性分析。扩增结果表明，LTR 正向引物与酶切引物组合整体所扩增出的条带较少，但是正向引物也可扩增出丰富的条带，可能是因为模板 DNA 在酶切位点的变异较丰富或者在 LTR 类反转录转座子内部也有较高的变异。LTR 反向引物与酶切引物组合整体所扩增出的条带较为丰富，因此在设计反转录转座子引物的时候，应根据 LTR 序列设计反向引物，且靠近其 3′端，避免正向引物的设计使特异性结合减少导致扩增结果不理想。另外设计正向引物时，应靠近 LTR 序列 5′端，避免缺少 LTR 内部变异无法检测出来。

二、SSAP 分子标记技术特点

SSAP 分子标记具有基于反转录转座子开发的分子标记技术的大部分优点，同时具有 AFLP 标记技术的优点。其主要技术特点如下。

1）SSAP 分子标记技术最大的优势在于能够覆盖全基因组，提供的信息更丰富。

2）SSAP 分子标记技术是基于反转录转座子开发的分子标记技术，反转录转座子在不同物种间可以进行横向传递，这种传递的结果导致一种物种中的反转录转座子在多种没有必然亲缘关系的物种中广泛存在，因此该分子标记技术在物种间的通用性较好。

3）SSAP 分子标记技术的扩增产物经变性聚丙烯酰胺凝胶电泳检测，分辨率高，采用反转录转座子和限制性核酸内切酶酶切位点设计引物，可靠性高、重复性好。

4）SSAP 分子标记技术对模板 DNA 的质量要求较为严格，DNA 的质量影响酶切、连接扩增反应的顺利进行。

但是开发 SSAP 分子标记技术必须首先获得反转录转座子序列，其技术开发较为复杂。并且其操作过程需要酶切、连接等过程，操作步骤较多，要求操作人员注意每个环节，不能出现操作失误；同时对 DNA 模板浓度要求较高，对 DNA 的提取质量要求也高。

第二节　牡丹种质资源 SSAP 分子标记分析

运用 SSAP 分子标记对牡丹组 9 个野生种和 6 大品种群的 151 个牡丹品种进行了研究，并对牡丹组植物进行了种质鉴定和亲缘关系分析。

一、材料与方法

1. 材料

供试材料为 151 个牡丹样本，其中中原品种、西北品种和江南品种取自中国洛阳国家牡丹基因库，日本品种、美国品种和法国品种取自洛阳国际牡丹园，野生种则取自甘肃省林业科学技术推广总站（表 13-1）。

采用改良的 CTAB 法从每一个牡丹品种完全伸展的真叶中提取基因组 DNA。基因的完整性和质量用紫外分光光度法和 1.0%（m/V）的琼脂糖凝胶（$0.5 \times$ TBE buffer）检验，保存于−20℃。

反转录转座子引物为自主开发设计。是通过 hiTAIL-PCR、抑制 PCR 及复性控制引物 3 种技术方法从供试材料中分离出 LTR 类反转录转座子的 LTR 序列，共

表 13-1　本研究所用牡丹品种一览表

编号	品种	来源	花色（系）	花型	编号	品种	来源	花色（系）	花型
1	狭叶牡丹	野生	红色	单瓣型	27	瑞农	美国	黄色	单瓣型
2	中甸黄牡丹	野生	黄色	单瓣型	28	银百合	西北	白色	皇冠或绣球型
3	神农架卵叶牡丹	野生	白色	荷花型	29	金鸮	法国	金黄色	绣球型
4	中乡黄牡丹	野生	黄色	绣球型	30	金阳	法国	金黄色	蔷薇型
5	保康卵叶牡丹	野生	白色	单瓣型	31	魏紫	中原	紫色	皇冠型
6	矮牡丹	野生	白色	单瓣型	32	金晃	法国	金黄色	蔷薇台阁型
7	德钦黄牡丹	野生	黄色	单瓣型	33	花王	日本	红色	蔷薇型
8	林芝黄牡丹	野生	黄色	单瓣型	34	五大洲	日本	白色	荷花型
9	临洮紫斑牡丹	野生	紫色	绣球型	35	奥运圣火	西北	紫色	台阁型
10	舟曲紫斑牡丹	野生	紫色	绣球型	36	玉瓣绣球	西北	白色	绣球型
11	哈拉村黄牡丹	野生	黄色	单瓣型	37	皇嘉门	日本	紫色	菊花型
12	保康紫斑牡丹	野生	紫色	托柱型	38	黄花魁	中原	黄色	单瓣或荷花型
13	党州紫斑牡丹	野生	紫色	单瓣型	39	中国龙	美国	深红色	单瓣型
14	汤堆黄牡丹	野生	黄色	绣球型	40	胡红	中原	红色	皇冠型
15	大花黄牡丹	野生	黄色	绣球型	41	连鹤	日本	白色	菊花型
16	紫牡丹	野生	紫红色	荷花型	42	盛宴	美国	红色	菊花型
17	文县紫斑牡丹	野生	紫色	单瓣型	43	洛阳红	中原	紫红色	蔷薇型
18	格咱黄牡丹	野生	黄色	单瓣型	44	花镜	日本	粉色	蔷薇型
19	四川牡丹	野生	红色	单瓣型	45	西施	江南	粉色	菊花台阁型
20	子午岭紫斑牡丹	野生	白色	单瓣型	46	鸡爪红	中原	红色	皇冠型
21	杨山牡丹	野生	红色	台阁型	47	金谷春晴	中原	蓝色	皇冠型
22	海黄	美国	黄色	菊花型	48	乌龙捧盛	中原	紫红色	楼子台阁型
23	黑海盗	美国	墨紫色	荷花型	49	胭脂图	中原	红色	荷花型
24	天香湛露	中原	粉色	皇冠型	50	红冠玉带	西北	红色	皇冠型
25	金阁	法国	复色	台阁型	51	肉芙蓉	中原	粉色	菊花型
26	五洲红	中原	紫红色	蔷薇型	52	银红巧对	中原	粉色	菊花型

续表

编号	品种	来源	花色（系）	花型
53	桃红献媚	中原	粉色	楼子台阁型
54	金岛	美国	金黄色	菊花型
55	蓝海碧波	中原	蓝色	金环型
56	虞姬艳装	中原	红色	菊花型
57	寿星红	中原	紫红色	蔷薇型
58	小胡红	中原	红色	托桂型
59	银鳞碧珠	中原	紫色	皇冠型
60	红灯	中原	紫红色	托桂型
61	迎日红	中原	红色	千层台阁型
62	紫蓝魁	中原	紫色	皇冠型
63	满江红	中原	红色	菊花型
64	紫盘托桂	中原	蓝色	荷花型
65	桃花飞雪	中原	粉色	菊花型
66	丹炉焰	中原	红色	菊花型
67	一品朱衣	中原	红色	菊花型
68	春归华屋	中原	紫红色	台阁型
69	红绣球	中原	红色	绣球型
70	玫瑰红	中原	紫色	蔷薇型
71	茄蓝丹砂	中原	紫色	菊花型
72	紫凤朝阳	中原	紫色	蔷薇型
73	轻罗	江南	紫红色	菊花或蔷薇型
74	万金富贵	西北	红色	皇冠型
75	豆绿	中原	绿色	皇冠型
76	紫红争艳	中原	紫红色	皇冠型
77	紫玉兰	江南	紫蓝色	荷花型
78	黑花魁	中原	黑色	荷花型
79	朝阳红	中原	红色	蔷薇型
80	珊瑚台	中原	红色	皇冠型
81	芳纪	日本	红色	蔷薇型
82	璎珞宝珠	中原	红色	楼子台阁型
83	小蝴蝶	中原	粉色	荷花型
84	丛中笑	中原	红色	菊花型
85	银粉金鳞	中原	粉色	皇冠型
86	紫金荷	中原	紫色	荷花型
87	盘中取果	中原	紫色	单瓣型
88	昌红	江南	紫红色	蔷薇型
89	红冠玉珠	西北	红色	皇冠型
90	明星	中原	红色	菊花型
91	黑道格拉斯	美国	红色	荷花或蔷薇型
92	青山贯雪	中原	白色	皇冠型
93	葛巾紫	中原	紫色	菊花型
94	万花盛	中原	红色	千层台阁型
95	岛大臣	日本	红色	蔷薇型
96	鲁荷粉	中原	粉色	荷花型
97	呼红	江南	紫红色	蔷薇型
98	白玉	中原	白色	皇冠型
99	霓虹焕彩	中原	粉色	台阁型
100	三变赛玉	中原	白色	托桂型
101	种生红	中原	红色	千层台阁型
102	绿香球	中原	绿色	绣球或皇冠型
103	雀好	江南	紫红色	蔷薇型
104	二乔	中原	复色	蔷薇型

续表

编号	品种	来源	花色（系）	花型
105	牧枝兰	中原	蓝色	皇冠型
106	似荷莲	中原	红色	荷花型
107	酒醉杨妃	中原	紫色	托桂型
108	青龙卧墨池	中原	黑色	蔷薇型
109	金玉交章	中原	白色	皇冠型
110	天然富贵	中原	紫红色	千层台阁型
111	玉兰飘香	中原	白色	单瓣型
112	映金红	中原	紫红色	蔷薇或菊花型
113	粉娥娇	中原	蓝色	荷花型
114	蓝田玉	中原	蓝色	皇冠型
115	雨后风光	西北	蓝色	蔷薇型
116	玉狮子	西北	白色	托桂型
117	盛丹炉	中原	粉色	楼子台阁型
118	俊艳红	中原	紫色	千层台阁型
119	姚黄	中原	黄色	金环或皇冠型
120	洋实艳	中原	粉色	皇冠型
121	罗汉红	中原	红色	荷花或皇冠型
122	韶袍红	中原	紫色	蔷薇型
123	红莲	西北	红色	单瓣型
124	红霞争辉	中原	紫红色	蔷薇或菊花型
125	佛门裂袋	西北	红色	菊花型
126	冰山翡翠	中原	白色	绣球型
127	首案红	中原	紫红色	皇冠型
128	状元红	中原	紫红色	皇冠型
129	玫瑰紫	中原	紫色	蔷薇型
130	岛锦	日本	复色	蔷薇型
131	平湖秋月	中原	复色	皇冠型
132	户川寒	日本	红色	单瓣型
133	彩蝶	中原	复色	荷花型
134	百花妒	中原	红色	托桂型
135	公主	美国	乳黄色	单瓣型
136	藏枝红	中原	紫红色	皇冠型
137	西瓜瓤	中原	红色	皇冠型
138	四旋	江南	紫红色	蔷薇型
139	玉楼点翠	中原	白色	皇冠型
140	紫斑白	中原	白色	荷花型
141	罂粟红	中原	紫红色	荷花型
142	粉荷飘红	中原	粉色	单瓣型
143	秀丽红	中原	紫红色	菊花型
144	寒樱狮子	日本	粉色	菊花型
145	红霞迎日	中原	紫红色	蔷薇型
146	十八号	中原	红色	千层台阁型
147	佛前水	日本	红色	菊花型
148	罗马金	美国	金黄色	荷花型
149	黑海金龙	中原	黑色	荷花型
150	蓝芙蓉	中原	蓝色	千层台阁型
151	春红娇艳	中原	红色	菊花型

根据 8 条 LTR 序列设计出 8 条反转录转座子引物，其中，6 条反向引物，2 条正向引物。其中包括 *Mse* I 和 *Eco*R I 两种限制性内切核酸酶、*Mse* I 和 *Eco*R I 两种接头引物、预扩增引物 2 种及选择性扩增引物 7 种，选择性扩增引物包括 5 种 *Mse* I 选择性扩增引物和 2 种 *Eco*R I 选择性扩增引物，所有引物见表 13-2。

表 13-2　SSAP 试验中所用引物

引物 名称	引物序列（5'→3'）	复性 温度/℃	GC /%	登录号	方向	备注
PLTR1	GTGGTGGTTCATAGGTATTGTT	53.6	40.9	KC519444	反向引物	反转录转座子引物
PLTR2	CTGAAGTCACTGTCACCGAAG	55.3	52.4	KC519450	反向引物	反转录转座子引物
PLTR3	GCAATAGAAGCGTTACAGACAA	55.6	40.9	KC519454	反向引物	反转录转座子引物
PLTR4	ATAAGCGACTTCTCCAATCC	53.7	45	KC519459	反向引物	反转录转座子引物
PLTR5	ATCTTGTGGTGAAATGGGAC	54.2	45	KC519460	反向引物	反转录转座子引物
PLTR6	AACAAACCCAGATTCAGACG	54.8	45	KC519464	反向引物	反转录转座子引物
PLTR7	CTTCAGCCCTGTAACCAACA	56	50	KC519444	正向引物	反转录转座子引物
PLTR8	CAAGTCTGAGGAAGAACACGAG	55.7	50	KC519455	正向引物	反转录转座子引物
Mzx5	GACGATGAGTCCTGAG					*Mse* I 5'端接头引物
Mzx3	TACTCAGGACTCAT					*Mse* I 3'端接头引物
Ezx5	CTCGTAGACTGCGTACC					*Eco*R I 5'端接头引物
Ezx3	AATTGGTACGCAGTCTAC					*Eco*R I 3'端接头引物
Mzx00	GATGAGTCCTGAGTAAC					*Mse*R I 预扩增引物
Ezx00	GACTGCGTACCAATTCA					*Mse* R I 预扩增引物
Mzx2	GATGAGTCCTGAGTAACAT					*Mse* I 选择性扩增引物
Mzx4	GATGAGTCCTGAGTAACAG					*Mse* I 选择性扩增引物
Mzx6	GATGAGTCCTGAGTAACTT					*Mse* I 选择性扩增引物
Mzx11	GATGAGTCCTGAGTAACCC					*Mse* I 选择性扩增引物
Mzx16	GATGAGTCCTGAGTAACGG					*Mse* I 选择性扩增引物
Ezx12	GACTGCGTACCAATTCACG					*Eco*R I 选择性扩增引物
Ezx15	GACTGCGTACCAATTCAGC					*Eco*R I 选择性扩增引物

2. 方法

SSAP 分子标记技术步骤根据 Wangh 等（1997）方法并稍作修改，首先用 *Eco*R I、*Mse* I 对牡丹基因组 DNA 双酶切，使牡丹基因组 DNA 酶切成小的片段然后用接头进行酶切产物的连接，最后进行预扩增和选择性扩增两轮 PCR 检测牡丹在反转录转座子和酶切位点之间的多态性。

（1）牡丹基因组 DNA 的酶切

利用 NEB（北京）有限公司酶切试剂盒中的 *Mse* I 和 *Eco*R I 限制性内切核酸

酶对牡丹基因组 DNA 进行酶切：20 μl 的酶切反应液成分为浓度为 50 ng/μl 基因组 DNA 5~10 μl，稀释 10 倍后的 NEBuffer 4 2 μl，稀释 100 倍后的 BSA 0.2 μl，*Mse* I（4 U/μl）0.5 μl，*Eco*R I（4 U/μl）0.5 μl，余量为双蒸水。

（2）接头的准备

将 Mzx5、Mzx3 和 Ezx5、Ezx3 接头引物稀释到 50 mmol/L，接头引物各取 25 μl 两两配对混合均匀，将配对混合均匀后的接头引物放到 PCR 中，先在温度为 94℃的条件下反应 1 min，然后在温度为 36℃的条件下反应 5 min，温度慢慢冷却，最后合成 25 μmol/L 的接头引物 *Mse* I 接头和 *Eco*R I 接头。

（3）酶切产物和接头连接

在微量 PCR 离心管内配制 25 μl PCR 反应液，其成分为，牡丹基因组 DNA 酶切产物 8 μl，步骤（2）中的 *Mse* I 接头引物和 *Eco*R I 接头引物各 2.5 μl，T4 DNA 连接酶 3 U，稀释 10 倍后的 Ligation Buffer 2.5 μl，余量用双蒸水补齐至 25 μl，用移液枪枪头将上述反应液吸打，充分混匀，瞬时离心后在温度为 16℃的条件下保存，备用。

（4）连接产物的预扩增

将预扩增引物 Mzx00 和 Ezx00 稀释至 20 μmol/L 后备用，在微量 PCR 离心管配制 25 μl PCR 反应液，其成分为，连接产物 2.5 μl，稀释 10 倍后的 Buffer 2.5 μl，Mg^{2+} 2 mmol/L，dNTPs 0.2 mmol/L，Mzx00 和 Ezx00 两种预扩增引物 0.4 μmol/L，*Taq* DNA 聚合酶 1 U，余量用双蒸水补齐至 25 μl，PCR 扩增产物稀释 20~40 倍后备用。

预扩增 PCR 使用 25 μl 含有 *Taq* DNA 聚合酶和预扩增引物的 PCR 反应体系，具体 PCR 程序为 94℃ 1 min；50℃ 90 s，72℃ 90 s，36 个循环；72℃ 10 min。

（5）选择性扩增反应

将选择性扩增引物和逆转座子引物稀释到 20 μmol/L 后备用，在 20 μl PCR 离心管内配制 25 μl PCR 反应液，其成分为，预扩增 PCR 产物稀释液 5~10 μl，稀释 10 倍后的 Buffer 2.5 μl，Mg^{2+} 2 mmol/L，dNTPs 0.2 mmol/L，选择性扩增引物和逆转座子引物 0.4 μmol/L，*Taq* DNA 聚合酶 1 U，余量用双蒸水补齐至 25 μl。

选择性扩增 PCR 使用 20 μl 含有 *Taq* DNA 聚合酶、反转录转座子引物和选择性扩增引物的 PCR 反应体系，具体 PCR 程序为 94℃ 5 min；94℃ 30 s，68℃ 30 s（-0.7℃/循环），72℃ 1 min 12 个循环，再进行 94℃ 30 s，56℃ 30 s，72℃ 1 min 23 个循环；72℃ 5 min。

3. 引物筛选

试验通过两两配对的方法，使用 41 号连鹤基因组 DNA 作为模板，对 7 个选择性扩增引物和 8 个反转录转座子引物进行初步筛选，方法同上。

4. 数据统计

电泳结果以二元性状（binary character）形式进行数据转换，即用"1"来代表带的存在，用"0"来代表带的不存在，转换得到二元数据，只统计清晰、易于辨认的条带。利用 NTSYS 2.1（Rohlf，1992）软件进行 UPGMA 法聚类。SPSS Version 19（Norusis，2008）进行 Pearson 相关性（r 值）、Jaccard 相似指数和 Euclidean 欧氏距离计算，并根据遗传距离确定各引物组合所能区分的品种数，最后进行遗传图谱的构建。

5. DNA 指纹图谱的构建

利用筛选出的 12 对扩增效果清晰的引物对 151 个牡丹品种进行人工绘制品种鉴别示意图（manual cultivar identification diagram，MCID）方法分析（Beaton et al.，2002）。首先统计某一引物 PCR 扩增的 151 个牡丹品种指纹图谱中，在某一相同电泳迁移率处统计特征带的有无，有特征带的品种和无此特征带的被区分开来，单独具有或者不具有某一特征带的品种可被单独鉴别出来，而具有或者具有相同大小谱带型的品种被分在同一组。然后以此规则使用更多的引物进行逐步鉴别，利用多态性谱带对每一小组的牡丹品种进行鉴定，直到 151 个品种全部被鉴别出来。最后根据每轮鉴别结果人工绘制牡丹品种鉴定图谱，进行指纹图谱的构建，每一步用到的引物及多态谱带大小同时标到 MCID 图中的相应位置。

二、引物筛选

选取条带丰富、清晰且易于辨认的引物组合作为 151 个牡丹品种 SSAP 分子标记试验的引物对。通过筛选试验，挑选 12 对引物，分别是 Mzx4+PLTR2、Ezx12+PLTR3、Ezx12+PLTR1、Ezx15+PLTR4、Ezx15+PLTR3、Ezx15+PLTR2、Mzx2+PLTR3、Mzx16+PLTR7、Mzx16+PLTR6、Mzx4+PLTR8、Mzx11+PLTR7 和 Mzx11+PLTR4。引物筛选结果如图 13-1 所示。

试验共 8 条反转录转座子引物，其中 2 条正向引物。由于 LTR 类反转录转座子内部包含许多保守区域如 Gag、PR、INT、RT、RNase H、PPT、EN 等基因序列，而 LTR 序列（long terminal repeat sequence）具有高异质性，因此当正向引物与模板结合后，向 LTR 类反转录转座子外部扩增，导致扩增结果没有向 LTR 内部扩增的反向引物产生特异性条带多（图 13-2）。

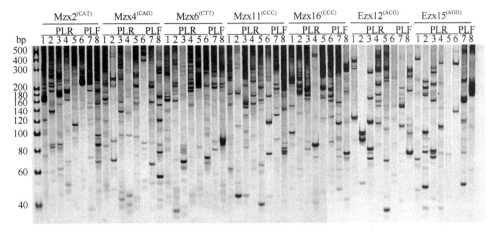

图 13-1 引物筛选

M. DNA Marker DL 2000；1～8. 不同品种牡丹不同引物扩增

图 13-2 正向引物与反向引物扩增的比较

黑色粗线代表 LTR 序列，实线箭头代表反向引物扩增位置及方向，
虚线箭头代表正向引物扩增位置及方向

由图 13-1 可知，除 Mzx16、Mzx4 和 Mzx11 与正向引物结合后产生条带较
丰富外，其余组合均表现较差。引物筛选中 Mzx2 与 PLTR7 和 Mzx4 与 PLTR7
引物组合只能扩增出 11 条可辨认条带，Ezx15 与 PLTR7 仅扩增出 9 条清晰带，
而 Ezx15 与 PLTR8 甚至仅能扩增出 5 条带。正向引物也可扩增出丰富的条带，
可能是因为模板 DNA 在酶切位点的变异较丰富或者在 LTR 类反转录转座子内
部也有较高的变异。由此可知，在设计反转录转座子引物的时候，应根据 LTR
序列设计反向引物，且靠近其 3′端，避免正向引物的设计使特异性结合减少导
致扩增结果不理想。另外，设计正向引物时，应靠近 LTR 序列 5′端。避免缺少
LTR 内部变异无法检测出来。

三、SSAP 多态性分析

12 对引物对 151 个不同牡丹品种共扩增出有效条带 20 446 个，415 个位点其
中多态位点 394 个（多态性比率为 94.94%）。扩增片段集中在 20～500 bp，单对
引物扩增产生 29～48 个条带（平均 35 条条带），多态性比率为 86.21%～100%。
具体 12 对引物扩增的详细多样性信息见表 13-3。每对引物组合均能产生不同的谱
带，同一组合在不同牡丹品种间扩增图谱差异明显。图 13-3 为 Mzx16 和 PLTR7

引物组合的 SSAP 扩增所得的电泳谱带。可见，SSAP 在牡丹种质资源遗传多样性的检测效率很高，且充分体现了该组植物具有丰富的遗传多样性。

表 13-3　不同引物组合 SSAP 扩增牡丹反应的多样性信息统计

选择性扩增引物	反转录座子引物	总扩增带数	多态性带数	多态性比率/%	可区分的品种数	可区分的品种数比例/%	Pearson 相关性平均值
Mzx4（CAG）	PLTR2	38	36	94.74	143	94.70	0.326
Ezx12（ACG）	PLTR3	42	38	90.48	130	86.09	0.486
Ezx12（ACG）	PLTR1	35	35	100	140	93.33	0.329
Ezx15（AGC）	PLTR4	40	39	97.50	131	86.75	0.307
Ezx15（AGC）	PLTR3	48	44	91.67	149	98.68	0.379
Ezx15（AGC）	PLTR2	20	20	100	111	73.51	0.366
Mzx2（CAT）	PLTR3	32	30	93.75	147	97.35	0.444
Mzx16（CGG）	PLTR7	48	46	95.83	147	97.35	0.456
Mzx16（CGG）	PLTR6	25	25	100	149	98.68	0.227
Mzx4（CAG）	PLTR8	29	25	86.21	143	94.70	0.429
Mzx11（CCC）	PLTR7	29	27	93.10	147	97.35	0.229
Mzx11（CCC）	PLTR4	29	29	100	149	98.68	0.252
总计		415	394				
平均		34.58	32.83	94.94			0.353

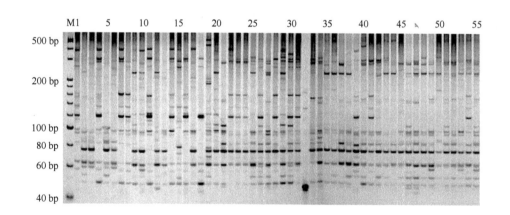

图 13-3　引物组合 Mzx16/PLTR7（CGG）SSAP 扩增谱带
M. DNA Marker；1～55. 对应的牡丹品种见表 13-2

　　另外，由表 13-3 可对引物进行简单的评价，单对 SSAP 引物可以鉴别出 111～149 份牡丹品种，鉴别率为 73.51%～98.68%，其中 Ezx15/PLTR3、Mzx16/PLTR6 和 Mzx11/PLTR4 这 3 组引物组合可以单独对 149 个品种进行鉴别，具有很高的鉴别效率。进一步分析发现，品种鉴别率高的引物对，在具有较高水平的多态性检出率的同时，也具备高水平的 Pearson 相关性值。

应用 SPSS 软件计算 151 份牡丹材料间的 jaccard 相似指数，各样本之间相似指数变化范围为 0.203～0.751，平均 0.391。而用 NTSYS 软件中 similarity 程序组中的 SimQual 计算其相似系数（Coefficient 选择 SM），相似系数变化范围从 0.576～0.899，相似度最高的为呼红和雀好，是两个江南品种；而格咱黄牡丹与小胡红相似系数为 0.614，相似性较低。两种计算方法结果较为一致。

四、SSAP 聚类分析

使用 NTSYS 软件对 151 个供试样本进行 UPGMA 聚类分析，聚类结果如图 13-4 所示。

在相似系数为 0.66 时，151 个牡丹样本聚类为 3 个大组，Cluster 1 和 Cluster 5 样本数较少，各自单独聚为两大组。另外一大组在相似系数 0.7 左右，又可以分为 3 个亚组 Cluster 2、Cluster 3 和 Cluster 4。

由图 13-4 可知，Cluster 1 几个肉质花盘亚组的种类被单独分为一个大组，如图 13-5 所示，其中包含肉质花盘亚组的 4 个野生种，6 个黄牡丹居群均聚类于此，狭叶牡丹、黄牡丹和紫牡丹先相聚，再与大花黄牡丹相聚，说明狭叶牡丹、黄牡丹和紫牡丹具有更近的亲缘关系，属于滇牡丹复合体。

Cluster 5 被单独分为一个组，但其中只有中国龙和金晃两个品种，中国龙为美国品种，而金晃为法国品种，都属于远缘杂交种。法国品种于 1900 年前后由法国园艺学家利用驯化改良的中原品种与引进的黄牡丹杂交的产物，大部分为黄色品种（李嘉珏等，2011）。美国品种在 1920 年以后形成，是将日本牡丹品种与紫牡丹或黄牡丹杂交的产物。这两个品种可能都有黄牡丹及中原牡丹的基因而聚在一起。

Cluster 2 共有 54 份材料，中原品种占一半以上。本试验中除 Cluster 1 中的野生种外，其他革质花盘亚组的野生种都聚类于此亚组。例如，紫斑牡丹共 6 个居群，全部聚类于该亚组中，其中四川牡丹与子午岭紫斑牡丹聚为一小类，后再与其他 5 个紫斑牡丹居群聚在一起。紫斑牡丹分布较广，如甘肃南部、陕西秦岭南北、河南伏牛山和湖北神农架均有分布，而四川牡丹则局限于四川西部，甘肃南部仅有一个居群，两个种在地域分布上有交汇之处。就本研究结果来看，这两个野生种亲缘关系较近。野生种卵叶牡丹和矮牡丹聚为一类，其亲缘关系较近。

Cluster 3 是第二大组中最大的一组聚类，共 77 个品种（图 13-6）。其中中原品种占据了绝大多数并且大部分都聚在一起。该亚组中还含有 3 个美国品种，3 个江南品种，4 个西北品种和 6 个日本品种。美国品种黑道格拉斯在该亚组中单独分为一类，中原品种青山贯雪也单独聚类，表明其遗传关系与其他牡丹品种较

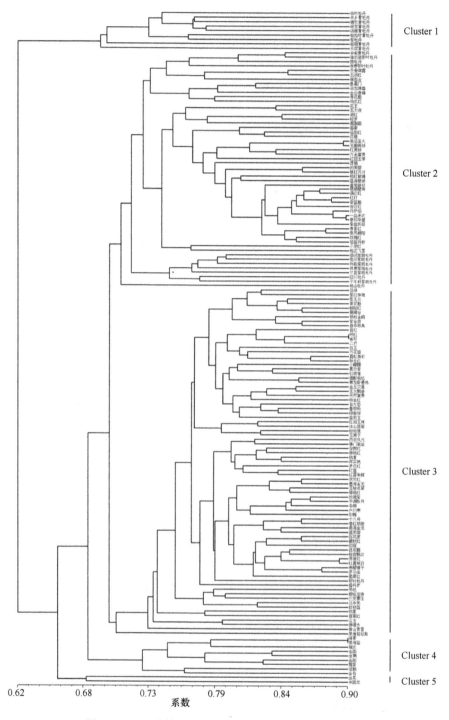

图 13-4　151 份牡丹样本 SSAP 分析的 UPGMA 聚类图

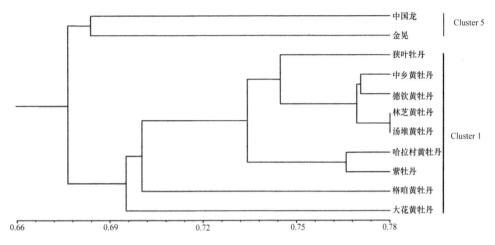

图 13-5　Cluster 1 和 Cluster 5 的 UPGMA 聚类图

远。日本品种芳纪和 6 个中原品种聚为一小类，说明芳纪很可能是日本引种中国中原品种的后代，户川寒和岛锦两个日本品种也和中原品种聚为一小类，另外日本品种岛大臣也与中原品种分为一小类。冰山翡翠、红冠玉珠和玉狮子 3 个西北品种聚在一起，说明这些地域对基因组影响较大，然而西北品种红莲与中原品种聚为一类也说明了红莲很可能是中原品种在引种西北的后代。二乔作为中原品种，与 3 个江南品种聚为一类，呼红、雀好作为江南品种中微紫系列的两个品种，在图中表现出非常相近的遗传关系。

　　Cluster 4 是第二大组中一个小的亚组。其中只有 9 个牡丹品种，其中大部分为国外牡丹（图 13-7）。包括 4 个美国品种，3 个法国品种，日本品种和中原品种各一个。黑海盗和海黄均是 20 世纪四五十年代培育出来的美国品种，图中两者相似度十分高，都聚类在 Cluster 4 中。而中原品种魏紫却归到此聚类中，与法国品种金阳关系较近。表明牡丹组物种间的演化关系非常复杂，不同的基因组反映不同的进化家谱，形态相近的同一种物种可能有不同的演化路径。

　　由此结果可以看出，多数来源地相同的牡丹品种表现出密切的亲缘关系，然而也存在同一来源地的品种没有聚类一组的情况。在供试的牡丹品种中，呼红和雀好作为两个江南品种，其花均为红色，且花型一致，但玫瑰紫与平湖秋月都是中原品种，但花色和花型各异，却在基因型上表现出较高的相似度。西北牡丹冰山翡翠、红冠玉珠在花型花色方面也不一样，却聚为一类，这种现象可以说明花型花色等表面性状与聚类结果有一定联系，但多数聚类结果与这些性状并未有一致的相关性，而聚类结果与地域分布和进化远近有较高的符合度。

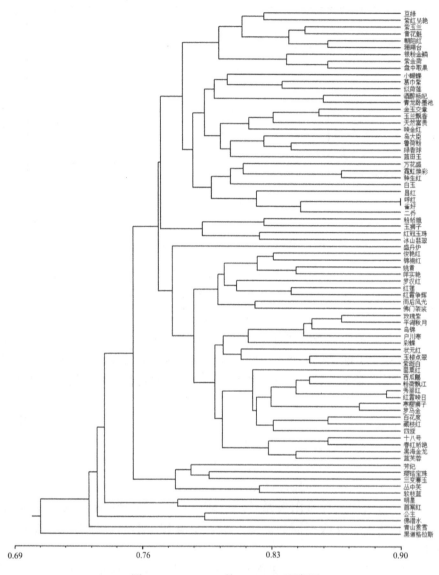

图 13-6　Cluster 3 的 UPGMA 聚类图

五、DNA 指纹图谱构建

用引物 Mzx4 和 PLTR2 的组合扩增出的 82 bp 和 70 bp 两条特异性谱带将 151 个品种分成 4 组，其中具有特异性条带的用（+）表示，无特异性条带的用（−）表示。第一组为 82（+）、70（+）111 个牡丹样本，分别是狭叶牡丹、中甸黄牡丹、保康卵叶牡丹、矮牡丹、德钦黄牡丹、林芝黄牡丹、临洮紫斑牡丹、保康紫斑牡

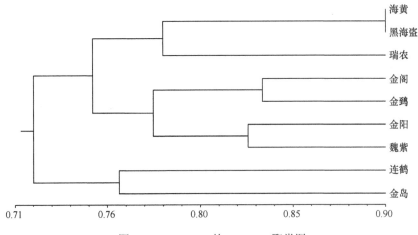

图 13-7　Cluster 4 的 UPGMA 聚类图

丹、汤堆黄牡丹、四川牡丹、子午岭紫斑牡丹、杨山牡丹、海黄、黑海盗、天香
湛露、五洲红、瑞农、银百合、金鸮、金阳、魏紫、花王、奥运圣火、黄嘉门、
中国龙、盛宴、洛阳红、花镜、鸡爪红、乌龙捧盛、金岛、虞姬艳装、寿星红、
小胡红、银鳞碧珠、红灯、迎日红、紫蓝魁、紫盘托桂、桃花飞雪、丹炉焰、一
品朱衣、红绣球、玫瑰红、茄蓝丹砂、紫凤朝阳、豆绿、紫红呈艳、紫玉兰、黑
花魁、朝阳红、珊瑚台、芳纪、璎珞宝珠、小蝴蝶、丛中笑、银粉金鳞、紫金荷、
盘中取果、黑道格拉丝、青山贯雪、葛巾紫、万花盛、岛大臣、鲁荷粉、白玉、
霓虹焕彩、三变赛玉、种生红、绿香球、软枝兰、似荷莲、酒醉杨妃、青龙卧墨、
金玉交章、天然富贵、玉兰飘香、映金红、蓝田玉、雨后风光、玉狮子、俊艳红、
萍实艳、罗汉红、锦袍红、红霞争辉、佛门袈裟、首案红、玫瑰紫、紫斑白、秀
丽红、粉荷飘江、寒樱狮子、红霞迎日、十八号、佛前水、罗马金、黑海金龙、
蓝芙蓉、春红娇艳。第二组为 82（+）、70（−）32 个牡丹样本，分别神农架卵叶、
中乡黄、哈拉村黄、格咱黄、金阁、五大洲、玉瓣绣球、胡红、西施、金谷春晴、
胭脂图、红冠玉带、肉芙蓉、银红巧对、桃红献媚、蓝海碧波、满江红、春归华
屋、轻罗、万金富贵、璎珞宝珠、昌红、红冠玉珠、呼红、雀好、粉娥娇、盛丹
炉、姚黄、红莲、冰山翡翠、状元红、罂粟红。第三组和第四组各有 4 个牡丹样
本，第三组包括舟曲紫斑、党川紫斑、连鹤、二乔，第四组包括大花黄、紫牡丹、
文县紫斑、金晃，扩增谱带为 82（+）、70（−）和 82（−）和 82（+）。通过 MCID
方法，可以充分且直观地反映出 4 对 SSAP 引物鉴别 151 个牡丹品种的图谱关系，
如图 13-8 所示，其中 M 代表 Mzx 引物，E 代表 Ezx 引物，而 P 代表 PLTR 引物。

　　SSAP 引物对牡丹基因组 DNA 扩增的谱带十分丰富，因此具有较强的鉴别能
力。一组、二组和 4 组品种只在 Mzx4 和 PLTR2 与 Ezx12 和 PLTR3 两对引物扩增下
便一一区分；三组品种则在 Mzx4 和 PLTR2、Ezx12 和 PLTR3、Ezx12 和 PLTR1 与

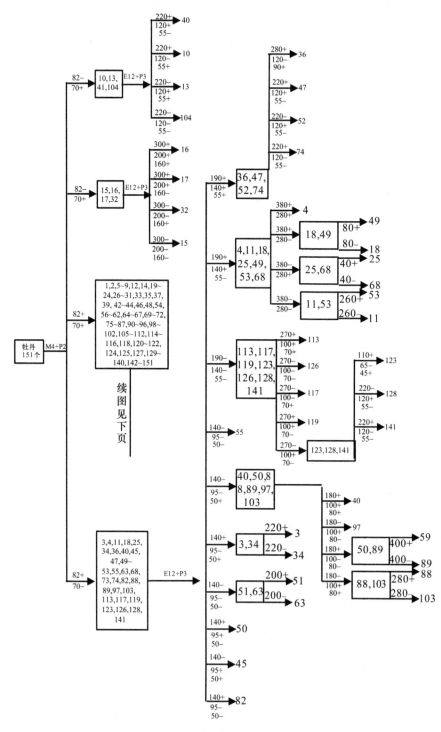

图 13-8 4 对 SSAP 引物鉴别区分 151 个牡丹样本 MCID 示意图

样本编号同表 13-1；有特异性谱带的用（＋）表示；无特异性谱带的用（－）表示

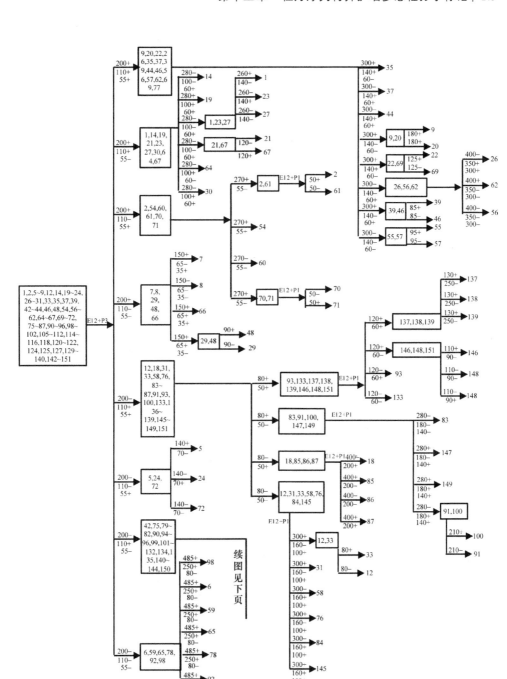

图 13-8　4 对 SSAP 引物鉴别区分 151 个牡丹样本 MCID 示意图（续）

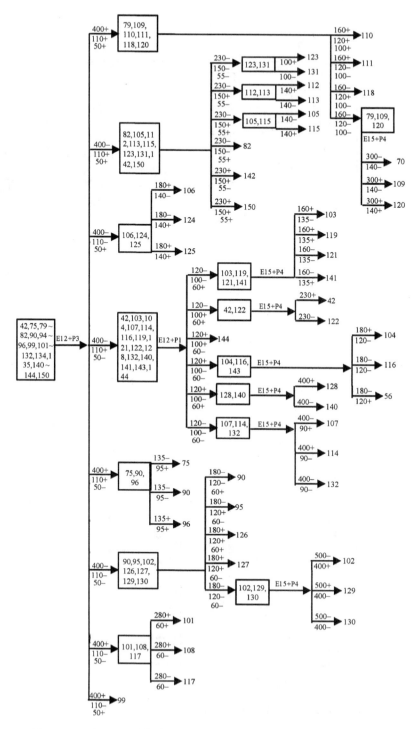

图 13-8　4 对 SSAP 引物鉴别区分 151 个牡丹样本 MCID 示意图（续）

Ezx12 和 PLTR3 4 对引物扩增下便一一区分。以第四组 32 个品种为例，区分过程如图 13-8 所示。首先由引物 Ezx12 和 PLTR13 扩增的 190 bp、140 bp 和 55 bp 3 条特异性条带的有无分为 3 个亚组，3 个亚组包括 18 个品种，又分别在该对引物的其他特异性条带的区别下一一鉴别出来。由该引物 140 bp、95 bp 和 50 bp 3 条特异性条带的有无，可以直接鉴定出 4 个不同牡丹品种，另外的又分为 3 个亚组，并在该引物之后的特异性条带一一鉴别。32 个品种的鉴定只用了一对 SSAP 引物即 Ezx12 和 PLTR 3，由此可见该分子标记对品种鉴定具有高效性。其他品种的鉴别方法同上。

六、讨论

本研究利用 SSAP 技术对 151 个牡丹种（居群）和品种进行了分子标记分析，得到了 415 条带，其中多态位点 394 个，多态位点占全部条带的 94.94%，丰富的 SSAP 扩增位点表明了在牡丹物种进化过程中，反转录转座子的频繁转座或者插入。利用 SSAP 对牡丹种和品种及遗传背景的检测和差异分析，不仅为牡丹分子标记研究奠定了基础，且为以后探究反转录转座子转座所导致的基因组变异的原理和过程提供了理论依据和方法。本研究设计的 LTR 反转录转座子引物，均具有较高的多态性检出效率，与杜晓云等（2010）在柿属植物上的 SSAP 标记中高鉴别效率引物研究较一致，而与其他标记方法相比，鉴别种类效率均高出许多，表明 SSAP 标记可以较好地应用于牡丹种质资源与亲缘关系的研究。

本研究中 94.94% 的多态性说明牡丹的遗传性丰富，既表明了牡丹组植物历史发展过程的久远性（李嘉珏，1998），同时也反映了在历史进化过程中，产生了丰富的变异。试验中 UPGMA 聚类分析能将来自不同地域的牡丹种和品种较为清晰地分开，说明来源相同的样本在该标记方法中表现出较为密切的亲缘关系，但也存在不同地区种和品种聚类一起的现象，这可能是地区之间的相互引种引起的基因交流或者某些基因在不同品种之间的互相渗入所致。

本研究不仅利用 UPGMA 聚类分析了 151 个牡丹种和品种的亲缘关系，且利用 MCID 技术对 151 个牡丹样本进行了区分鉴定，通过 MCID 将 DNA 指纹图谱转化成大量牡丹品种资源的有效信息。基于 DNA 分子标记的品种鉴定的方法有许多种，且各具优势。例如，张芬等（2011）利用 SRAP 技术研究获得了兰花的清晰 SRAP 指纹图谱，与兰花标准指纹图谱相比较，可明确样品的真实性，从而进行种质的鉴定。Zhang 等（2012b）利用 MCID 方法用 11 个随机引物对 191 个亚欧葡萄进行标记，并构建指纹图谱，在分子水平上准确、快速和方便地将 191 个亚欧葡萄品种区分开来。利用 PCR 扩增获得的 DNA 指纹图谱进行鉴定的方法适合于少数品种的区分鉴定，而利用 NTSYS-pc 等软件可以根据 UPGMA 方法构建聚类树状图，此方法可以鉴定较多的品种，但无法将聚类树状图转化为鉴定品种或植物材料的实用图。本研究是国内首次通过 SSAP 技术体系利用 MCID 法将

DNA 标记信息转化为实用性很强的能鉴定大量品种资源的有效信息，为牡丹品种鉴定提供了一个全新的快速有效的方法。国内外也有利用 MCID 法构建遗传图谱的报道（Valatka *et al.*, 2000；王玉娟等，2012；张晓莹等，2012），但大都首先利用 RAPD 或 SRAP 等较简单的标记后再构建遗传图谱，且将品种一一区分开来所需的引物量也多。而本研究利用高信息量的 SSAP 标记技术，再通过 MCID 法构建遗传图谱，仅利用 4 对引物对就能区分开 151 个牡丹样本，高效地对牡丹种质资源进行评价，为牡丹在分子水平上的研究奠定了坚实的基础。当有其他牡丹品种与这 151 个牡丹样本区分时，可以直接利用已经使用过的 4 对引物对该品种进行单独 PCR 分析，如果发现其具有不同于 MCID 中 151 个样本的某一条带或某些条带，则很容易将需要鉴定的新品种添加至 MCID 中去。若发现其与这些样本难以区分，则可以选用新的引物加以区分。由于是对新的品种单独鉴别，大大减少了工作量，且操作较为方便。新品种的加入既能扩大牡丹应用 MCID 鉴定范围，又丰富了指纹图谱的信息量，从而为今后牡丹种质资源鉴定奠定了坚实基础。

总之，牡丹组植物在长期的自然选择与人工引种驯化过程中，积累了丰富的遗传多样性。本研究中牡丹不同种源（不同居群）、不同品种分类方面的检测结果优于牡丹形态特征聚类结果。但也存在牡丹样本形态特征差异较大，而在分子标记结果相似系数较高的情况，因此在以后的研究中有必要将形态特征与分子水平结合起来对牡丹种质资源进行更深层次的研究。

第十四章　牡丹 iPBS 和 RRSAP 分子标记

iPBS 分子标记是利用 LTR 反转录转座子中普遍存在的 tRNA 补体作为反转录酶的结合位点进行的分子标记。这种方法与以往的分子标记有所不同，它不仅适用于内源性反转录病毒和反转录病毒，还适用于 *Gypsy* 和 *Copia* 类 LTR 反转录转座子（Melnikova *et al.*，2012），以及非自主型 LARD 和 TRIM 元素。iPBS 技术可以在试验材料没有已知序列信息的条件下进行，具有适应性强、操作简单、分辨率高等优点。iPBS 技术不仅可以独立作为标记技术，还能够将几乎任何生物体中的 LTR 分离出来（Kalendar *et al.*，2010；Guo *et al.*，2014c）。

反转录转座子与酶切位点扩增多态性（retrotransposon and restriction site amplified polymorphism，RRSAP）是结合 SSAP 分子标记和 iPBS 技术形成的一种新的标记方法，是检测反转录转座子中 iPBS 位点和相邻酶切位点的多态性的一种新型分子标记技术。

第一节　iPBS 分子标记概述

LTR 类反转录转座子是生物界中分布最广泛的一类反转录转座子，是植物基因组十分重要的组成部分。iPBS 分子标记技术是基于 LTR 类反转录转座子开发的分子标记技术，采用的是单引物扩增（Schulman *et al.*，2004）。在 LTR 类反转录转座子的下游存在 PBS 序列，该序列具有较高的保守性，通过 PBS 保守区域设计引物，对植物基因组 DNA 进行扩增，扩增出相邻引物间 DNA 序列，表现出多态性（图 14-1）。

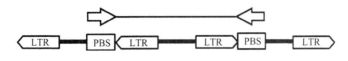

图 14-1　iPBS 技术原理

LTR. 长末端重复序列；PBS. 引物接合位点

一、iPBS 分子标记技术特点

1）iPBS 分子标记技术是基于反转录转座子开发的分子标记技术，其最大的优势在于能够覆盖全基因组，提供的信息更丰富，可作为高通量标记分析，具有很大的发展潜力。

2）引物设计开发简单：iPBS 分子标记技术不需要预知目标序列信息，通过从公共数据库（NCBI、TREP 等）收集注释过的 LTR 类反转录转座子，再利用 FastPCR 软件进行序列比对，得到 PBS 序列，最后根据每一组比对的 PBS 保守区域设计引物。

3）方便快速：iPBS 分子标记技术通过 PCR 扩增，扩增产物通过琼脂糖凝胶电泳检测，即可对产物进行多态性分析，操作简单、快速。

4）通用性好：由于反转录转座子在不同物种间可以进行横向传递，这种传递的结果导致一种物种中的反转录转座子在多种没有必然亲缘关系的物种中广泛存在，因此该分子标记技术在物种间的通用性较好。

同样 iPBS 分子标记技术要求研究人员具有较好的序列比对分析基础，能够通过数据库分析、序列比对设计出分子标记引物。

二、iPBS 分子标记的研究与应用

iPBS 分子标记是 Kalendar 等于 2010 年开发的基于反转录转座子的分子标记技术，同时也是从植物基因组中分离 LTR 类反转录转座子 LTR 序列有效的新方法，其可对 LTR 类反转录转座子中两个 PBS 区间进行 PCR 扩增（Kalendar *et al.*, 2010; Kalendar and Schulman, 2014）。利用 iPBS 技术发展出基于 RTN 的分子标记，与 Kalendar 早期建立的反转录转座子分离方法相比，其优势在于省去了寻找 LTR 的过程，可直接作为分子标记使用，直接用于引物的筛选。试验成本低廉且操作较为简单，可广泛应用于植物种质鉴定、遗传连锁图的构建、基因连锁标记的寻找与基因定位和比较基因组学研究中（Guo *et al.*, 2014c）。

陈静（2012）采用 iPBS 技术对四川虎杖种质资源进行了遗传多样性研究，聚类结果表明，遗传相似系数 0.79 处，可将供试材料分为 5 类，并表明虎杖种质资源在分子水平上存在较大差异，依据 iPBS 分子标记划分的虎杖基因型与地域性有密切关系，可为进行虎杖种质资源分类和育种提供参考。Andeden 等（2013）采用 iPBS 对鹰嘴豆的遗传多样性研究，其扩增条带多态性比率达到 100%，其研究结果表明反转录转座子在真核生物中广泛存在，iPBS 标记可有效地应用于鹰嘴豆的野生种与栽培种间遗传多样性的研究。Mehmood 等（2013）采用 iPBS 标记对番石榴进行多态性评估，聚类分析结果肯定了其前期形态学的研究结果，表明 iPBS 标记同样可以作为一种低廉的方法对番石榴或相关的种或属进行遗传多样性的研究。Guo 等（2014c）采用 iPBS 标记对葡萄进行分析，通过 UPGMA 和 PCoA 聚类均可将葡萄野生种和栽培品种区分开来，同时中国葡萄的栽培品种和野生种高度异质并且具有丰富的遗传多样性。Baloch 等（2015）采用 iPBS 和 ISSR 标记对土耳其登入册的小扁豆进行遗传多样性分析，扩增产物多态性比率高达 99.3%，其研究结果表明 iPBS 标记能够应用于小扁豆的遗传多样性研究。

张曦等（2014）利用 iPBS 方法，从西北牡丹品种红绣球和中原牡丹品种洛阳红中克隆获得了 12 条来自牡丹 LTR 类反转录转座子的 LTR 序列，并用相关生物信息学软件对序列进行分析。揭示了这些核苷酸序列具有较高的异质性，主要表现为缺失突变，同时与不同植物 LTR 类反转录转座子 LTR 氨基酸序列进行聚类分析，结果显示与某些植物相应序列具有较高的同源性，表明可能存在 LTR 类反转录转座子的横向传递关系。

第二节　牡丹组野生种（居群）和部分栽培种遗传多样性的 iPBS 分析

采用 iPBS 分子标记技术对牡丹 10 个野生种（居群）和 55 个品种进行遗传多样性研究。

一、材料与方法

1. 材料

供试材料为牡丹 10 个野生种（居群）和 55 个品种，其中中原品种、西北品种和江南品种取自中国洛阳的国家牡丹基因库，日本品种、美国品种和法国品种取自中国洛阳的国际牡丹园，野生种（居群）则取自甘肃省林业科学技术推广总站（表 14-1）。

表 14-1　供试材料一览表

编号	品种	来源	编号	品种	来源
1	紫牡丹	野生种	16	金鸰	法国品种
2	矮牡丹	野生种	17	金晃	法国品种
3	神农架卵叶牡丹	野生居群	18	玉瓣绣球	西北品种
4	大花黄牡丹	野生种	19	红冠玉珠	西北品种
5	紫斑牡丹	野生种	20	花红绣球	西北品种
6	黄牡丹	野生种	21	冰山翡翠	西北品种
7	狭叶牡丹	野生种	22	奥运圣火	西北品种
8	四川牡丹	野生种	23	红冠玉带	西北品种
9	杨山牡丹	野生种	24	乌龙捧盛	中原品种
10	保康卵叶牡丹	野生居群	25	葛巾紫	中原品种
11	中国龙	美国品种	26	银红巧对	中原品种
12	黑海盗	美国品种	27	黄花魁	中原品种
13	黑道格拉斯	美国品种	28	酒醉杨妃	中原品种
14	金岛	美国品种	29	银鳞碧珠	中原品种
15	花王	日本品种	30	小桃红	中原品种

编号	品种	来源	编号	品种	来源
31	迎日红	中原品种	49	万花盛	中原品种
32	丹炉焰	中原品种	50	三变赛玉	中原品种
33	紫盘托桂	中原品种	51	玉楼点翠	中原品种
34	盛丹炉	中原品种	52	二乔	中原品种
35	豆绿	中原品种	53	蓝海碧波	中原品种
36	绿香球	中原品种	54	青龙卧墨池	中原品种
37	珊瑚台	中原品种	55	蓝田玉	中原品种
38	璎珞宝珠	中原品种	56	姚黄	中原品种
39	银粉金鳞	中原品种	57	胡红	中原品种
40	春归华屋	中原品种	58	佛门袈裟	中原品种
41	紫金盘	中原品种	59	十八号	中原品种
42	天香湛露	中原品种	60	首案红	中原品种
43	昌红	江南品种	61	紫红呈艳	中原品种
44	西施	江南品种	62	墨海金屑	中原品种
45	呼红	中原品种	63	罂粟红	中原品种
46	白玉	中原品种	64	洛阳红	中原品种
47	鲁荷红	中原品种	65	肉芙蓉	中原品种
48	黑海金龙	中原品种			

用改良 CTAB 法提取 DNA。紫外分光光度法和琼脂糖凝胶电泳法检测 DNA 质量。稀释至所需浓度后，–20℃保存。详细操作步骤见第三章。

以洛阳红、西施两个品种的 DNA 为模板，采用优化后的反应体系对 36 条引物进行筛选，选取条带丰富、清晰且易于辨认的 16 条引物作为牡丹 iPBS 分子标记试验的引物（表 14-2）。

表 14-2　iPBS 标记引物序列

引物	序列	引物	序列
2219	5'-GAACTTATGCCGATACCA-3'	2253	5'-TCGAGGCTCTAGATACCA-3'
2221	5'-ACCTAGCTCACGATGCCA-3'	2255	5'-GCGTGTGCTCTCATACCA-3'
2224	5'-ATCCTGGCAATGGAACCA-3'	2256	5'-GACCTAGCTCTAATACCA -3'
2240	5'-AACCTGGCTCAGATGCCA-3'	2373	5'-GAACTTGCTCCGATGCCA-3'
2241	5'-ACCTAGCTCATCATGCCA-3'	2395	5'-TCCCCAGCGGAGTCGCCA-3'
2242	5'-GCCCCATGGTGGGCGCCA-3'	2399	5'-AAACTGGCAACGGCGCCA-3'
2249	5'-AACCGACCTCTGATACCA-3'	2400	5'-GAACTTGCTCCGATGCCA-3'
2252	5'-TCATGGCTCATGATACCA-3'	2401	5'-AGTTAAGCTTTGATACCA-3'

2. 方法

（1）PCR 扩增

PCR 反应体系：DNA 30 ng，1×PCR buffer，2.5 mmol/L Mg^{2+}，0.4 mmol/L dNTPs，0.3 μmol/L 引物，1.5 U *Taq* DNA 聚合酶，灭菌双蒸水补足至 20 μl。

PCR 扩增程序：95℃预变性 3 min；95℃变性 15 s，53℃复性 60 s，68℃延伸 60 s，进行 30 个循环；最后 72℃延伸 5 min，4℃保存。

（2）凝胶分析

DNA 扩增产物在 0.5×TBE 缓冲系统中，用 1%琼脂糖凝胶电泳分离，在凝胶成像分析系统上采集图像。具体操作步骤详见第三章。

（3）数据处理方法

数据的统计方法：针对同个位置的条带，出现条带记作"1"，无条带记作"0"，只统计清晰易辨的扩增条带，然后将所有选择扩增条带的数据输入到数据矩阵。采用 NTSYS 软件进行聚类分析。

二、PCR 扩增结果

图 14-2 为 2373 个引物的 iPBS 扩增所得的电泳谱带。扩增片段集中在 200～2000 bp。由图 14-2 可知，同一引物在不同牡丹种质间扩增图谱差异明显，表明 65 个牡丹种质多态性的范围较高。同时盛丹炉、豆绿、西施分别在 100～250 bp、750～1000 bp、500～750 bp 出现了特异性条带，这些特异性标记可能与这些品种各自的生物学特性有关，这些特异性条带对于牡丹品种间分子鉴定具有重要参考价值。

利用筛选出的 16 条引物对牡丹野生种（居群）和品种进行 iPBS-PCR 扩增，共扩增出 206 条清晰度高、稳定性好、可重复性强的条带（表 14-3）。不同引物扩增条带总数变化幅度为 9～19 条，其中多态位点 173 个（多态位点占全部条带的 83.98%），多态性比率分布范围为 66.67%～100.00%，平均每条引物产生 10.81 条多态性带，充分体现了 iPBS 标记检测牡丹种质资源遗传多样性的效率很高。

三、iPBS 遗传相似系数分析

用 NTSYS 软件计算 65 个牡丹种质间的相似系数（Coefficient 选择 SM），结果表明，65 个牡丹种质间相似系数变化范围 0.46～0.99，大部分集中在 0.51～0.85，其中相似度最高的是银红巧对和肉芙蓉，相似系数为 0.99，遗传距离最小；而紫牡丹和黑海盗相似系数为 0.46，相似性较低，亲缘关系较远。

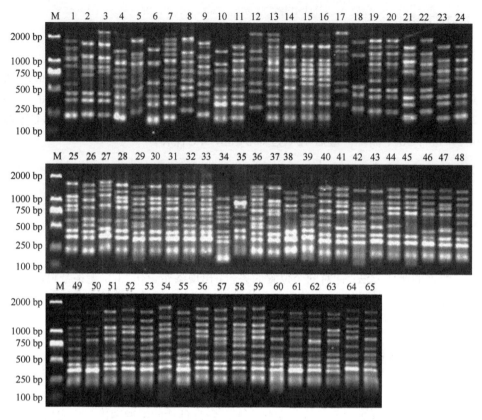

图 14-2　iPBS 引物 2373 在 65 个牡丹种质中的扩增图谱

M. DNA Marker DL 2000; 1~65. 表 14-1 中 65 个牡丹品种

表 14-3　不同引物 iPBS 扩增反应的多样性信息统计

引物	总扩增条带数	总多态性条带数	多态性比率/%	可区分品种数	可区别品种占比
2219	14	10	71.43	46	70.77
2221	12	10	83.33	40	61.54
2224	12	9	75.00	44	67.69
2240	19	14	73.68	44	67.69
2241	10	8	80.00	27	41.54
2242	13	12	92.31	38	58.46
2249	13	13	100.00	54	83.08
2252	14	12	85.71	58	89.23
2253	12	12	100.00	46	70.77
2255	9	7	77.78	39	60.00
2256	14	13	92.86	39	60.00
2373	13	12	92.31	44	67.69
2395	14	11	78.57	52	80.00
2399	10	9	90.00	32	49.23
2400	15	10	66.67	40	61.54

续表

引物	总扩增条带数	总多态性条带数	多态性比率/%	可区分品种数	可区别品种占比
2401	12	11	91.67	32	49.23
总计	206	173		64	98.46
平均	12.88	10.81	83.97		

四、iPBS 聚类分析

使用 NTSYS 软件对 65 个供试材料进行 UPGMA 聚类，结果如图 14-3 所示。

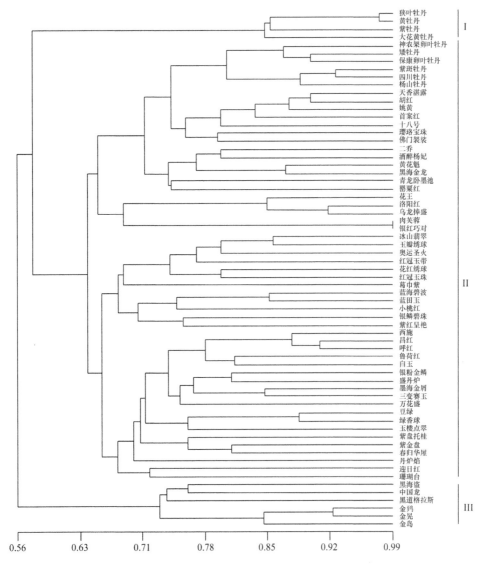

图 14-3　65 个牡丹种质 iPBS 分析的 UPGMA 聚类图

从聚类图可以看出，牡丹种质资源之间的亲缘关系比较复杂，不是一种平行分化的关系。遗传相似系数 0.61 时，65 个牡丹样本被聚类为三大组，第 1 组中包括肉质花盘亚组的 4 个野生种狭叶牡丹、黄牡丹、紫牡丹和大花黄牡丹，且狭叶牡丹和黄牡丹的亲缘关系更近。第 3 组含有 4 个美国品种黑海盗、中国龙、黑道格拉斯、金岛和 2 个法国品种金鸨、金晃；其余样本聚类在第 2 组。

以相似系数 0.67 为阈值时，第 2 组又可分为 4 个聚类亚组。第 1 亚组包含革质花盘亚组的 6 个野生种（居群）和 13 个中原品种，这表明革质花盘亚组各野生种与栽培品种之间的亲缘关系都比较近。由图 14-3 可以看出矮牡丹、神农架卵叶牡丹、保康卵叶牡丹和紫斑牡丹、四川牡丹先分别相聚再与其他野生种相聚，这说明供试的革质花盘亚组的野生种（居群）中，矮牡丹与卵叶牡丹、紫斑牡丹与四川牡丹的亲缘关系较近。同时花型均为皇冠型的天香湛露、胡红、姚黄和首案红聚在一起，花色为红色的十八号、璎珞宝珠和佛门袈裟，花期均为中期的二乔、酒醉杨妃、黄花魁、黑海金龙、青龙卧墨池和罂粟红分别聚在一起，但是花色同为淡黄色的姚黄和黄花魁并未直接相聚，皇冠型的青龙卧墨池与其他皇冠型的牡丹品种也未聚在一起。第 2 亚组包括花王、洛阳红、乌龙捧盛、肉芙蓉和银红巧对 5 个品种。其中肉芙蓉和银红巧对直接相聚，这可能与这两个品种的亲缘关系相近有关。花王、洛阳红、乌龙捧盛聚在一起，尽管花王是日本品种，但三者花型都是蔷薇型，花色为紫红或红色，花期为中期或中期偏晚，可能是这些相近的形态特征使三者具有较近的亲缘关系。第 3 亚组包含冰山翡翠、玉瓣绣球、奥运圣火、红冠玉带、花红绣球、红冠玉珠 6 个西北品种和葛巾紫、蓝海碧波、蓝田玉、小桃红、银鳞碧珠、紫红呈艳 6 个中原品种。6 个西北品种聚在一起，同时葛巾紫与它们的亲缘关系较近，这可能是因为葛巾紫、花红绣球和红冠玉珠都是晚花期品种，其余几个品种聚在一起，这可能是因为它们的花期比较相近，花为粉蓝色的蓝海碧波和蓝田玉聚在一起，但是紫色的葛巾紫与银鳞碧珠并未聚在一起。第 4 亚组的 3 个江南品种西施、昌红和呼红聚在一起，红色品种丹炉焰、迎日红和珊瑚台相聚，绿色品种豆绿和绿香球的亲缘关系也较近，但紫红色的墨海金屑和春归华屋未聚在一起，白色品种白玉、玉楼点翠和三变赛玉也未聚在一起，千层台阁型的鲁荷红和白玉聚在一起，但万花盛并未与它们聚在一起。以上聚类结果说明产地（起源）对牡丹品种分类的影响较大。

五、讨论

本研究采用 iPBS 技术对 65 个牡丹组野生种（居群）和部分牡丹品种进行了遗传多样性研究，该方法产生的谱带清晰、适应性强、操作简单、分辨率高，表明 iPBS 是方便简单、低成本、高效率、多态性强的标记方法。试验利用 36 个 iPBS 引物对牡丹进行扩增，筛选出 16 个扩增多态性较好的引物，说明 iPBS 引物作为牡丹通用引物进行遗传多样性分析效果较好。通过较少引物就能把所有的材料区分开，证明 iPBS 能有效用于牡丹种质间的分类鉴定及遗传多样性的研究。

聚类分析表明，产地来源一致的品种基本聚在了一起，但是，也存在同一地区品种未完全聚在一起的现象。例如，中原品种珊瑚台、春归华屋和佛门袈裟处于不同的聚类亚组，日本品种花王与中原品种洛阳红、乌龙捧盛相聚，中原品种鲁荷红和白玉与江南品种昌红、呼红、西施聚在一起，与其他中原品种间的遗传距离较远，这可能是因为中原牡丹的遗传背景最复杂，也可能是地区之间的引种交流或者某些基因在不同种质之间的互相渗入导致。花期、花色和花型对牡丹遗传组的划分有一定影响，但并不具有完全一致的关系（陈向明等，2002；孟丽和郑国生，2004；侯小改等，2006b；王娟等，2011）。

第三节　牡丹 RRSAP 分子标记概述

RRSAP 分子标记是基于 SSAP 分子标记技术原理，采用 iPBS 技术，检测反转录转座子与相邻酶切位点间多态性的一种新型分子标记技术。RRSAP 分子标记技术是本课题组基于反转录转座子开发的分子标记技术。

RRSAP 分子标记技术是基于 iPBS 技术与 SSAP 分子标记技术开发的新型分子标记技术，其原理与 SSAP 分子标记类似，SSAP 检测的是反转录转座子与相邻限制性内切核酸酶酶切位点间的扩增多态性，而 RRSAP 分子标记技术检测的是反转录转座子中 PBS 序列与相邻限制性内切核酸酶酶切位点间的扩增多态性。

RRSAP 分子标记是一种可以检测反转录转座子中 PBS 序列和与其邻近的酶切位点之间 DNA 片段扩增多态性的分子标记，是基于 SSAP 分子标记与 iPBS 技术开发而来，具有基于反转录转座子开发的分子标记技术的大部分优点，同时 RRSAP 具有 AFLP 标记技术的优点。其技术特点主要如下。

1）RRSAP 分子标记技术是基于反转录转座子开发的分子标记技术，其最大的优势在于能够覆盖全基因组，提供的信息更丰富。

2）通用性好：RRSAP 分子标记技术是基于反转录转座子开发的分子标记技术，反转录转座子在不同物种间可以进行横向传递，这种传递的结果导致一种物种中的反转录转座子在多种没有必然亲缘关系的物种中广泛存在，因此该分子标记技术在物种间的通用性较好。

3）分辨率高，可靠性好，重复性高。RRSAP 分子标记扩增产物经变性聚丙烯酰胺凝胶电泳检测，分辨率高，采用反转录转座子和限制性内切核酸酶酶切位点设计引物，可靠性高、重复性好。

4）对 DNA 模板质量要求高，对其浓度变化不敏感。RRSAP 分子标记需要运用到限制性内切核酸酶酶切、DNA 连接酶连接接头与酶切片段，因此对模板 DNA 的质量要求较为严格，DNA 的质量影响酶切、连接扩增反应的顺利进行。

5）RRSAP 分子标记技术不需要预知目标序列信息，通用性强。

第四节　部分牡丹种质资源亲缘关系的 RRSAP 分子标记研究

本研究利用 iPBS 引物和 SSAP 分子标记技术开发新的分子标记方法 RRSAP，并对部分牡丹种质亲缘关系进行了研究。

一、材料与方法

1. 材料

供试材料为 10 个野生种（居群）和 55 个栽培品种，其中中原品种、西北品种和江南品种取自中国洛阳国家牡丹基因库，日本品种、美国品种和法国品种取自洛阳国际牡丹园，野生种则取自甘肃省林业科学技术推广总站（表 14-4）。

表 14-4　供试材料一览表

编号	种或品种	产地	编号	种或品种	产地
1	狭叶牡丹	四川雅江	22	奥运圣火	甘肃
2	矮牡丹	山西稷山	23	红冠玉带	甘肃
3	神农架卵叶牡丹	湖北神农架	24	乌龙捧盛	洛阳
4	黄牡丹	西藏林芝	25	葛金紫	洛阳
5	紫斑牡丹	甘肃舟曲	26	银红巧对	洛阳
6	大花黄牡丹	西藏米林	27	黄花魁	洛阳
7	紫牡丹	云南中甸	28	酒醉杨妃	洛阳
8	四川牡丹	四川马尔康	29	银鳞碧珠	洛阳
9	杨山牡丹	河南宝天曼	30	小桃红	洛阳
10	保康卵叶牡丹	湖北保康	31	迎日红	洛阳
11	中国龙	美国	32	丹炉焰	洛阳
12	黑海盗	美国	33	紫盘托桂	洛阳
13	黑道格拉斯	美国	34	盛丹炉	洛阳
14	金岛	美国	35	豆绿	洛阳
15	花王	日本	36	绿香球	洛阳
16	金鹞	法国	37	珊瑚台	洛阳
17	金晃	法国	38	璎珞宝珠	洛阳
18	玉瓣绣球	甘肃	39	银粉金鳞	洛阳
19	红冠玉珠	甘肃	40	春归华屋	洛阳
20	花红绣球	甘肃	41	紫金盘	洛阳
21	冰山翡翠	甘肃	42	天香湛露	洛阳

编号	种或品种	产地	编号	种或品种	产地
43	西施	安徽	55	蓝田玉	洛阳
44	昌红	安徽	56	姚黄	洛阳
45	呼红	安徽	57	胡红	洛阳
46	白玉	洛阳	58	佛门裂袋	洛阳
47	鲁荷红	洛阳	59	十八号	洛阳
48	黑海金龙	洛阳	60	首案红	洛阳
49	万花盛	洛阳	61	紫红呈艳	洛阳
50	三变赛玉	洛阳	62	墨海金屑	洛阳
51	玉楼点翠	洛阳	63	罂粟红	洛阳
52	二乔	洛阳	64	洛阳红	洛阳
53	蓝海碧波	洛阳	65	肉芙蓉	洛阳
54	青龙卧墨池	洛阳			

2. 方法

（1）引物的设计

通过从公共数据库收集注释过的 LTR 类反转录转座子，再利用序列分析软件进行排列比对，得到 PBS 序列，最后设计引物。RRSAP 标记试验中反转录转座子引物选择 iPBS 方法中所使用的 8 条引物。其余流程均参考 Waugh 等（1997）开发的 SSAP 标记方法。其中包括 Mse I 和 EcoR I 两种限制性内切核酸酶、Mse I 和 EcoR I 两种接头引物、预扩增引物 2 种及选择性扩增引物 5 种，选择性扩增引物包括 3 种 Mse I 选择性扩增引物和 2 种 EcoR I 选择性扩增引物，所有引物见表 14-5。

表 14-5　RRSAP 分子标记试验中所用引物

引物	序列	备注
2224	5′-ATCCTGGCAATGGAACCA-3′	iPBS 引物
2240	5′-AACCTGGCTCAGATGCCA-3′	iPBS 引物
2242	5′-GCCCCATGGTGGGCGCCA-3′	iPBS 引物
2249	5′-AACCGACCTCTGATACCA-3′	iPBS 引物
2252	5′-TCATGGCTCATGATACCA-3′	iPBS 引物
2255	5′-GCGTGTGCTCTCATACCA-3′	iPBS 引物
2399	5′-AAACTGGCAACGGCGCCA-3′	iPBS 引物
2400	5′-GAACTTGCTCCGATGCCA-3′	iPBS 引物
Mzx5	GACGATGAGTCCTGAG	Mse I 5′端接头引物
Mzx3	TACTCAGGACTCAT	Mse I 3′端接头引物

续表

引物	序列	备注
Ezx5	CTCGTAGACTGCGTACC	*Eco*R I 5′端接头引物
Ezx3	AATTGGTACGCAGTC	*Eco*R I 3′端接头引物
Mzx00	GATGACTCCTGAGTAAC	*Mse* I 预扩增引物
Ezx00	GACTGCGTACCAATTCA	*Eco*R I 预扩增引物
Mzx6	GATGAGTCCTGAGTAACTT	*Mse* I 选择性扩增引物
Mzx11	GATGAGTCCTGAGTAACCC	*Mse* I 选择性扩增引物
Mzx16	GATGAGTCCTGAGTAACGG	*Mse* I 选择性扩增引物
Ezx12	GACTGCGTACCAATTCACG	*Mse*R I 选择性扩增引物
Ezx15	GACTGCGTACCAATTCAGC	*Mse*R I 选择性扩增引物

（2）基因组 DNA 的提取与检测

采用改良的 CTAB 法从每一牡丹品种完全伸展的真叶中提取基因组 DNA。基因的完整性和质量用紫外分光光度法和 1.0%（m/V）的琼脂糖凝胶（0.5×TBE buffer）检验，保存于–20℃。

（3）基因组 DNA 限制性内切核酸酶的酶切

RRSAP 分子标记常用限制性内切核酸酶为 *Mse* I 和 *Eco*R I。利用 NEB 公司酶切试剂盒中的 *Mse* I 和 *Eco*R I 限制性内切核酸酶对基因组 DNA 进行酶切：20 μl 的酶切反应液成分为浓度为 50 ng/μl 基因组 DNA 5～10 μl，稀释 10 倍后的 NEBuffer4 2 μl，稀释 100 倍后的 BSA 0.2 μl，*Mse* I（4U/μl）0.5 μl，*Eco*R I（4 U/μl）0.5 μl，余量为双蒸水。

（4）接头的准备

将接头引物稀释到 50 mmol/L，接头引物各取 25 μl 两两配对混合均匀，将配对混合均匀后的接头引物放到 PCR 中，先在温度为 94℃的条件下反应 1min，然后在温度为 36℃的条件下反应 5 min，慢慢冷却，最后合成 25 μmol/L 的接头引物 *Mse* I 接头和 *Eco*R I 接头。

（5）酶切产物和接头连接

在微量 PCR 离心管内配制 25 μl PCR 反应液，其成分为基因组 DNA 酶切产物 8 μl，步骤（4）中的 *Mse* I 接头引物和 *Eco*R I 接头引物各 2.5 μl，T4 DNA 连接酶 3 U，稀释 10 倍后的 Ligation buffer 2.5 μl，余量用双蒸水补齐至 25 μl，用移液枪枪头将上述反应液吸打充分混匀，瞬时离心后在温度为 16℃的条件下保存，备用。

（6）连接产物的预扩增

连接产物的预扩增，其目的是富集酶切基因组片段，提高扩增特异性，降低RRSAP 图谱的弱带和弥散现象。预扩增体系是连接产物 2.5 µl，稀释 10 倍后的Buffer 2.5 µl，Mg^{2+} 2 mmol/L，dNTPs 0.2 mmol/L，Mzx00 和 Ezx00 两种预扩增引物 0.4 µmol/L，Taq DNA 聚合酶 1 U，余量用双蒸水补齐至 25 µl。扩增程序是94℃ 1 min；94℃ 1 min，50℃ 90 s，72℃ 90 s，36 个循环；72℃ 10 min。

（7）选择性 PCR 扩增

预扩增的产物经稀释后作为模板，以接头序列和 PBS 引物进行第二次 PCR选择性扩增。选择性扩增体系是预扩增 PCR 产物稀释液 5～10 µl，稀释 10 倍后的 Buffer 2.5 µl，Mg^{2+} 2 mmol/L，dNTPs 0.2 mmol/L，选择性扩增引物和 iPBS 引物 0.4 µmol/L，Taq DNA 聚合酶 1U，余量用双蒸水补齐至 25µl。扩增程序是 94℃ 5 min；94℃ 30 s，68℃ 30 s（−0.7℃/循环），72℃ 1 min 12 个循环，再进行 94℃ 30 s，53℃ 30 s，72℃ 1 min 23 个循环；72℃ 5 min。

（8）电泳

PCR 产物由 6%聚丙烯酰胺非变性胶 80W 恒功率电泳分离，银染显色，相机拍照备用。具体见第三章。

（9）RRSAP 分子标记的数据统计

电泳结果以二元性状（binary character）形式进行数据转换，即用"1"代表带的存在，用"0"代表带的不存在，转换得到二元数据，只统计清晰、易于辨认的条带。利用 NTSYS 2.1 软件进行 UPGMA 法聚类分析。

二、引物筛选结果

选取条带丰富、清晰且易于辨认的引物组合作为 65 个牡丹样本 RRSAP 分子标记试验的引物对。通过筛选试验，挑选 10 对引物，分别是 Mzx6+2224、Mzx11+2252、Mzx16+2399、Ezx12+2240、Ezx12+2242、Ezx12+2249、Ezx12+2255、Ezx12+2399、Ezx15+2400 和 Ezx15+2252。

三、RRSAP 分子标记多态性分析

由表 14-3、表 14-6、表 14-7 和图 14-4～图 14-6 可知，RRSAP 标记获得了较好的扩增结果。RRSAP 标记中 10 对引物共扩增出 248 条带，其中多态位点 226个（多态性比率 91.13%）。扩增片段集中在 20～500 bp，单对引物对扩增产生 16～34 个位点（平均 24.8 个），多态性比率为 81.25%～100%。RRSAP 分子标记中平

均每对引物扩增出 24.8 条带，多态性条带数是 22.6，平均多态性比率是 91.13%。SSAP 分子标记中平均每对引物扩增出 34.58 条带，多态性条带数是 32.83，平均多态性比率是 94.94%，iPBS 分子标记中平均每对引物扩增出 12.88 条带，多态性条带数是 10.81，平均多态率是 83.97%。RRSAP 分子标记中各数据虽小于 SSAP 中的，但远远大于 iPBS 分子标记中的各数据，可能与 iPBS 标记采用的为琼脂糖凝胶电泳检测扩增条带有关，但是，仍然可以看出 RRSAP 分子标记，以及其他基于反转录转座子开发的分子标记检测牡丹种质资源遗传多样性的效率很高，同时也表明该组植物具有丰富的遗传多样性。

表 14-6　不同引物组合 RRSAP 扩增牡丹反应的多样性信息统计

选择性引物	iPBS 引物	总条带数	总多态性条带数	多态性比率/%	可区别品种数	可区别品种占比/%
Ezx12（ACG）	2240	30	28	93.33	61	93.85
Ezx12（ACG）	2242	21	20	95.24	53	81.54
Ezx12（ACG）	2249	23	21	91.30	63	96.92
Ezx12（ACG）	2255	22	19	86.36	59	90.77
Ezx12（ACG）	2399	23	19	82.61	63	96.92
Ezx15（AGC）	2242	28	24	85.71	63	96.92
Ezx15（AGC）	2400	34	33	97.06	63	96.92
Mzx6（CCG）	2224	25	23	92.00	51	78.46
Mzx11（CCC）	2252	16	13	81.25	49	75.38
Mzx1（CGG）	2399	26	26	100.00	61	93.85
总计		248	226		58.6	90.15
平均		24.8	22.6	91.13		

表 14-7　不同引物组合 SSAP 扩增牡丹反应的多样性信息统计（自牡丹 SSAP 标记）

选择性引物	反转录转座子引物	总扩增带数	总多态性条带数	多态性比率/%	可区分品种数	可区别品种占比
Mzx4	PLTR2	38	36	94.74	143	94.70
Ezx12	PLTR3	42	38	90.48	130	86.09
Ezx12	PLTR1	35	35	100	140	92.72
Ezx15	PLTR4	40	39	97.50	131	86.75
Ezx15	PLTR3	48	44	91.67	149	98.68
Ezx15	PLTR2	20	20	100	111	73.51
Mzx2	PLTR3	32	30	93.75	147	97.35
Mzx16	PLTR7	48	46	95.83	147	97.35
Mzx16	PLTR6	25	25	100	149	98.68
Mzx4	PLTR8	29	25	86.21	143	94.70
Mzx11	PLTR7	29	27	93.10	147	97.35
Mzx11	PLTR4	29	29	100	149	98.68
总计		415	394		149	98.68
平均		34.58	32.83	94.94		

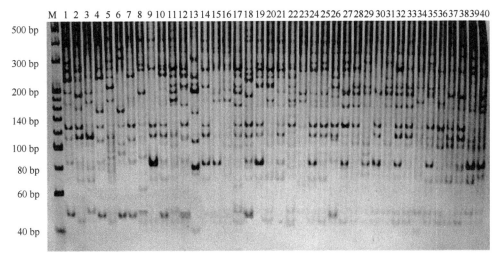

图 14-4　RRSAP 标记引物组合 Mzx16/2399 的扩增谱带

M. DNA Marker DL 20；1～40. 不同品种牡丹

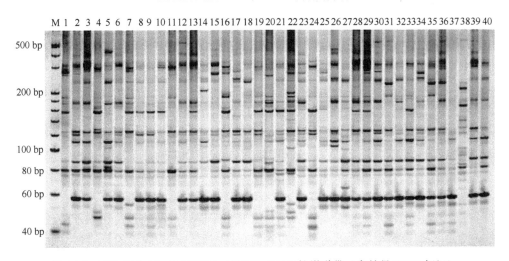

图 14-5　引物组合 Mzx16/PLTR7（CGG）SSAP 扩增谱带（自牡丹 SSAP 标记）

M. DNA Marker DL 20；1～40. 不同品种牡丹

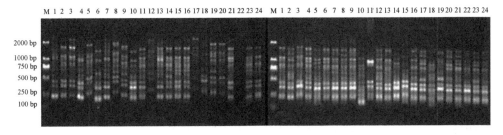

图 14-6　iPBS 引物 2373 在牡丹种质中的扩增图谱

M. DNA Marker DL 2000；1～24. 不同品种牡丹

四、RRSAP 分子标记相似系数

用 NTSYS 软件计算 10 个野生种（居群）和 55 个栽培品种的遗传相似系数（Coefficient 选择 SM），结果表明，65 个牡丹样本间相似系数变化范围从 0.50～0.85，大部分集中在 0.55～0.80，其中相似度最高的是肉芙蓉和银红巧对，相似系数为 0.85，遗传距离最小；而万花盛和狭叶牡丹的相似系数为 0.50，相似性较低。

五、RRSAP 分子标记聚类分析

使用 NTSYS 软件对 65 个供试牡丹样本进行 UPGMA 聚类法聚类，聚类结果如图 14-7 所示。

以相似系数 0.61 为阈值，65 个牡丹样本被聚类为三大组。第 1 组包括肉质花盘亚组狭叶牡丹、黄牡丹、紫牡丹和大花黄牡丹 4 个野生种，同时黄牡丹和狭叶牡丹的亲缘更近。第 3 组包含 4 个美国品种黑海盗、中国龙、金岛、黑道格拉斯和 2 个法国品种金鸡、金晃，其余品种被聚类到第 2 组。

以相似系数 0.67 为阈值时，第 2 组又可划分为 5 个亚组。第 1 亚组包含革质花盘亚组的野生种（居群）的矮牡丹、神农架卵叶牡丹、保康卵叶牡丹、紫斑牡丹、四川牡丹和杨山牡丹。由图 14-7 可以看出，矮牡丹与卵叶牡丹、紫斑牡丹与四川牡丹首先相聚，再与其他野生种相聚，这说明供试的革质花盘亚组的野生种（居群）中，矮牡丹与卵叶牡丹、紫斑牡丹与四川牡丹之间亲缘关系较近。第 2 亚组包含洛阳红、乌龙捧盛和花王 3 个品种，尽管花王为日本品种，但三者花型都是蔷薇型，花色为紫红或红色，花期为中期或中期偏晚，可能是这些相近的形态特征使三者具有较近的亲缘关系。第 3 亚组是 6 个西北品种即红冠玉珠、花红绣球、冰山翡翠、奥运圣火、玉瓣绣球和红冠玉带。第 4 亚组包含西施、昌红、呼红 3 个江南品种及大部分的中原品种。其中千层台阁型的鲁荷红和万花盛聚在一起，但千层台阁型的十八号并未与它们直接相聚，花为绿色的豆绿和绿香球、紫红的首案红和墨海金屑分别聚在一起，但淡黄色的姚黄和黄花魁未直接相聚，而是皇冠型的姚黄先与皇冠型的天香湛露、胡红相聚再与淡黄色的黄花魁相聚，白色的三变赛玉、白玉和玉楼点翠也未直接聚在一起。而第 5 亚组中粉色的肉芙蓉和银红巧对直接相聚，但未与粉色的银粉金鳞和盛丹炉完全聚在一起，这可能与这两个品种花型、花期相近有关。蓝色的蓝田玉、蓝海碧波和紫红色的春归华屋、罂粟红、紫红呈艳分别相聚，但花为红色的迎日红、丹炉焰、珊瑚台、璎珞宝珠及紫色的银鳞碧珠、紫盘托桂、紫金盘未完全聚在一起，早花品种紫盘托桂、迎日红、丹炉焰，晚花期品种璎珞宝珠、银粉金鳞分别直接相聚。以上聚类结果说明地域是影响牡丹品种遗传组划分的主要因素，花型、花色、花期虽然有一定影响，但它们与遗传组的划分并不是完全一致的关系，这也与前人研究结果相一致（陈向明等，2002，侯小改等，2006b；王娟等，2011）。

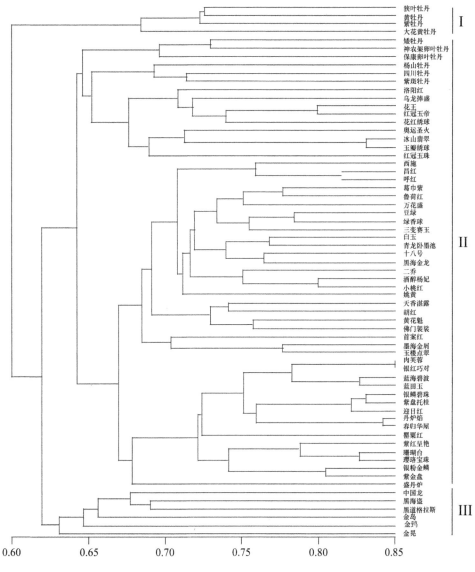

图 14-7 65 份牡丹样本 RRSAP 分析的 UPGMA 聚类图

六、讨论

SSAP 标记技术只要引物设计合理，特异序列与接头酶切位点之间的距离在可扩增范围之内，几乎可以用于任何已知序列的反转座子研究中。SSAP 标记既可以用来检测插入位点的多态性，又可以检测逆转座子内部的变异，被认为是多态性最丰富、灵敏度最高、反映多态性信息最多的一种标记类型。与传统分子标记技术（RAPD、RFLP、AFLP）相比，反转录分子标记的品种鉴别能力更强。iPBS 技术是分离 LTR 类反转录转座子最简洁快速有效的方法，我们将二者结合，通过数据库、文献选择所需的 PBS 引物直接作为选择性扩增引物，再利用 SSAP 标记的方法开发了新的方法 RRSAP 分子标记技术，并用于牡丹种质资源的遗传多样性分析，其多态性丰富、灵敏度高，更加方便快速，成本也低。本试验利用 10 对引物对牡丹进行遗传多样性分析，共扩增出 248 条带，其中多态位点 226 个，91.13%的多态性说明牡丹的遗传性非常高，表明了牡丹存在的历史久远性，又说明牡丹组植物在历史进化过程中，产生了丰富的变异。本试验通过 10 对引物将所有的材料区分开，证明 RRSAP 分子标记技术能用于牡丹属种、品种间的分类鉴定及遗传多样性的研究。

研究结果表明矮牡丹与卵叶牡丹之间有较近的亲缘关系，此与袁涛和王莲英（1999）、赵宣等（2004）、侯小改等（2006c）的研究结果一致。但 RAPD 等的证据并不支持这一观点（邹喻苹等，1999a；孟丽和郑国生，2004）。紫斑牡丹与四川牡丹之间有较近的亲缘关系，此与 Tank 和 Sang（2001）、孟丽和郑国生（2004）、赵宣等（2004）的研究结果一致。

聚类结果还将多数来自不同地域的牡丹品种较为清晰地分开，说明来源相同的牡丹品种在该标记方法中表现出较为密切的亲缘关系，但也存在不同地区品种聚类在一起的现象，这可能是地区之间的引种交流或者某些基因在不同品种之间的互相渗入导致。而花期、花色和花型对牡丹遗传组的划分有一定影响，但并不存在完全一致的关系。

总之，牡丹基因型在历史长期的人工引种与自然选择的条件下，积累了丰富的遗传多样性。本研究首次将 iPBS 技术和 SSAP 技术相结合，开发出 RRSAP 分子标记方法对牡丹种质资源亲缘关系进行研究，简单、快速地检测出丰富的多态性，为牡丹种质资源和亲缘关系的研究提供了新的有效的方法和理论依据。

第十五章　其他分子标记方法

在真核生物中 DNA 主要有自主的核 DNA 和具有半自主性的细胞器 DNA，核 DNA 是真核生物中位于细胞核内染色体上的遗传物质，其中编码核糖体 RNA 的基因被称为核核糖体 DNA（nuclear ribosomal RNA，nrDNA）；细胞器 DNA 主要有线粒体 DNA（mitochondrial DNA，mtDNA）和质体 DNA（plastid DNA），线粒体 DNA 是存在于动植物共有的细胞器线粒体中的遗传物质，而质体 DNA 是植物所特有的存在于植物细胞质体中的遗传物质，主要是叶绿体 DNA（chloroplast DNA，cpDNA）。由于细胞器 DNA 进化上的相对保守性，基于它们也发展出了一些分子标记方法。

第一节　基于叶绿体 DNA 的分子标记

叶绿体是绿色植物光合作用的主要场所，并且能够合成淀粉、脂肪酸、色素、蛋白质等物质，是植物细胞最重要的细胞器之一。Ris 等于 1962 年利用电子显微镜在衣藻、玉米等植物的叶绿体内观察到 DNA 纤维，证明了叶绿体 DNA 分子的存在（Ris and Plaut，1962）。随着叶绿体 DNA 研究的深入，基于叶绿体 DNA 的分子标记技术也被更多地开发出来并应用于植物种质资源的遗传多样性、物种演化、种群分类等研究中（Heuertz *et al.*，2004；Sukhotu *et al.*，2004；Woo *et al.*，2013；Rešetnika *et al.*，2013）。

一、叶绿体 DNA 的结构和特点

植物叶绿体是半自主性细胞器，含有自己的 DNA 分子，是细胞核外的另一套遗传系统，每个细胞都含有几千个叶绿体 DNA 拷贝，具有多拷贝性。叶绿体 DNA 结构简单，大多以共价闭环双链 DNA 形式存在，大多数植物叶绿体 DNA 包括 2 个序列完全相同、方向相反的反向重复序列（inverted repeat sequence，IRs），不同植物中的 IRs 的大小有所变化，两个 IR 中间存在一个大的单拷贝区域（large single copy，LSC）和一个小的单拷贝区域（small single copy，SSC）（Palmer，1985；董文攀，2012）（图 15-1）。此外叶绿体 DNA 还存在其他结构类型，在拟南芥和烟草中叶绿体 DNA 还存在线性结构、D 环构型和套索装构型等其他结构（Jiang *et al.*，2001），豌豆和蚕豆等植物的叶绿体 DNA 中则没有反向重复序列（程霞英，2004）。不同植物叶绿体 DNA 的大小不同主要取决于 IR 区，其次为 SSC 区，根

据 IR 区的不同可将叶绿体 DNA 分为缺乏 IR（group I）、含有 IR（group II）、含有串联重复的 IR（group III）3 种类型（Sugiura，1992）。

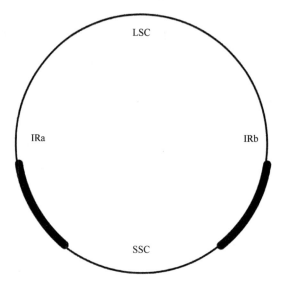

图 15-1　叶绿体基因组结构（引自董文攀，2012）

IRs：反向重复序列；LSC：大单拷贝区域；SSC：小单拷贝区域

叶绿体 DNA 大小为 120～217 kb，其基因组和分子质量均较小（刘志文等，2008），可编码 120 个左右基因（Maliga，2003；Kugita，2003；Gao et al.，2010），根据其功能可将这些基因分为三大类：第一类是遗传系统基因，与转录和翻译有关，包括 rRNA、tRNA 和核糖体蛋白翻译基因；第二类是光合系统基因，与光合作用有关的基因，叶绿体 DNA 中大多数基因与光合作用有关，如电子传递链中蛋白质复合体各亚基的编码基因 psa、psb、pet 和 atp 等；第三类是生物合成基因，包括与氨基酸、脂肪酸、色素等物质的生物合成有关的基因，如 matK、clpP、cemA、accD、ycf1 和 ycf2 基因等（王昌正等，2003）。叶绿体基因组编码了它自身使用的全部 rRNA 和 tRNA，但是仅编码了一小部分的叶绿体蛋白质和多肽，绝大多数蛋白质复合体是由核基因组和叶绿体基因组共同编码的。

叶绿体基因平均每年每个位点的进化速率为 $0.2 \times 10^{-9} \sim 1.0 \times 10^{-9}$，仅为核基因的 1/5，具有很高的保守性（Wolfe et al.，1987）。在遗传方式上大多数已研究的陆生植物均属于单亲遗传，被子植物的叶绿体 DNA 属母本遗传，裸子植物的叶绿体 DNA 属父本遗传，双亲遗传的现象非常罕见，估计在被子植物的种属中只占 14%（Corriveau and Coleman，1988）。即使在双亲遗传的植物中，子代植株中来自父母本的不同叶绿体及其基因组也不会发生融合和重组，在体细胞发育的过程中只保留父本或母本其中一方的叶绿体 DNA，而来自另一方的叶绿体 DNA 将被排斥。叶绿体 DNA 的单亲遗传方式使其不受选择压力而发生遗传重组，极少甚至不受基因的重叠、缺失及假基因的干扰，具有自己独立的未被干扰的进化历史，使其在构建分子系统树、查明植物的进化历史具有更大的优势（陈伯望等，2000；王化坤等，2006；刘畅等，2006）。

叶绿体 DNA 具有非常高的保守性，但是并非完全没有种内变异，在很多种植物的栽培品种和野生种的叶绿体 DNA 中均存在不同程度的种内变异（Harris and Ingram，1991）。大多数被子植物叶绿体 DNA 发生的组织结构变异主要包括插入/缺失（insertion/deletion or indel）、短片段倒位（small inversion）、重复（repeat）和基因组结构重排 4 种类型。在不同种植物中叶绿体 DNA 的种内多态性程度不同，从而以此为基础进行系统发育关系的研究。

叶绿体 DNA 与核 DNA 相比，具有以下特点：① 分子质量小、多拷贝、结构简单，多为闭环双链 DNA，有利于进行基因组分析；②具有原核性，其进化速率缓慢，序列相当保守；同时其保守性并非绝对的，在多数植物中存在不同程度的种内变异，适用于不同分类水平的系统演化分析。③叶绿体 DNA 属于单亲遗传，有独立的进化路线，使其在构建分子系统树、查明植物的进化历史中具有更大的优势。叶绿体 DNA 具有以上特点，很容易基于其开发出不同的分子标记技术，应用于遗传变异的研究。

二、基于叶绿体 DNA 的分子标记及应用

（一）叶绿体 DNA 杂交技术

叶绿体 DNA 杂交技术是最早开发的基于叶绿体 DNA 的标记技术，其原理是利用来源不同的 DNA 通过变性解链后，互补的 DNA 序列经复性会重新联合复性的过程。而 DNA 的热稳定性与两条链的互补性呈正相关，通过测定同源 DNA 分子和杂交 DNA 分子的 T_m 值，即可推测和比较杂交 DNA 分子和同源 DNA 分子间相同序列区域的比例，从而推断亲缘关系。但是叶绿体 DNA 分子杂交技术很难排除误配、插入等因素的影响，同时其操作过程繁琐、DNA 需求量大等因素使得叶绿体 DNA 分子杂交技术应用较少。

（二）叶绿体 DNA 的限制性内切核酸酶分析

叶绿体 DNA 的限制性内切核酸酶分析主要有叶绿体 DNA 的限制性内切核酸酶图谱分析和 RFLP 分析两种技术。其原理均是采取限制性内切核酸酶对不同种属间甚至品种间同源 DNA 序列进行酶切，不同之处在于酶切图谱是先找到对叶绿体 DNA 只有一个切点的酶，然后对叶绿体 DNA 进行酶切，以此点为参考点，根据不同的酶切片段长度，确定各切点的位置，并用简图的形式表现出来（Kato et al.，2000）。而 RFLP 分析原理同基因组 RFLP 分析类似，先对叶绿体 DNA 进行酶切，然后进行限制性内切核酸酶的 DNA 片段的多态性分析。叶绿体 DNA 的

RFLP 标记技术同基因组 RFLP 标记一样在刚出现的时间内得到迅速发展和广泛应用，但同样因其技术的局限性其发展受到了局限。

（三）基于 PCR 技术的叶绿体 DNA 分子标记技术

随着 PCR 技术的出现与发展，DNA 分子标记技术得到了迅速发展，基于基因组 DNA 开发的分子标记技术在叶绿体 DNA 中也得到迅速发展和广泛应用。

叶绿体 DNA 的 PCR-RFLP 标记技术是将 RFLP 分子标记与 PCR 技术相结合开发出的分子标记技术，相较于 RFLP 标记，PCR-RFLP 标记技术对叶绿体 DNA 的纯度要求降低，同时不需要放射性标记等其他标记物，并且对叶绿体 DNA 的需要量也大大减少，其分析结果也更加可靠。King 和 Ferris（1998）采用该技术对欧洲桤木进行了地理系统学的研究，确定了两个在此之前没有确定的欧洲桤木地理区域。李健仔等（2003）对猕猴桃属 27 个种和 15 个栽培品种的叶绿体基因 *rbcL* 和 *psbA* 进行 PCR 扩增，然后分别采用 2 个不同限制性内切核酸酶对扩增产物进行酶切分析，研究其种内和种间亲缘关系，并且确定了栽培品种的父代野生原种。Droogenbroeck 等（2004）对番木瓜叶绿体非编码基因 *trnM-rbcL* 和 *trnK*1-*trnK*2 进行扩增，进行 PCR-RFLP 分析，其分析结果支持番木瓜的单系统性，同时供试的番木瓜材料被分为两大类群。此外基于叶绿体 DNA 的 PCR-RFLP 标记在松科（Wang and Szmidt.，1993）、葱属（Mes *et al.*，1997）、茄属（Lsshiki *et al.*，1998）、柿属（Hu *et al.*，2008）、芸香科（Jena *et al.*，2009）等植物中均得到广泛应用。

叶绿体 DNA 基因区段测序分析技术是对叶绿体 DNA 基因编码区或基因间隔区的序列进行测序，然后进行序列分析，根据其序列的差异、核苷酸突变的信息进行系统发育的研究。叶绿体 DNA 分子质量小、结构简单，其编码的基因与叶绿体功能直接相关，其自然选择压力较大，碱基替换速率相对较低，适用于不同科目较高分类阶元的系统发育研究。该分子标记技术在栗属（Kamiya *et al.*，2002）、山毛榉（Kanno *et al.*，2004）、水稻（刘志文等，2013）、芸薹属（Woo *et al.*，2013）等植物中应用非常广泛。同样在牡丹的研究中也得到广泛应用。

三、基于叶绿体 DNA 的分子标记在牡丹中的应用

Sang 等（1997a）对 32 个牡丹种群的编码基因 *matK*，两个非基因编码区 *psbA*-*trnH* 和 *trnL*（UAA）-*trnF*（GAA）测序，进行了种系关系、网状进化和生物地理学等的研究，表明其研究中所选择的牡丹材料在更新世冰期可能引发了其广泛的网状进化，从而改变了杂交种的分布范围。Tank 和 Sang（2001）对牡丹核编码叶绿体表达的 *GPAT*（glycerol-3-phosphate acyltransferase gene）基因进行分析，该基因在被子植物中是单拷贝基因，对芍药属的 13 个种的 19 份材料

进行系统发育研究，其结果表明，低拷贝的核基因较通常的核基因在系统进化关系的研究中更加有效，特别是在较低的分类阶元中，并且可应用于基因的进化动力学检测。Pan 等（2007）采用叶绿体 *matK* 基因和两个非基因编码区 *psbA-trnH* 和 *rps16-trnQ* 对牡丹二倍体杂交种起源进行了研究。张金梅等（2008）基于叶绿体基因组 *ndhF*、*rps16-trnQ*、*trnLF* 和 *trnS-G* 4 个基因研究了包括牡丹组植物目前已知的几乎所有的变异类型（种或种下分类群）共 40 份，比对后共有（含插入/缺失）5040 个位点，包含 96 个变异位点，其中信息位点 69 个，叶绿体基因组与核基因组所揭示的包括四川牡丹、矮牡丹、卵叶牡丹和紫斑牡丹在内的进化线与根据形态所建立的物种限定不吻合，叶绿体基因在种间或居群系统之间的变异是种或居群系统内变异的 4.82 倍。Yuan 等（2011）通过三个叶绿体基因 *petB-petD*、*rps16-trnQ* 和 *psbA-trnH* 分析了野生紫斑牡丹的地理分布结构。He 等（2012）对源自中国不同地区的药用牡丹进行了 cpDNA 的分析，表明供试的材料可分为 4 个家族，来自湖南省的 P. Xiang Dan 和来自安徽省的 *P. ostii* 属于两个不同的家族，来自湖北省的 P. Hu Lan 形成一个家族，而来自湖北和重庆的 P. Jinpao Hong、Jianshi Fen 和 Taiping Hong 形成了另一个家族，如图 15-2 所示。Zhou 等（2014）基于 14 个快速进化的 cpDNA 区域及 25 个单拷贝的核基因分析了牡丹组植物的关系，结果表明栽培牡丹种由 5 个原产于中国东部的野生种经过驯化和反复杂交而成。冯玉兰等（2015）基于叶绿体 *psbA-trnH* 序列和 *trnL-F* 序列对牡丹组全部 9 个野生种 15 个居群及凤丹的种间关系进行了研究，分别构建了 *psbA-trnH* 序列和 *trnL-F* 序列的系统发育树，其结果支持牡丹组划分为两个亚组的分类方法（图 15-3）。

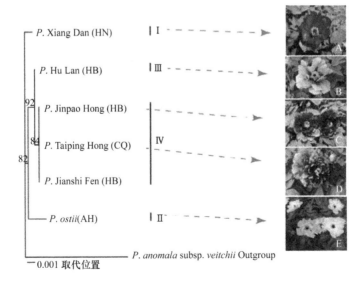

图 15-2　6 份药用牡丹材料基于 cpDNA 标记构建的邻接树（He *et al*.，2012）

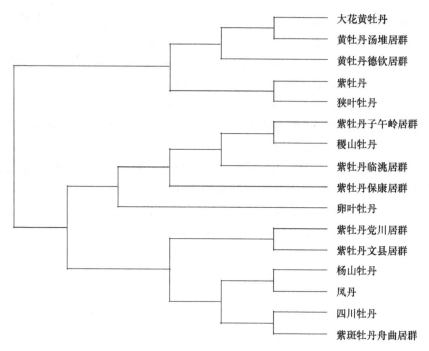

图 15-3 用邻位相连法构建的 *psb A-trn H* 序列系统发育树（冯玉兰，2015）

第二节 基于核糖体 DNA 的分子标记

一、核糖体 DNA 的结构与特点

核糖体广泛存在于植物的叶绿体、线粒体和细胞质中，所包含的基因为多拷贝、中度重复序列，以串联的方式排列于核染色体上。一个重复单位由 5.8S、18S、26S 编码区及一些间隔区（Volkov *et al.* 2004）构成。其中编码核糖体小亚基 rRNA 的 18S 基因与 5.8S、26S 基因共同构成一转录单位（transcription unit），又称为顺反子（cistron），18S 与 5.8S 的基因间区被称为内转录间隔区 1（internal transcribed spacer，ITS1），5.8S 与 26S 的基因间区被称为内转录间隔区 2（ITS2）（牛宪立等，2009）（图 15-4）。5.8S rDNA 基因太短包含的遗传信息量太少，18S rDNA 基因较大，大约有 2 kb，其中包含了可变区，28S rDNA 大约 4 kb，包含的信息量更大，18S rDNA、28S rDNA 和 ITS 区都是常用的分子标记。

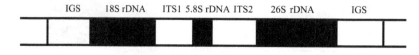

图 15-4 编码核糖体 rRNA 基因构成示意图（李亚，2013）

ITS. 内转录间隔区；IGS. 基因间隔区

在系统发育的研究中，rDNA 能提供重要信息，由于 rDNA 的基因保守位点存在差异，它还可以用于不同的分类水平。在高等植物中，rDNA 的编码区序列高度保守（不同纲、目间的同源率可达 90%以上），最保守的部分出现在 26S rDNA 的 3′端，序列差异主要表现在其中的 ITS 等非编码区上。ITS 区包括：ITSl 和 ITS2 及位于它们之间的高度保守的 5.8S rDNA 外显子区，其长度变化非常大，在植物中其总长度为 500～3500 bp（Baldwin *et al.* 1995；Maggini *et al.* 1998），ITS 在生物体内具有多拷贝性，属于双亲遗传，区别于母系遗传的叶绿体和线粒体的标记，其次可以通过通用引物对多种不同物种进行扩增，并且其大小适中，易于测序。在物种的进化过程中 ITS 所承受的选择压力较小，相对进化速度较快，具有很高的可变性，为物种鉴定提供了丰富的变异位点和信息位点，对 ITS 区进行 PCR 扩增、测序及序列分析，已广泛应用于物种进化或属的进化研究。核糖体 DNA 中 5.8S、18S、26S 编码区进化速率较慢，常用于探讨科级及以上阶元的系统发育问题，而 ITS 等间隔区常用于研究较低阶元如属间、种间甚至居群间的系统关系（李学营等，2005）。

二、基于核糖体 DNA 的分子标记在植物中的应用

Cerbah 等（1998）选取菊科（Asteraceae）*Hypochaeris* 的地中海 10 个种，南美 4 个种，以 *Leontodon hispidus* 与 *Hyoseris scabra* 作为外类群，测定了核糖体 DNA ITS 区序列，构建系统进化树，可很好地分为 4 个主支，其中有争议的 *H. robertia* 单独构成一支，所得到的系统关系与染色体特征基本吻合。Pan 等（2000）对 23 个不同地理分布的野生、栽培甘蔗属植物及其近缘属蔗茅属等的 ITS 区进行克隆和测序，结果表明同一个种不同居群样本的序列长度变化为 2～24 bp，序列相似度变化范围在 70.2%～97.9%，根据 ITS 区序列构建系统进化树表明甘蔗属野生种和蔗茅属与甘蔗属栽培种的关系比与高粱和玉米的关系要近，同时甘蔗属栽培种与甘蔗属野生种分支的关系较与蔗茅属的关系近。Murakami（2001）测序分析了桑科啤酒花属（*Humulus lupulus*）的 3 个变种及 *H. japonicus* 的 IGS 序列，在不同产地的栽培种和野生变种中的 IGS 序列长度不同，并且其串联重复的拷贝数也不同，并根据部分序列构建系统发育树表明，来自北美和日本的变种关系较近，而欧洲变种单独形成一支。Sun 等（2005）用 ITS 区对包括 17 个中国种的淫羊藿属 22 个种和一个外类群的植物进行系统发育关系研究，通过 PCR 产物克隆测序，得到间隔区序列长度范围为 222～245 bp，构建系统进化树表明除中国特有种外的其他 5 个淫羊藿种和外类群聚为一支，其研究结果与基于形态特征和地理分布特征的结果相吻合；所有的中国特有种形成一个分支，而这个分支的种内关系却与基于形态学的种间关系不一致。Kitamura 等（2005）利用 ITS 区分析了不同染色体倍性的烟草属 7 个种的种间关系，其克隆测序得到 ITS 区的长度范围为

180～600 bp，种间的长度变异很大，种内不同克隆之间的序列差异较小；构建邻接树和最大简约树表明，四倍体种 *Nicotiana quadrivalvis* 和 *N. repanda* 与二倍体种 *N. obtusifolia* 聚在一起，四倍体种 *N. debneyi* 和二倍体种 *N. glauca* 聚成一支，其结果与荧光原位杂交、叶绿体 DNA 序列分析等研究结果相一致。王晓玲等（2008）选取海南 7 个主要普通野生稻（*Oryza rufipogon*），以转 *bar* 基因粳稻（*O. sativa* ssp. *japonica*）YOO3 为外类群，对核糖体 DNA ITS 区全序列信息进行比较分析，ITS 区的全长范围为 586～589 bp，ITS1 和 ITS2 的 G/C 占比分别为 72.02%～74.74% 和 75.55%～76.08%，离栽培稻越近的类群 G/C 含量越高，根据 ITS 差异序列进行聚类分析，可以很清楚地区分开来各类群，表明 ITS 对海南普通野生稻类群的划分是可行的，也说明海南普通野生稻 ITS 区序列具有一定的变异性、内群间具有一定的遗传多样性。

陈妍等（2009）对来源于不同产地的 11 个乳白石蒜进行了 rDNA-ITS 序列分析及种内系统发育研究，基于 ITS 序列分析结果可将 11 个乳白石蒜种源聚为三大类，结果表明，乳白石蒜种内有丰富的遗传变异，种源间的 ITS 序列差异与花的特征变化一致，但与地理分布并不相关。刘新龙等（2010）选取了甘蔗亚族（Saccharinae）内与甘蔗植物分类关系较近的 8 属 37 种 120 份材料，以狼尾草属（*Pennisetum* Rich.）的象草（*P. purpureum*）为外群体，依据 rDNA-ITS 序列探讨了甘蔗近缘属种的系统进化关系，结果表明，ITS1 序列长度为 200～208 bp，GC 含量为 60.4%～69.1%，ITS2 序列长度为 215～220 bp，GC 含量为 66.1%～73.4%；属种间遗传距离表明甘蔗属（*Saccharum*）与芒属（*Miscanthus*）和荻属（*Triarrhena*）的亲缘关系最近，其次为蔗茅属（*Erianthus*）和河八王属（*Narenga*），与莠竹属（*Microstegium*）、大油芒属（*Spodiopogon*）、白茅属（*Imperata*）亲缘关系较远。牛宪立等（2011）对秋茄、老鼠筋和桐花树 3 种药用红树植物 rDNA ITS 序列进行了初步研究，表明 rDNA-ITS 测序结果可作为鉴定药用红树植物种质资源的分子标记之一。Chochai 等（2012）应用核糖体 ITs 和质体序列研究了兜兰属的系统进化关系，结果证实了兜兰属是单源的，并且可以被分为硬叶亚属、短瓣亚属和兜兰亚属 3 个亚属。栗丹等（2012）以舌唇兰属作为外类群，对 43 个石斛样品，包括 35 个已知样品，8 个待确定种样品，根据试验获得的 43 个 ITS 序列及从 NCBI 获得的 21 个不同组的石斛的 ITS 序列进行系统进化聚类分析，表明，石斛属植物与舌唇兰属的植物分化十分明显，在石斛的系统进化、聚类分析中，基于 ITS 序列分类结果，大部分与传统分类分组一致，但有少部分种与传统分组结果存在差异；同时通过 ITS 序列成功地完成了对未知石斛的鉴定。

三、基于核糖体 DNA 的分子标记在牡丹中的应用

Sang 等（1995）对芍药属 33 个物种的核糖体 DNA 的 ITS 序列进行了测定，

通过分析发现了其网状进化关系。用简约性方法建立了非杂交种起源物种（芍药组 sect. *Paeonia*）12 个种的种间系统进化关系树，并将其余种类（包括矮牡丹和滇牡丹）加到已有的树上。他们的结果为利用 ITS 序列重建植物网状进化关系提供了很好的例子，并证明序列信息可以为杂交（事件）检测提供非常有用和准确的信息。徐纲等（2009）对我国 4 个地区牡丹主要栽培品种 rDNA-ITS 区序列进行测定，研究了各居群 rDNA-ITS 序列特征及差异，建立了不同地区主要牡丹栽培品种的区域性分子标记，见表 15-1。

表 15-1 各牡丹样本 ITS 区序列长度及 G+C 含量

编号	T/%	C/%	A/%	G/%	G+C/%	总长度/bp	编号	T/%	C/%	A/%	G/%	G+C/%	总长度/bp
SJK	20.8	29.2	22.7	27.3	56.5	653	LY-4	20.8	28.8	22.9	27.5	56.3	652
CQ-1	21.2	28.7	23.1	27.0	55.7	652	HZ-1	20.7	29.0	22.8	27.5	56.5	652
CQ-2	20.7	29.3	22.7	27.3	56.6	652	HZ-2	20.9	28.8	22.7	27.6	56.4	652
CQ-3	20.9	29.0	23.0	27.1	56.1	652	HZ-3	20.6	29.0	22.5	27.9	56.9	652
CQ-4	21.3	28.7	22.9	27.1	55.8	652	HZ-4	20.8	28.8	22.9	27.5	56.3	652
CQ-5	20.9	29.1	22.7	27.3	56.4	652	TL1-1-4-6	21.1	29.1	22.7	27.1	56.2	652
LY-1	20.6	28.7	23.2	27.5	56.2	652	TL-2	21.0	28.7	23.0	27.3	56.0	652
LY-2	20.6	28.7	22.9	27.8	56.5	652	TL-3	21.4	28.8	22.7	27.1	55.9	652
LY-3	20.8	29.0	22.9	27.3	56.3	652	TL-5	20.9	28.8	23.0	27.3	56.1	652

注：SJK 表示 GeneBank 数据库牡丹 ITS 序列（注册号：U27692）。

资料来源：徐纲等，2009。

参 考 文 献

安钢, 新平, 立波, 等. 2008. 生物化学与分子生物学实验技术. 北京: 高等教育出版社.

白生文, 范惠玲. 2008. RAPD 标记技术及其应用进展. 河西学院学报, 24(2): 52-54.

白玉. 2007. DNA 分子标记技术及其应用. 安徽农业科学, 35(24): 7422-7424.

包英华, 白音, 田新波, 等. 2008. 束花石斛种质资源的 ISSR 分析. 广西植物, 28(4): 447-450.

蔡长福, 刘改秀, 成仿云, 等. 2015. 牡丹遗传作图最适 F_1 分离群体的选择. 北京林业大学学报, 37(3): 139-147.

蔡祖国, 赵一鹏, 李红运, 等. 2008. 济源太行山区野生牡丹形态特征与分类研究. 西北林学院学报, 23(3): 50-52.

陈伯望, 洪菊生, 施行博. 2000. 杉木和秃杉群体的叶绿体微卫星分析. 林业科学, (3): 46-51.

陈道明, 蒋勤. 1989. 牡丹品种酯酶同工酶分析. 南京林业大学学报(自然科学版), 13(3): 36-42.

陈虎, 何新华, 罗聪, 等. 2010. 龙眼 24 个品种的 SCoT 遗传多样性分析. 园艺学报, 37(10): 1651-1654.

陈惠云, 孙志栋, 凌建刚. 2007. AFLP 分子标记及其在植物遗传学研究中的应用. 绿色大世界, (7): 52-54.

陈静. 2012. 虎杖育种关键技术初步研究. 成都: 成都中医药大学硕士学位论文.

陈亮, 高其康. 1998. 15 个茶树品种遗传多样性的 RAPD 分析. 茶叶科学, 18(1): 21-27.

陈亮, 王平盛. 2002. 应用 RAPD 分子标记鉴定野生茶树种质资源研究. 中国农业科学, 35(10): 1186-1191.

陈全求, 詹先进, 蓝家样, 等. 2008. EST 分子标记开发研究进展. 中国农学通报, 24(9): 72-77.

陈向明, 郑国生, 孟丽. 2002. 不同花色牡丹品种亲缘关系的 RAPD-PCR 分析. 中国农业科学, 35(5): 546-551.

陈向明, 郑国生, 张圣旺. 2001. 牡丹栽培品种的 RAPD 分析. 园艺学报, 28(4): 370-372.

陈妍, 高燕会, 廖望仪, 等. 2009. 乳白石蒜 rDNA-ITS 序列分析及种内系统发育研究. 植物资源与环境学报, 18(3): 25-31.

陈芸, 李冠, 王贤磊. 2010. 甜瓜种质资源遗传多样性的 SRAP 分析. 遗传, 32(7): 744-751.

陈志伟, 吴为人. 2004. 植物中的反转录转座子及其应用. 遗传, 26(1): 122-126.

成仿云, 陈德忠. 1998. 紫斑牡丹新品种选育及牡丹品种分类研究. 北京林业大学学报, 20(2): 31-36.

成仿云, 李嘉珏, 于玲. 1998. 中国牡丹的输出及其在国外的发展 II: 野生牡丹. 西北师范大学学报(自然科学版), 34(3): 103-108

成仿云, 李嘉珏. 1998. 中国牡丹的输出及其在国外的发展 II: 栽培牡丹. 西北师范大学学报(自然科学版), 34(1): 109-116

成仿云, 李嘉珏, 陈德忠, 等. 2005. 中国紫斑牡丹. 北京: 中国林业出版社.

程霞英. 2004. 叶绿体遗传转化的研究进展. 生物学通报, 39(3): 15-17.

程旭东, 凌宏清. 2006. 植物基因组中的非 LTR 反转录转座子 SINEs 和 LINEs. 遗传, 28(6): 731-736.

丁彩真, 于曙光, 王艳丽, 等. 2014. 丹皮总黄酮的提取及抗氧化活性研究. 化学与生物工程, (7): 30-33.

丁鸽, 丁小余, 沈洁, 等. 2006. 铁皮石斛野生居群遗传多样性的 RAPD 分析与鉴别. 药学学报,

40(11): 1028-1032.

董文攀. 2012. 蜡梅科叶绿体基因组进化及被子植物高变叶绿体基因标记开发与应用. 哈尔滨: 东北林业大学硕士学位论文.

杜晓云, 张青林, 黄建民, 等. 2010. SSAP 逆转座子分子标记在柿属植物遗传分析中的应用. 农业生物技术学报, 18(4): 682-688.

杜晓云, 张青林, 罗正荣. 2008. 罗田甜柿 Ty1-*copia* 类逆转座子 RNaseH-LTR 序列的分离和特性分析. 园艺学报, 35(4): 501-508.

杜晓云, 张青林, 罗正荣. 2009. 逆转座子分子标记及其在果树上的应用. 果树学报, (6): 865-870.

范付华, 乔光, 郑思成, 等. 2012. 火龙果 Ty1-*copia* 类反转录转座子反转录酶序列的克隆及分析. 园艺学报, 39(2): 265-272.

冯玉兰, 成娟, 臧荣鑫, 等. 2015. 基于叶绿体 *psbA-trnH* 序列和 *trnL-F* 序列的牡丹野生种间关系. 生物学杂志, 32(1): 55-58.

冯志文, 杨霞光, 潘剑, 等. 2009. 6 个品种牡丹花瓣的抗氧化活性分析. 西北农林科技大学学报(自然科学版), 37(1): 205-210.

盖树鹏, 孟祥栋. 1999. 利用 RAPD 技术进行植物性状标记及辅助选择. 生物技术通报, (6): 33-38.

甘娜, 陈其兵, 罗承德. 2014. 四川天彭牡丹遗传多样性研究. 北方园艺, (9): 112-116.

高福玲, 姜廷波. 2009. 白桦 AFLP 遗传连锁图谱的构建. 遗传, 31(2): 213-218.

高岭, 冯尚国, 何仁锋, 等. 2013. 兰属植物目标起始密码子(SCoT)遗传多样性分析. 园艺学报, 40(10): 2026-2032.

高志红, 章镇, 盛炳成, 等. 2001. 桃梅李杏四种主要核果类果树 RAPD 指纹图谱初探. 果树学报, 18(2): 120-121.

龚洵, 顾志建, 武全安. 1991. 黄牡丹七个居群的细胞学研究. 云南植物研究, 13(4): 402-410

龚洵, 肖调江, 顾志建, 等. 1999. 黄牡丹八个居群的 Giemsa C 带比较研究. 云南植物研究, 21(4): 477-482.

关坤. 2009. 牡丹亚组间远缘杂交后代的早期鉴定. 北京: 北京林业大学硕士学位论文.

郭大龙. 2007. 植物微卫星引物开发方法. 安徽农业科学, 35(18): 5361-5363.

郭大龙, 侯小改, 张静, 等. 2008. 牡丹 SRAP 反应体系的建立及正交设计优化. 河南农业科学, (12): 110-113.

郭大龙, 罗正荣. 2006. 部分柿属植物 SRAP-PCR 反应体系的优化. 果树学报, 23(1): 138-141.

郭大龙, 张君玉, 石春梅, 等. 2010. 一种简便快速高效的 DNA 银染方法. 河南农业科学, (7): 74-76.

郭瑞星, 刘小红, 荣廷昭, 等. 2005. 植物 SSR 标记的发展及其在遗传育种中的应用. 玉米科学, (2): 8-11.

郭树春, 安玉麟, 李素萍, 等. 2007. DNA 分子标记在作物种质资源中的应用进展. 华北农学报. 22(专辑): 91-97.

郭旺珍, 何金龙. 1996. 我国棉花主栽品种的 RAPD 指纹图谱研究. 农业生物技术学报, 4(2): 129-134.

郭玉双, 陈静, 张建华, 等. 2011. 植物 LTR 类反转录转座子在植物基因组学研究中的应用. 黑龙江农业科学, (11): 139-142.

海燕, 何宁, 康明辉, 等. 2006. 新型分子标记 SRAP 及其应用. 河南农业科学, (9): 9-12.

韩国辉, 向素琼, 汪卫星, 等. 2011. 柑橘 SCoT 分子标记技术体系的建立及其在遗传分析中的应用. 园艺学报, 38(07): 1243-1250.

韩继刚, 李晓青, 刘焰, 等. 2014. 牡丹油用价值及其应用前景. 粮食与油脂, (5): 21-25.

韩继刚, 刘焰, 李晓青, 等. 2013. 江南地区油用牡丹种质资源的初步调查及其遗传多样性. 生态文明建设中的植物学: 现在与未来——中国植物学会第十五届会员代表大会暨八十周年学术年会论文集——第4分会场: 资源植物学.

何丽霞, 李睿, 李嘉珏, 等. 2005. 中国野生牡丹花粉形态的研究. 兰州大学学报(自然科学版), 41(4): 43-49.

何正文, 刘运生, 陈立华, 等. 1998. 正交设计直观分析法优化 PCR 条件. 湖南医科大学学报, 23(04): 403-404.

贺春玲, 徐珊珊, 张淑霞, 等. 2015. 9 种牡丹花粉的蛋白质和矿物元素含量分析. 核农学报, 29(11): 2158-2164.

洪德元, 潘开玉. 1999. 芍药属牡丹组的分类历史和分类处理. 植物分类学报, 37(4): 351-368.

洪德元, 潘开玉. 2005. 芍药属牡丹组分类补注. 植物分类学报, 43(3): 284-287.

洪德元, 潘开玉. 2007. 牡丹一新种——中原牡丹, 及银屏牡丹的订正. 植物分类学报, 45(3): 285-288.

洪德元, 潘开玉, 谢中稳. 1998. 银屏牡丹——花王牡丹的野生近亲. 植物分类学报, 36 (6): 515-520.

洪德元, 潘开玉, 周志钦. 2004. *Paeonia suffruticosa* Andrews 的界定, 兼论栽培牡丹的分类鉴定问题. 植物分类学报, 42(3): 275-283.

洪德元, 张志宪, 朱相云. 1988. 芍药属的研究(1)国产几个野生种核型的报道. 植物分类学报, 26(1): 33-43.

洪涛, 张家勋, 李嘉珏, 等. 1992. 中国野生牡丹研究(一)芍药属牡丹组新分类群. 植物研究, 12(3): 223-234.

洪彦彬, 梁炫强, 陈小平, 等. 2009. 花生栽培种 SSR 遗传图谱的构建. 作物学报, 35(3): 395-402.

侯小改, 段春燕, 刘素云, 等. 2006a. 中国牡丹染色体研究进展. 中国农学通报, 22(2): 307-309.

侯小改, 郭大龙, 黄燕梅, 等. 2013. 牡丹 Ty3-*gypsy* 类反转录转座子反转录酶序列的克隆及分析. 园艺学报, 40(1): 98-106.

侯小改, 王娟, 郭大龙, 等. 2011a. 牡丹 EST 资源的 SSR 信息分析. 湖南农业大学学报(自然科学版), 37 (2): 172-176.

侯小改, 王娟, 贾甜, 等. 2011b. 牡丹 SCoT 分子标记正交优化及引物筛选. 华北农学报, 26(5): 92-96.

侯小改, 尹伟伦, 李嘉珏, 等. 2006b. 部分牡丹品种遗传多样性的 AFLP 分析. 中国农业科学, 39(8): 1709-1715.

侯小改, 尹伟伦, 李嘉珏, 等. 2006c. 牡丹矮化品种亲缘关系的 AFLP 分析. 北京林业大学学报, 28(5): 73-77.

侯渝嘉, 李品武. 2005. ISSR 分子标记在茶树上的应用. 西南园艺, 33(6): 12-13.

黄方, 迟英俊, 喻德跃. 2012. 植物 MADS-box 基因研究进展. 南京农业大学学报, 35(5): 9-18.

黄福平, 梁月荣, 陆建良, 等. 2006. 应用 RAPD 和 ISSR 分子标记构建茶树回交 1 代部分遗传图谱. 茶叶科学, 26(3): 171-176.

黄少玲. 2007. 春石斛兰品种的倍性鉴定及 RAPD 分子遗传图谱的构建. 武汉: 华中农业大学硕士学位论文.

黄映萍. 2010. DNA 分子标记研究进展. 中山大学研究生学刊(自然科学·医学版), 31(2): 27-36.

贾甜甜, 郭大龙, 侯小改, 等. 2012. 牡丹反转录转座子RT基因的分离与序列分析. 华北农学报, 27(6): 30-33.

蒋爽, 滕元文, 宗宇, 等. 2013. 植物 LTR 反转录转座子的研究进展. 西北植物学报, 33(11): 2354-2360.

鞠秀芝, 杜胜利, 宗兆锋, 等. 2005. AFLP 技术及其常见问题与解决方案. 天津农业科学, 10(4): 6-9.

蓝保卿, 李嘉珏, 乔红霞. 2004. 牡丹栽培始于晋. 中国花卉园艺, (10): 16-19.

李保印. 2007. 中原牡丹品种遗传多样性与核心种质构建研究. 北京: 北京林业大学博士学位论文.

李保印, 周秀梅, 张启翔. 2011. 中原牡丹品种资源的核心种质构建研究. 华北农学报, 26(3): 100-105.

李春苑, 阮美煜, 贾海燕, 等. 2009. 同源异型盒基因 I 类 KNOX 的表达调控及在植物形态建成中的作用. 中国细胞生物学学报, 31(5): 635-640.

李凤岚, 马小军. 2008. 药用植物分子遗传图谱研究进展. 中草药, 39(1): 129-133.

李刚, 施江, 孔祥生, 等. 2007. 牡丹·芍药 DNA 提取方法研究. 安徽农业科学, 35(32): 10234-10235.

李宏伟, 高丽锋, 刘曙东, 等. 2005. 用 EST-SSR 检测不同年代小麦育成品种基因多样性的变化趋势. 西北植物学报, 25(1) : 27-32.

李慧芝, 尹燕枰, 张春庆, 等. 2007. SRAP 在葱栽培品种遗传多样性研究中的适用性分析. 园艺学报, 34(4): 929-934.

李嘉珏, 陈德忠. 1998. 大花黄牡丹分类学地位的研究. 植物研究, 18(2): 152-155.

李嘉珏, 张西方, 赵孝庆, 等. 2011. 中国牡丹. 北京: 中国大百科全书出版社.

李嘉珏. 1992. 中国牡丹分类研究的新进展. 中国牡丹芍药协会会刊, 2: 4-7.

李嘉珏. 1998. 中国牡丹起源的研究. 北京林业大学学报, 20(2): 22-26.

李嘉珏. 1999. 中国牡丹与芍药. 北京: 中国林业出版社: 59-62.

李嘉珏. 2006. 中国牡丹品种图志(西北· 西南· 江南卷). 北京: 中国林业出版社.

李健仔, 李思光, 罗玉萍. 2003. 猕猴桃属植物叶绿体基因 PCR-RFLP 分析. 植物研究, 23(3): 328-333.

李金璐, 王硕, 于婧, 等. 2013. 一种改良的植物 DNA 提取方法. 植物学报, 48(1): 72-78.

李娟, 宋延杰, 申明亮, 等. 2008. 铜陵牡丹和垫江牡丹的同工酶分析. 中国野生植物资源, 27(2): 58-60.

李奎, 王雁, 郑宝强, 等. 2011a. 40 个野生滇牡丹群体的花粉形态研究. 北京林业大学学报, 33(1): 94-103.

李奎, 王雁, 郑宝强, 等. 2011b. 滇牡丹系统分类的形态学与 RAPD 研究. 见: 张启翔. 中国观赏园艺研究进展(2014). 北京: 中国林业出版社: 237-243.

李莉, 彭建营, 白瑞霞, 等. 2006. SRAP 与 TRAP 标记及其在园艺植物研究中的应用. 西北植物学报, 26(08): 1749-1752.

李懋学. 1982. 三倍体牡丹的细胞遗传学观察. 遗传, 4(5): 19-21.

李强. 2014. 大豆种质遗传多样性及表型性状关联位点发掘与优异位点序列分析. 呼和浩特: 内蒙古农业大学博士学位论文.

李强, 刘庆昌, 翟红, 等. 2008. 中国甘薯主要亲本遗传多样性的 ISSR 分析. 作物学报. 34(6): 972-977.

李秋莉, 张毅, 尹辉, 等. 2006. 辽宁碱蓬甜菜碱醛脱氢酶基因 (BADH) 启动子分离及序列分析.

生物工程学报, 22(1): 77-81.

李希臣, 雷勃钧, 卢翠华, 等. 1994. 高效的植物 DNA 提取方法. 生物技术, 4(3): 39-41.

李锡香, 朱德蔚, 杜永臣, 等. 2004a. 黄瓜种质资源遗传多样性的 RAPD 鉴定与分类研究. 植物遗传资源学报, 5(2): 147-152.

李锡香, 朱德蔚, 杜永臣, 等. 2004b. 黄瓜种质资源遗传多样性及其亲缘关系的 AFLP 分析. 园艺学报, 31(03): 309-314.

李小白, 崔海瑞, 张明龙. 2006. EST 分子标记开发及在比较基因组学中的应用. 生物多样性, 14(6): 541-547.

李小白, 张明龙, 崔海瑞. 2007. 油菜 EST 资源的 SSR 信息分析. 中国油料作物学报, 29(1): 20-25. .

李晓玲, 赵欣欣. 2004. 植物基因组中的反转录转座子. 长春工业大学学报(自然科学版), (4): 21-24.

李效尊, 潘俊松, 王刚, 等. 2004. 黄瓜侧枝基因 (*lb*) 和全雌基因 (*f*) 的定位及 RAPD 遗传图谱的构建. 自然科学进展, 14(11): 1225-1229.

李学营, 彭建营, 白瑞霞. 2005. 基于核 rDNA 的 ITS 序列在种子植物系统发育研究中的应用. 西北植物学报, 25(4): 829-834.

李亚. 2013. 基于ITS和cpDNA分子标记的江西建兰野生居群遗传结构研究. 南昌: 南昌大学硕士学位论文.

李艳梅. 2014. 牡丹深加工迎来发展新机遇. 中国花卉园艺, (5): 18-19.

李莹莹, 郑成淑. 2013. 利用 CDDP 标记的菏泽牡丹品种资源的遗传多样性. 中国农业科学, 46(13): 2739-2750.

李莹莹. 2013a. 基于 CDDP 标记的牡丹遗传多样性分析及分子身份证构建. 泰安: 山东农业大学博士学位论文.

李莹莹. 2013b. 保守 DNA 衍生多态性 CDDP 分子标记技术及其应用. 生物技术, 23(4): 78-83.

李永强, 李宏伟, 高丽锋, 等. 2004. 基于表达序列标签的微卫星标记(EST-SSRs)研究进展. 植物遗传资源学报, 5(1) 91-95.

李育才. 2015. 油用牡丹产业发展的思考. 新产经, (6): 52-53.

李兆波, 吴禹, 王岩, 等. 2010. SNP 标记技术及其在农作物育种中的应用. 辽宁农业职业技术学院学报, 12(03): 8-9.

李宗艳, 秦艳玲, 蒙进芳, 等. 2015. 西南牡丹品种起源的 ISSR 研究. 中国农业科学, 48(5): 931-940.

栗丹, 李振坚, 毛萍, 等. 2012. 基于ITS序列石斛材料的鉴定及系统进化分析. 园艺学报, 39(8): 1539-1550.

连莲. 2008. 白桦 ISSR 和 AFLP 遗传图谱构建. 哈尔滨: 东北林业大学硕士学位论文.

林启冰, 周志钦, 赵宣, 等. 2004. 基于 *Adh* 基因家族序列的牡丹组(Sect. *Moutan* DC.)种间关系. 园艺学报, 31(5): 627-632.

林清, 龙治坚, 韩国辉, 等. 2013. 基于 SCoT 标记的芥菜种质遗传多样性与指纹图谱. 中国蔬菜, (12): 31-39.

林志坤, 孙威江, 陈志丹, 等. 2014. ISSR 分子标记技术及其在茶树研究中的应用. 广东农业科学, (9): 139-142, 146.

林忠旭, 张献龙, 聂以春. 2004. 新型标记 SRAP 在棉花 F_2 分离群体及遗传多样性评价中的适用性分析. 遗传学报, 31(6): 622-626.

刘本英, 王丽鸳, 周健, 等. 2008. 云南大叶种茶树种质资源 ISSR 指纹图谱构建及遗传多样性分析. 植物遗传资源学报, 9(4): 458-464.

刘畅, 杨足君, 李光蓉, 等. 2006. 叶绿体基因 *infA-rpl36* 区域在小麦族物种中的序列变异分析. 遗传, 28(10): 1265-1272.

刘春林, 官春云, 李木旬. 1999. 植物 RAPD 标记的可靠性研究. 生物技术通报, (2): 31-34.

刘春迎, 王莲英. 1995. 芍药品种的数量分类研究. 武汉植物学报, 13(2): 116-126.

刘娟, 李楠, 王昌涛. 2012. 牡丹花粉黄酮的提取及抗氧化性研究. 食品研究与开发, 33(10): 39-44.

刘萍, 代红军, 张立杰, 等. 1998. DNA 提取方法与植物种类的效应比较. 宁夏农林科技, (01): 15-18.

刘萍, 芦锰. 2009. 7 种不同花色 35 个牡丹品种遗传多样性的 AFLP 分析. 河南中医学院学报, 24(03): 30-32.

刘萍, 王子成, 尚富德. 2006. 河南部分牡丹品种遗传多样性的 AFLP 分析. 园艺学报, 33(6): 1369-1372.

刘塔斯, 林丽美, 龚力民, 等. 2006. 分子标记中植物 DNA 提取方法的研究进展. 中南药学, 3(6): 370-373.

刘通, 冯丹, 陈少瑜, 等. 2014. 4 个滇牡丹天然居群遗传多样性的 ISSR 分析. 西部林业科学, 43(3): 31-36.

刘新龙, 蔡青, 毕艳, 等. 2009. 中国滇蔗茅种质资源遗传多样性的 AFLP 分析. 作物学报, 35(2): 262-269.

刘新龙, 苏火生, 马丽, 等. 2010. 基于 rDNA-ITS 序列探讨甘蔗近缘属种的系统进化关系. 作物学报, 36(11): 1853-1863.

刘旭. 1997. 遗传标记和遗传图谱构建. 作物品种资源, (3): 30-33.

刘志文, 韩旭, 李莉, 等. 2008. 叶绿体和线粒体 DNA 在植物系统发育中的应用研究进展. 河南农业科学, 7: 5-9.

刘志文, 邹丹, 陈温福. 2013. 杂草稻叶绿体籼粳分化的多重 PCR 分析. 广西植物, 33(4): 460-464

柳李旺, 龚义勤, 黄浩, 等. 2005. 新型分子标记——SRAP 与 TRAP 及其应用. 遗传, 26(5): 777-781.

龙青姨. 2010. 利用 EST-SSR 标记研究橡胶树栽培种质的遗传多样性与遗传分化. 海口: 海南大学硕士学位论文.

龙治坚. 2013. 枇杷属植物的遗传多样性分析和指纹图谱初步构建. 重庆: 西南大学硕士学位论文.

龙治坚, 范理璋, 徐刚, 等. 2015. SCoT 分子标记在植物研究中的应用进展. 植物遗传资源学报, 16(2): 336-343.

路娟, 吴俊, 张绍铃, 等. 2010. 基于苹果 EST-SSR 的梨种质资源遗传多样性分析. 西北植物学报, 30(4): 645-651.

吕山花, 孟征. 2007. MADS-box 基因家族基因重复及其功能的多样性. 植物学报, 24(1): 60-70.

吕振岳, 黄东东, 周达民. 2001. AFLP 标记及在植物中的应用. 生物技术, 11(6): 40-43.

罗纯, 张青林, 罗正荣. 2015. 第二代测序技术在植物遗传研究中的应用. 广东农业科学, (03): 186-192.

马朝芝, 傅廷栋. 2003. 用 ISSR 标记技术分析中国和瑞典甘蓝型油菜的遗传多样性. 中国农业科学, 36(11): 1403-1408.

马有志, 富田因则, 曹丽霞, 等. 2004. 来自中间偃麦草基因组的类反转录转座子片段的克隆及其特征分析. 作物学报, 30(04): 299-303.

毛伟海, 杜黎明, 包崇来, 等. 2006. 我国南方长茄种质资源的 ISSR 标记分析. 园艺学报, 33(5): 1109-1112.

孟丽, 郑国生. 2004. 部分野生与栽培牡丹种质资源亲缘关系的 RAPD 研究. 林业科学, 40(5): 110-115.

孟秋峰, 汪炳良, 皇甫伟国, 等. 2007. AFLP 分子标记在园艺植物研究中的应用进展. 江西农业学报, 19(2): 39-42.

莫纪波, 李大勇, 张慧娟, 等. 2011. ERF 转录因子在植物对生物和非生物胁迫反应中的作用. 植物生理学报, 47(12): 1145-1154.

牛宪立, 姬可平, 吴群, 等. 2009. rDNA ITS 区序列分子标记技术在植物学研究中的应用. 生物信息学, 7(4): 268-271.

牛宪立, 吴群, 姬可平. 2011. 3 种药用红树植物 rDNA ITS 序列初步研究. 广东农业科, 38(17): 109-110, 116.

潘春清. 2007. 大白菜 AFLP 遗传图谱构建及抗 TuMV-C3 的 QTL 分析. 哈尔滨: 东北农业大学硕士学位论文.

潘园园, 徐祥彬, 王春玲, 等. 2012. WRKY 转录因子的研究概况. 浙江农业科学, 1(2): 253-257.

裴颜龙. 1993. 牡丹复合体的研究. 北京: 中国科学院植物研究所博士学位论文.

裴颜龙. 1996. 栽培牡丹起源研究初探. 北方园艺, (2): 55.

裴颜龙, 洪德元. 1995. 卵叶牡丹——芍药属一新种. 植物分类学报, 31(1): 91-93.

裴颜龙, 邹喻苹. 1995. 矮牡丹与紫斑牡丹 RAPD 分析初报. 植物分类学报, 33(4): 350-356.

彭丁文, 郑柳城, 朱宏波. 2008. 木薯 EST 资源的 SSR 信息分析. 中国农学通报, 24(02): 433-436.

彭建营, 彭士琪. 2000. 中国枣种质资源的 RAPD 分析. 园艺学报, 27(3): 171-176.

彭文舫, 姜慧芳, 任小平, 等. 2010. 花生 AFLP 遗传图谱构建及青枯病抗性 QTL 分析. 华北农学报, 25(6): 81-86.

戚军超, 周海梅, 马锦琦, 等. 2005. 牡丹籽油化学成分 GC-MS 分析. 粮食与油脂, (11): 22-23.

乔飞, 王力荣, 范崇辉, 等. 2006. 利用 AFLP 和 RAPD 标记构建桃的遗传连锁图谱. 果树学报, 23(5): 766-769.

乔燕春, 林顺权, 刘成明, 等. 2008. SRAP 分析体系的优化及在枇杷种质资源研究上的应用. 果树学报, 25(3): 348-352.

秦魁杰, 李嘉珏. 1990. 牡丹、芍药品种花型分类研究. 北京林业大学学报, 12(1): 18-26.

秦艳玲, 吴玉兰, 李宗艳. 2011. 改良 CTAB 法对西南牡丹总 DNA 提取工艺的优化. 贵州农业科学, 39(11): 23-26.

任亮, 朱宝芹, 张轶博, 等. 2004. 利用软件 Primer Premier 5.0 进行 PCR 引物设计的研究. 锦州医学院学报, 25(6): 43-46.

沈保安. 2001. 中国芍药属牡丹组药用植物的分类鉴定研究与修订. 时珍国医国药, 12(4): 330-333.

施维属, 王江波, 李开拓, 等. 2010. 24 份甜橙种质资源的 ISSR 分析. 热带作物学报. 31(6): 902-907.

石颜通, 周波, 张秀新, 等. 2012. 牡丹 89 个不同种源品种遗传多样性和亲缘关系分析. 园艺学报, 39(12): 2499-2506.

史倩倩. 2012. 中原牡丹传统品种遗传多样性研究. 北京: 中国林业科学研究院硕士学位论文.

史倩倩, 王雁, 周琳, 等. 2011. SRAP 分子标记在园林植物遗传育种中的应用. 生物技术通报, (11): 74-78, 87.

宋常美, 文晓鹏, 杨尔泰. 2011. 贵州樱桃种质资源的 ISSR 分析. 园艺学报, 38(8): 1531-1538.

宋程威, 郭大龙, 张曦, 等. 2014. 牡丹 LINE 类反转录转座子 RT 序列的克隆及分析. 园艺学报, 41(1): 157-164.

宋红竹, 张绮纹, 周春江. 2008. 杨树部分种的 AFLP 遗传多样性分析. 林业科学, 43(12): 64-69.

苏美和. 2013. 牡丹育种技术及杂交一代遗传多样性的研究. 泰安: 山东农业大学硕士学位论文.

苏美和, 赵兰勇. 2012. 牡丹杂交品系 SRAP-PCR 反应体系优化及引物筛选. 中国农学通报, 28(19): 189-193.

苏雪, 张辉, 董莉娜, 等. 2006. 应用 RAPD 技术对甘肃栽培牡丹品种的分类鉴定研究. 西北植物学报, 26(4): 696-701.

孙逢毅, 李玲, 石良红, 等. 2014. 利用 SRAP 标记对牡丹杂交亲和性的分析. 农学学报, 4(5): 25-29.

孙佳琦, 梁建国, 石少川, 等. 2010. SRAP 标记在观赏植物遗传育种中的应用. 分子植物育种, 8(3): 577-588.

孙俊, 房经贵, 陶建敏, 等. 2005. 组织培养条件下苹果 Ty1-copia 类逆转座子的转录活性(英文). 果树学报, 22(05): 441-445.

孙欣, 王晨, 房经贵, 等. 2011. 葡萄 GRAS 基因家族生物信息学分析. 江西农业学报, 23(7): 1-8.

索志立, 李文英, 苏卫忠, 等. 2006. ISSR 标记的精度, 适用范围及应用开发新策略——以牡丹分析为例. 第二届热带亚热带植物资源的遗传多样性与基因发掘利用研讨会论文集: 98-100

索志立, 张会金, 张治明, 等. 2005a. 紫斑牡丹与牡丹种间杂交后代的 DNA 分子证据. 云南植物研究, 27(1): 42-48.

索志立, 周世良, 张会金, 等. 2004. 杨山牡丹和牡丹种间杂交后代的 DNA 分子证据. 林业科学研究, 17(6): 700-705.

索志立, 周世良, 张治明, 等. 2002. 牡丹品种基因组 DNA ISSR 标记分析与叶形态数量分类的比较研究. 中国植物园(7): 51-62.

索志立. 2008. 利用 DNA ISSR 分子标记技术对芍药属植物栽培品种的分类鉴定方法. 生物技术通报(增刊): 109-112.

索志立, 周世良, 张治明. 2005b. 牡丹杂交组合的 ISSR 标记分析. 中国植物园(7): 63-73.

唐琴, 曾秀丽, 廖明安, 等. 2012. 大花黄牡丹遗传多样性的 SRAP 分析. 林业科学, 48(1): 70-76.

唐荣华, 张君诚, 吴为人. 2002. SSR 分子标记的开发技术研究进展. 西南农业学报, 15(4): 106-109.

唐益苗, 马有志. 2006. 植物反转录转座子及其在功能基因组学中的应用. 植物遗传资源学报, 6(2): 221-225.

唐益苗, 马有志, 李连城, 等. 2005. 小麦反转录转座子家族鉴定及其转录活性分析. 科学通报, 50(6): 546-551.

唐玉荣. 2003. 生物信息学中的序列比对算法. 计算机工程与应用, (29): 5-7.

汪浩. 2008. 植物基因组 LTR 反转录转座子注释和比较研究. 上海: 复旦大学博士学位论文.

汪尚, 索娜娜, 赵红燕, 等. 2012. 反转录转座子分子标记及其在植物研究中的应用. 杭州师范大学学报(自然科学版), 11(5): 410-415, 442.

汪小全, 刘正宇. 1996. 银杉遗传多样性的 RAPD 分析. 中国科学: C 辑, 26(5): 436-441.

王昌正, 胡赞民, 晏月明. 2003. 新型的生物反应器——叶绿体. 首都师范大学学报(自然科学版), 24(2): 68-71.

王海飞, 关建平, 马钰, 等. 2011. 中国蚕豆种质资源 ISSR 标记遗传多样性分析. 作物学报, 37(4): 595-602.

王和勇, 陈敏, 廖志华, 等. 1999. RFLP、RAPD、AFLP 分子标记及其在植物生物技术中的应用. 生物学杂志, 16(04): 24-26.

王洪振, 周晓馥, 宋朝霞, 等. 2003. 简并 PCR 技术及其在基因克隆中的应用. 遗传, 25(02): 201-204.

王化坤, 娄晓鸣, 章镇. 2006. 叶绿体微卫星在植物种质资源研究中的应用. 分子植物育种, 4(3): 92-98.

王槐春, 朱元晓, 王嘉玺, 等. 1992. 用于聚合酶链式反应 (PCR) 引物设计的计算机程序. 生物化学杂志, 8(3): 342-346.

王惠鹏. 2012. 芍药属部分种和栽培品种亲缘关系 RAPD 分析. 洛阳: 河南科技大学硕士学位论文.

王佳. 2009. 杨山牡丹遗传多样性与江南牡丹品种资源研究. 北京: 北京林业大学博士学位论文.

王佳, 胡永红, 张启翔. 2006. 牡丹 ISSR-PCR 反应体系正交优化设计. 安徽农业科学, 34(24): 6465- 6466, 6484.

王景雪, 高武军. 2000. 一种简便实用的植物总 DNA 提取方法. 山西大学学报(自然科学版), 23(3): 271-272.

王娟, 郭大龙, 侯小改, 等. 2011. 不同花型牡丹品种亲缘关系的 SRAP 分析. 中国农学通报, 27(28): 167-171.

王莲英. 1997. 中国牡丹品种图谱志. 北京: 中国林业出版社.

王莲英, 刘淑敏. 1983. 牡丹及其栽培品系种的染色体组型. 北京林业学院学报, (1): 63-70.

王凌晖, 曹福亮, 汪贵斌, 等. 2005. 何首乌野生种质资源的 RAPD 指纹图谱构建. 南京林业大学学报(自然科学版), 29(4): 37-40.

王茂芊, 白晨. 2010. 华北地区甜菜品系遗传多样性的 SRAP 分析. 内蒙古农业科技, (2): 29-32.

王培训, 黄丰, 周联, 等. 1999. 植物中药材总 DNA 提取方法的比较. 中药新药与临床药理, 10(1): 18-20.

王齐红, 黄骥, 张红生. 2004. 一种快速微量提取植物叶片 DNA 的方法. 生物技术通讯, 15(5): 479-480.

王石平, 张启发. 1998. 高等植物基因组中的反转录转座子. 植物学报, 40(4): 291-297.

王淑华. 2010. 彭州地区部分牡丹品种的 AFLP 研究. 成都: 四川农业大学硕士学位论文.

王文明, 邢少辰, 郑先武, 等. 2000. 水稻双子房突变体中类 copia 逆转座子同源序列的研究(英文). 植物学报, 42(1): 43-49.

王宪曾, 石新立, 赵孝庆. 2012. 中国牡丹花粉营养成分分析及营养保健作用. 第十二届全国花粉资源开发与利用研讨会论文集: 141-146.

王宪曾. 2012. 中国芍药属牡丹、芍药花粉形态研究. 第十二届全国花粉资源开发与利用研讨会论文集: 135-140.

王小文, 樊红梅, 李莹莹, 等. 2014. 利用 CDDP 分析不同颜色牡丹的遗传关系. 见: 张启翔. 中国观赏园艺研究进展. 北京: 中国林业出版社: 65-73.

王晓菡, 郭先锋, 孙宪芝, 等. 2009. SRAP 标记在园艺植物研究中的应用. 山东农业大学学报

(自然科学版), 40(4): 650-654.

王晓玲, 郭安平, 彭于发, 等. 2008. 海南普通野生稻不同居群 rDNA ITS 区序列的比较分析. 热带作物学报, 29(4): 478-484.

王晓琴. 2009. 香格里拉滇牡丹遗传多样性研究. 北京: 北京林业大学博士学位论文.

王心宇, 郭旺珍. 1997. 我国短季棉品种的 RAPD 指纹图谱分析. 作物学报, 23(6): 669-676.

王绪, 邓俭英, 方锋学. 2007. ISSR 分子标记技术及其在园艺作物中的应用. 广西农业科学, 38(04): 371-374.

王艳敏, 魏志刚, 杨传平. 2008. 白桦 EST-SSR 信息分析与标记的开发. 林业科学, 44 (2): 78-84.

王燕青. 2008. 利用 SRAP 标记构建菏泽牡丹优良品种指纹图谱. 南京: 南京林业大学硕士学位论文.

王燕青, 季孔庶. 2009. 利用正交设计优化牡丹 SRAP-PCR 反应体系. 分子植物育种, 7(1): 199-203.

王盈盈, 刘玉新, 汪俊君, 等. 2008. 62 个小麦品种基于 EST-SSR 标记的遗传多样性分析. 麦类作物学报, 28(5): 749–754.

王玉娟, 张彦, 房经贵, 等. 2012. 利用基于 RAPD 标记的 MCID 法快速鉴定 72 个葡萄品种. 中国农业科学, 45(14): 2913-2922.

王珍, 方宣钧. 2003. 植物 DNA 分离. 分子植物育种, 1(2): 281-288.

王子成, 李忠爱, 邓秀新. 2003. 植物反转录转座子及其分子标记. 植物学通报, 20(3): 287-294.

韦泳丽, 何新华, 罗聪, 等. 2012. 罗汉松遗传多样性的 SCoT 分析. 广西植物, 32(1): 90-93.

魏乐. 2007. 牡丹种间花粉粒形态差异性比较. 青海大学学报, 25(6): 52-54.

翁景然, 张宏, 耿美英, 等. 2004. 真核基因起始与终止密码子旁侧序列特征分析. 生物信息学, 2(4): 10-14.

吴静, 成仿云, 张栋. 2013. 正午牡丹的杂交利用及部分杂交种 AFLP 鉴定. 西北植物学报, 33(08): 1551-1557.

吴蕊, 张秀新, 薛璟祺, 等. 2011. 紫牡丹远缘杂交后代幼苗的形态标记和 ISSR 标记鉴定. 园艺学报, 38(12); 2325-2332.

吴少华, 马云保, 罗晓东, 等. 2002. 丹皮的化学成分研究. 中草药, (8): 679-680.

伍宁丰, 李汝刚, 伍晓明, 等. 1997. 中国甘蓝型油菜遗传多样性的 RAPD 分子标记. 生物多样性, 5(4): 246-250.

席以珍. 1984. 中国芍药属花粉形态及其外壁超微结构的观察. 植物学报, 26(3): 241-246.

夏乐晗. 2014. 柿种质资源 SCoT 标记的遗传多样性分析. 杨凌: 西北农林科技大学硕士学位论文.

夏铭, 周晓峰, 赵士洞. 2001. 天然蒙古栎群体遗传多样性的 RAPD 分析. 林业科学, 37(5): 126-133.

肖调江, 龚洵. 1997. 滇牡丹复合群的 Giemsa C 带比较研究. 云南植物研究, 19(4): 395-401.

谢云海, 夏德安, 姜静. 2005. 利用正交优化水曲柳 ISSR-PCR 反应体系. 分子植物育种, 3(3): 445-450.

熊发前, 蒋菁, 钟瑞春, 等. 2010a. 目标起始密码子多态性(SCoT)分子标记技术在花生属中的应用. 作物学报, 36(12): 2055-2061.

熊发前, 蒋菁, 钟瑞春, 等. 2010b. 两种新型目标分子标记技术——CDDP 与 PAAP. 植物生理学通讯, 46(09): 871-875.

熊发前, 唐荣华, 陈忠良, 等. 2009. 目标起始密码子多态性(SCoT): 一种基于翻译起始位点的目的基因标记新技术. 分子植物育种, 7(03): 635-638.

徐纲, 于超, 阳勇, 等. 2009. 不同居群栽培牡丹 rDNA ITS 区序列分析及鉴别. 天然产物研究
与开发, 21(2): 225-230.

徐纲, 于超, 赵华. 2008. 牡丹皮基因组 DNA 提取的影响因素研究. 中国药房, 19(27):
2084-2087.

徐吉臣, 朱立煌. 1992. 遗传图谱中的分子标记. 生物工程进展, 12(5): 1-3.

徐文斌, 郭巧生, 王长林. 2006. 药用菊花遗传多样性的 RAPD 分析. 中国中药杂志, 31(1):
18-21.

徐宗大, 赵兰勇, 张玲, 等. 2011. 玫瑰 SRAP 遗传多样性分析与品种指纹图谱构建. 中国农业
科学, 44(8): 1662-1669.

许红恩, 韩民锦, 张化浩, 等. 2011. 家蚕 LTR 逆转录转座子的鉴定、分类及系统发育分析. 昆
虫学报, 54(11): 1211-1222.

许绍斌, 陶玉芬. 2002. 简单快速的 DNA 银染和胶保存方法. 遗传, 24(3): 335-336.

许婉芳. 2002. 去除顽拗植物 DNA 提取过程中干扰物质的方法. 闽西职业大学学报, 4(3): 55-57.

闫桂琴, 任鹰, 张变红, 等. 2004. 三种木本植物基因组 DNA 的提取及纯度检测. 山西师范大学
学报(自然科学版), 18(1): 72-77.

杨洁, 刘海. 2011. 生物序列比对算法的研究现状. 中国科技信息, (9): 49.

杨美华, 张大明, 刘健全, 等. 2003. 正品和伪品大黄的 RAPD 指纹图谱鉴定研究. 中草药, 34(6):
557-560.

杨美玲, 唐红. 2012. 紫斑牡丹遗传多样性的 ISSR 分析. 西北植物学报, 32(4): 693-697.

杨琦, 张鲁刚. 2007. 大白菜 SRAP 反应体系的建立与优化. 西北农业学报, 16(3): 119-123.

杨秋生, 万卉敏, 孙俊娅, 等. 2010. 牡丹栽培品种群花粉形态的比较. 林业科学, 46(6):
133-137.

杨淑达, 施苏华, 龚洵, 等. 2005. 滇牡丹遗传多样性的 ISSR 分析. 生物多样性, 13(2): 105-111.

杨水云, 李续娥, 吴明宇, 等. 2006. 正交实验法在 PCR 反应条件优化中的应用. 生物数学学报,
20(2): 202-206.

杨衍, 刘昭华, 詹园凤, 等. 2009. 苦瓜种质资源遗传多样性的 AFLP 分析. 热带作物学报, 30(3):
299-303.

杨迎花, 李先信, 曾柏全, 等. 2009. 新型分子标记 SRAP 的原理及其研究进展. 湖南农业科学,
(5): 15-17.

杨玉珍, 彭方仁. 2006. 遗传标记及其在林木研究中的应用. 生物技术通讯, 17(5): 788-791.

易克, 徐向利, 卢向阳, 等. 2003. 利用 SSR 和 ISSR 标记技术构建西瓜分子遗传图谱. 湖南农业
大学学报(自然科学版), 29(4): 333-337.

易杨杰, 张新全, 黄琳凯, 等. 2008. 野生狗牙根种质遗传多样性的 SRAP 研究. 遗传, 30(1):
94-100.

尤超, 赵大球, 梁乘榜, 等. 2011. PCR 引物设计方法综述. 现代农业科技, (17): 48-51.

于海萍. 2013. 牡丹 SSR 分子标记的开发及其在亲缘关系分析中的应用. 北京: 北京林业大学硕
士学位论文.

于玲, 何丽霞. 1998. 牡丹野生种间蛋白质谱带的比较研究. 园艺学报, 25(1): 99-101.

于玲, 何丽霞, 李嘉珏. 1997. 甘肃紫斑牡丹与中原牡丹类群染色体的比较研究. 园艺学报,
24(1): 79-83.

于玲, 何丽霞, 李嘉珏, 等. 1998. 牡丹野生种间蛋白质谱带的比较研究. 园艺学报, 25(1):
99-101.

于晓南, 季丽静, 王琪. 2012. 芍药属植物分子水平遗传多样性研究进展. 北京林业大学学报, 34(3): 130-136.

于兆英, 李思锋, 周俊彦. 1987. 珍稀植物——紫斑牡丹和矮牡丹核型分析. 西北植物学报, 7(1): 12-16.

余贤美, 艾呈祥. 2007. 杧果野生居群遗传多样性 ISSR 分析. 果树学报, 24(3): 329-333.

喻衡, 杨念慈. 1962. 中国牡丹品种的演化和形成. 园艺学报, 1(2): 175-186.

袁军辉. 2010. 紫斑牡丹及延安牡丹起源研究. 北京: 北京林业大学博士学位论文.

袁涛. 1998. 中国牡丹部分种与品种(群)亲缘关系的研究. 北京: 北京林业大学博士学位论文.

袁涛, 王莲英. 1999. 几个牡丹野生种的花粉形态及其演化、分类的探讨. 北京林业大学学报, 21(1): 17-21.

袁涛, 王莲英. 2002. 根据花粉形态探讨中国栽培牡丹的起源. 北京林业大学学报, 24(1): 5-11.

袁涛, 王莲英. 2003. 我国芍药属牡丹组革质花盘亚组的形态学研究. 园艺学报, 30(2): 187-191.

袁涛, 王莲英. 2004. 中国栽培牡丹起源的形态分析. 山东林业科技, (6): 1-3.

苑兆和, 尹燕雷, 朱丽琴, 等. 2008. 山东石榴品种遗传多样性与亲缘关系的荧光 AFLP 分析. 园艺学报, 35(1): 107-112.

翟文婷, 朱献标, 李艳丽, 等. 2013. 牡丹籽油成分分析及其抗氧化活性研究. 烟台大学学报: 自然科学与工程版, 26(2): 147-150.

战晴晴, 隋春, 魏建和, 等. 2010. 利用 ISSR 和 SSR 分子标记构建北柴胡遗传图谱. 药学学报, (4): 517-523.

张爱萍, 王晓武, 张岳莉, 等. 2008. 西瓜种质资源遗传多样性的 SRAP 分析. 中国农学通报, 24(4): 115-120.

张传军, 刘亦肖, 肖娅萍. 2006. 遗传多样性与植物的遗传标记. 陕西师范大学学报(自然科学版), 34(3): 275-278.

张栋. 2008. 牡丹远缘杂交及部分杂交后代的 AFLP 分子标记鉴定. 北京: 北京林业大学硕士学位论文.

张芬, 李达, 吕长平, 等. 2011. 兰花 SRAP 指纹图谱的构建. 湖南农业科学, (2): 129-132.

张海英, 王永健, 许勇, 等. 1998. 黄瓜种质资源遗传亲缘关系的 RAPD 分析. 园艺学报, 1998(4): 345-349.

张金梅, 王建秀, 夏涛, 等. 2008. 基于系统发育分析的DNA条形码技术在澄清芍药属牡丹组物种问题中的应用. 中国科学, 38(12): 1166-1176.

张鲁刚, 王鸣, 陈杭, 等. 2000. 中国白菜RAPD分子遗传图谱的构建. 植物学报, 20(5): 485-489.

张瑞萍, 吴俊, 李秀根, 等. 2011. 梨 AFLP 标记遗传图谱构建及果实相关性状的 QTL 定位. 园艺学报, 38(10): 1991-1998.

张四普, 汪良驹, 曹尚银, 等. 2008. 23 个石榴基因型遗传多样性的SRAP分析. 果树学报, 25(5): 655-660.

张武, 邓华凤, 陈良碧, 等. 2007. 非 AA 型野生稻叶绿体 DNA 籼粳特性研究. 中国农业科技导报, 9(3): 93-97.

张曦. 2013. 牡丹 Ty1-copia 类反转录转座子 LTR 序列的分离及其种质资源评价. 洛阳: 河南科技大学硕士学位论文.

张曦, 侯小改, 郭大龙, 等. 2014. 利用 iPBS 技术克隆牡丹反转录转座子 LTR 序列. 植物学报, 49(3): 322-330.

张晓莹, 张彦, 宋长年, 等. 2012. 利用基于 DNA 标记的人工绘制植物品种鉴别图(MCID)法快速鉴定欧亚葡萄品种. 农业生物技术学报, 20(6): 703-714.

张新宇, 高燕宁. 2004. PCR 引物设计及软件使用技巧. 生物信息学, 2(4): 15-18.

张艳丽. 2011. 滇牡丹花色类群遗传背景分析. 北京: 中国林业科学研究院硕士学位论文.

张扬勇, 方智远, 王庆彪, 等. 2011. 拟南芥叶绿体 SSR 引物在甘蓝上的应用. 园艺学报, 38 (3): 549-555.

张赞平. 1988. 栽培牡丹的核型研究. 河南科技大学学报(农学版), (2): 5-12.

张赞平, 侯小改. 1996. 杨山牡丹的核型分析. 遗传, 18(5): 3-6.

张赞平, 李懋学, 袁甲正. 1990. 牡丹染色体的 Ag-NORs 和 Giemsa C 带的研究. 武汉植物学研究, 8(2): 101-106.

张赞平, 张益民. 1989. 栽培牡丹的染色体数目和核型变异. 河南农业大学学报, 23(1): 48-52.

张忠义, 鲁琳, 武荣华, 等. 1997. 牡丹品种种质资源评估模型. 生物数学学报, 12(4): 376-380.

章灵华, 肖培根, 黄艺, 等. 1996. 丹皮酚的药理与临床研究进展. 中国中西医结合杂志, 16(3): 187-190.

赵海艳. 2007. 茄子反转录转座子基因片段的克隆及 IRAP 分子标记体系的建立. 乌鲁木齐: 新疆农业大学硕士学位论文.

赵海艳, 赵福宽. 2009. 植物反转录转座子分子标记及其应用. 农业科技通讯, (4): 95-97.

赵姝华, 林凤. 1998. 提取、纯化植物 DNA 方法的比较. 国外农学: 杂粮作物, 18(2): 35-38.

赵宣, 周志钦, 林启冰, 等. 2004. 芍药属牡丹组 (Paeonia sect. Moutan) 种间关系的分子证据: GPAT 基因的 PCR-RFLP 和序列分析. 植物分类学报, 42(3): 236-244.

赵杨, 陈晓阳, 王秀荣, 等. 2007. 二色胡枝子遗传多样性 ISSR 分析. 植物遗传资源学报, 8(2): 195-199.

赵一鹏, 蔡祖国, 李本勇. 2009. 珍稀濒危植物矮牡丹研究进展. 河南农业科学, (7): 14-17.

赵玉辉, 郭印山, 胡又厘, 等. 2010. 应用 RAPD, SRAP 及 AFLP 标记构建荔枝高密度复合遗传图谱. 园艺学报, 37(5): 697-704.

郑景生, 吕蓓. 2003. PCR 技术及实用方法. 分子植物育种, 1(3): 381-394.

郑涛, 陈振东, 林秀香, 等. 2013. 福建省野牡丹属种质资源的 ISSR 分析. 热带亚热带植物学报, 21(5): 406-413.

周波, 江海东, 张秀新, 等. 2011. 部分引进牡丹品种的形态多样性. 生物多样性, 19(5): 543-550.

周波. 2010. 不同来源牡丹品种的遗传多样性分析. 南京: 南京农业大学硕士学位论文.

周国岭, 杨光圣, 傅廷栋. 2001. 基因克隆技术. 华中农业大学学报, 20(6): 584-592.

周海梅, 马锦琦, 苗春雨, 等. 2009. 牡丹籽油的理化指标和脂肪酸成分分析. 中国油脂, 34(7): 72-74.

周家琪. 1962. 牡丹、芍药花型分类的探讨. 园艺学报, 1(3-4): 351-360.

周良彬, 卢欣石, 王铁梅, 等. 2010. 杂花苜蓿种质 SRAP 标记遗传多样性研究. 草地学报, 18(4): 544-549.

周琳, 董丽. 2008. 牡丹 ACC 氧化酶基因 cDNA 克隆及全序列分析. 园艺学报, 35(6): 891-894.

周琳, 王雁, 彭镇华. 2010. 牡丹查耳酮合酶基因 Ps-CHS1 的克隆及其组织特异性表达. 园艺学报, 37(8): 1295-1302.

周兴文. 2006. 部分牡丹品种亲缘关系的 AFLP 研究. 郑州: 河南农业大学硕士学位论文.

周秀梅, 李保印. 2015. 应用 SRAP 分析中原牡丹核心种质的多样性. 华北农学报, 30(1): 165-170.

周延清. 2000. 遗传标记的发展. 生物学通报, 35(5): 17-18.

周延清. 2005. DNA 分子标记技术在植物研究中的应用. 北京: 化学工业出版社.

周玉珍, 李火根, 张燕梅, 等. 2006. 墨西哥落羽杉无性系 RAPD 指纹图谱的构建. 南京林业大学学报(自然科学版), 30(5): 29-33.

周志钦, 潘开玉, 洪德元. 2003. 芍药属牡丹组基于形态学证据的系统发育关系分析. 植物分类学报, 41(5): : 436-446.

朱红霞. 2004. 牡丹、芍药品种 DNA 指纹图谱绘制的初步研究. 北京: 北京林业大学硕士学位论文.

朱红霞, 袁涛. 2005. 一种简便的牡丹、芍药 DNA 的提取方法. 山东林业科技, (4): 57-58.

朱文进, 曹瑞琴, 张纪刚, 等. 2001. 分子标记 AFLP 及其在遗传分析中应用. 动物科学与动物医学, 19(5): 21-23.

邹喻苹, 蔡美琳, 王子平. 1999a. 芍药属牡丹组的系统学研究——基于 RAPD 分析. 植物分类学报, 37(3): 220-227.

邹喻苹, 蔡美琳, 张志宪, 等. 1999b. 矮牡丹的遗传多样性与保护对策. 自然科学进展, 9(5): 86-90.

邹喻萍, 徐本美. 1998. 古代"太子莲"及现代红花中国莲种质资源的 RAPD 分析. 植物学报(英文版), 40(2): 163-168.

左然, 徐美玲, 柴国华, 等. 2012. 植物 MYB 转录因子功能及调控机制研究进展. 生命科学, 24(10): 1133-1140.

Abdalla A M, Reddy O, El-Zik K M, et al. 2001. Genetic diversity and relationships of diploid and tetraploid cottons revealed using AFLP. Theoretical and Applied Genetics, 102(2-3): 222-229.

Abrusán G R, Grundmann N, Demester L, et al. 2009. TEclass-a tool for automated classification of unknown eukaryotic transposable elements. Bioinformatics, 25(10): 1329-1330.

Adams M D, Kelley J M, Gocayne J D, et al. 1991. Complementary DNA sequencing: expressed sequence tags and human genome project. Science, 252(5013): 1651-1656.

Agarwal M, Shrivastava N, Padh H. 2008. Advances in molecular marker techniques and their applications in plant sciences. Plant Cell Reports, 27(4): 617-631.

Ahmed S, Shafiuddin M D, Azam M S, et al. 2011. Identification and characterization of jute LTR retrotransposons: Their abundance, heterogeneity and transcriptional activity. Mobile Genetic Elements, 1(1): 18-28.

Akkak A, Scariot V, Marinoni D T, et al. 2009. Development and evaluation of microsatellite markers in *Phoenix dactylifera* L. and their transferability to other *Phoenix* species. Biologia Plantarum, 53(1): 164-166.

Akritidis P, Mylona P V, Tsaftaris A S, et al. 2009. Genetic diversity assessment in greek *Medicago truncatula* genotypes using microsatellite markers. Biologia Plantarum, 53(2): 343-346.

Alikhani L, Rahmani M, Shabanian N, et al. 2014. Genetic variability and structure of *Quercus brantii* assessed by ISSR, IRAP and SCoT markers. Gene, 552(1): 176-183.

Alzohairy A M, Gyulai G, Ramadan M F, et al. 2014. Retrotransposon-based molecular markers for assessment of genomic diversity. Functional Plant Biology, 41(8): 781-789.

Amirmoradi B, Talebi R, Karami E. 2012. Comparison of genetic variation and differentiation among annual Cicer species using start codon targeted (SCoT) polymorphism, DAMD-PCR, and ISSR markers. Plant Systematics and Evolution, 298(9): 1679-1688.

An R B, Kim H C, Lee S H, et al. 2006. A new monoterpene glycoside and antibacterial monoterpene glycosides from *Paeonia suffruticosa*. Archives of Pharmacal Research, 29(10): 815-20.

Andeden E E, Baloch F S, Derya M, et al. 2013. iPBS-Retrotransposons-based genetic diversity and relationship among wild annual Cicer species. Journal of Plant Biochemistry & Biotechnology, 22(4): 453-466.

Appleby N, Edwards D, Batley J. 2009. New technologies for ultra-high throughput genotyping in plants. Methods in Molecular Biology (Clifton, N. J.), 513: 19-39.

Arrigo N, Tuszynski J W, Ehrich D, et al. 2009. Evaluating the impact of scoring parameters on the structure of intra-specific genetic variation using RawGeno, an R package for automating AFLP scoring. BMC Bioinformatics, 10(33): doi: 10. 1186/1471-2105-10-33.

Avise J C. 2012. Molecular markers, natural history and evolution. New York: Springer Science & Business Media.

Baldwin B G, Sanderson M J, Porter J M, et al. 1995. The its region of nuclear ribosomal DNA: A valuable source of evidence on angiosperm phylogeny. Annals of the Missouri Botanical Garden, 82(2): 247-277.

Baloch F S, Derya M, Andeden E E, et al. 2015. Inter-primer binding site retrotransposon and inter-simple sequence repeat diversity among wild Lens species. Biochemical Systematics and Ecology, 58: 162-168.

Bamberg J, Del Rio A, Coombs J, et al. 2015. Assessing SNPs versus RAPDs for predicting heterogeneity and screening efficiency in wild potato (Solanum) species. American Journal of Potato Research, 92(2): 276-283.

Bang K, Jung J, Kim O, et al. 2007. Genetic relationships and molecular authentication of plant origins and the commercial medicinal herbs in peony using RAPD markers. Oriental Pharmacy and Experimental Medicine, 7(1): 26-33.

Barrett B A, Kidwell K K. 1998. AFLP-based genetic diversity assessment among wheat cultivars from the Pacific Northwest. Crop Science, 38(5): 1261-1271.

Barrett B, Griffiths A, Schreiber M, et al. 2004. A microsatellite map of white clover. Theoretical and Applied Genetics, 109(3): 596-608.

Bassam B J, Caetano-A G, Gresshoff P M. 1991. Fast and sensitive silver staining of DNA in polyacrylamide gels. Analytical Biochemistry, 196(1): 80-83.

Bassam B J, Caetanoanollés G, Gresshoff P M. 1991. Fast and sensitive silver staining of DNA in polyacrylamide gels. Analytical Biochemistry, 196(1): 80-83.

Beaton D E, Boers M, Wells G A. 2002. Many faces of the minimal clinically important difference (MCID): a literature review and directions for future research. Current Opinion in Rheumatology, 14(2): 109-114.

Bendich A J, Bolton E T. 1967. Relatedness among plants as measured by the DNA-agar technique. Plant Physiology, 42(7): 959-967.

Benson D A, Karsch-Mizrachi I, Lipman D J, et al. 2000. GenBank. Nucleic Acids Research, 28(1): 15-18.

Berenyi M, Gichuki S, Schmidt J, et al. 2002. Ty1-copia retrotransposon-based S-SAP (sequence-specific amplified polymorphism) for genetic analysis of sweet potato. Theoretical and Applied Genetics, 105(6-7): 862-869.

Bernet G P, Muñoz-Pomer A, Domínguez-Escribá L, et al. 2011. GyDB mobilomics: LTR retroelements and integrase-related transposons of the pea aphid Acyrthosiphon pisum genome. Mobile Genetic Elements, 1(2): 97-102.

Bhat K V, Babrekar P P, Lakhanpaul S. 1999. Study of genetic diversity in Indian and exotic sesame (Sesamum indicum L.) germplasm using random amplified polymorphic DNA (RAPD) markers. Euphytica, 110(1): 21-34.

Bhattacharyya P, Kumaria S, Kumar S, et al. 2013. Start codon targeted (SCoT) marker reveals genetic diversity of Dendrobium nobile Lindl. , an endangered medicinal orchid species. Gene,

529(1): 21-26.

Bonin A, Ehrich D, Manel S. 2007. Statistical analysis of amplified fragment length polymorphism data: a toolbox for molecular ecologists and evolutionists. Molecular Ecology, 16(18): 3737-3758.

Branco C J S, Vieira E A, Malone G, et al. 2007. IRAP and REMAP assessments of genetic similarity in rice. Journal of Applied Genetics, 48(2): 107-113.

Bratteler M, Lexer C, Widmer A. 2006. A genetic linkage map of Silene vulgaris based on AFLP markers. Genome, 49(4): 320-327.

Budak H, Shearman R C, Parmaksiz I, et al. 2004a. Molecular characterization of buffalograss germplasm using sequence-related amplified polymorphism markers. Theoretical and Applied Genetics, 108(2): 328-334.

Budak H, Shearman R C, Parmaksiz I, et al. 2004b. Comparative analysis of seeded and vegetative biotype buffalograsses based on phylogenetic relationship using ISSRs, SSRs, RAPDs, and SRAPs. Theoretical and Applied Genetics, 109(2): 280-288.

Cai C F, Cheng F Y, Wu J, et al. 2015. The first high-density genetic map construction in tree peony (Paeonia Sect. Moutan) using genotyping by specific-locus amplified fragment sequencing. PLOS ONE, 10(5): 0128584.

Casasoli M, Mattioni C, Cherubini M, et al. 2001. A genetic linkage map of European chestnut (Castanea sativa Mill.) based on RAPD, ISSR and isozyme markers. Theoretical and Applied Genetics, 102(8): 1190-1199.

Cerbah M, Souza-Chies T, Jubier M F, et al. 1998. Molecular phylogeny of the genus Hypochaeris using internal transcribed spacers of nuclear rDNA: inference for chromosomal evolution. Molecular Biology and Evolution, 15(3): 345-354.

Chen C, Zhou P, Choi Y A, et al. 2006. Mining and characterizing microsatellites from citrus ESTs. Theoretical and Applied Genetics, 112(7): 1248-1257.

Cheng F Y. 2007. Advances in the breeding of tree peonies and a cultivar system for the cultivar group. International Journal of Plant Breeding, 1(2): 89-104.

Cheng Y J, De Vicente M C, Meng H J, et al. 2005. A set of primers for analyzing chloroplast DNA diversity in Citrus and related genera. Tree Physiology, 25(6) : 661- 672.

Cheng Y, Kim C, Shin D, et al. 2011. Development of simple sequence repeat (SSR) markers to study diversity in the herbaceous peony (Paeonia lactiflora). Journal of Medicinal Plants Research, 5(31): 6744-6751.

Chochai A, Leitch I J, Ingrouill M J, et al. 2012. Molecular phylogenetics of Paphiopedilum (Cypripedioideae; Orchidacese) base on nuclear ribosomal ITS and plastid sequences. Botanlical Journal of the Lirulean Society, 170: 176-196.

Collard B C Y, Mackill D J. 2009a. Start codon targeted (SCoT) polymorphism: a simple, novel DNA marker technique for generating gene-targeted markers in plants. Plant Molecular Biology Reporter, 27(1): 86-93.

Collard B C Y, Mackill D J. 2009b. Conserved DNA-derived polymorphism (CDDP): a simple and novel method for generating DNA markers in plants. Plant Molecular Biology Reporter, 27(4): 558-562.

Corriveau J L, Coleman A W. 1988. Rapid screening method to detect potential bipareatal inheritance of plastid DNA and results for over 200 angiosperm species. American Journal of Botany, 75: 1443-1458

Cossu R M, Buti M, Giordani T, et al. 2012. A computational study of the dynamics of LTR retrotransposons in the Populus trichocarpa genome. Tree Genetics & Genomes, 8(1): 61-75.

Costa P, Pot D, Dubos C, et al. 2000. A genetic map of Maritime pine based on AFLP, RAPD and protein markers. Theoretical and Applied Genetics, 100(1): 39-48.

Decroocq V, Hagen L S, Fave, M G, *et al.* 2004. Microsatellite markers in the hexaploid *Prunus domestica* species and parentage lineage of three *European plum* cultivars using nuclear and chloroplast simple-sequence repeats. Molecular Breeding, 13(2) : 135- 142.

Deguilioux M F, Pemonge M H, Bertel L, *et al.* 2003. Checking the geographical origin of oak wood: molecular and statistical tools. Molecular Ecology, 12(6) : 1629- 1636.

Deininger P L, Batzer M A. 1993. Evolution of retroposons. New York: Springer: 157-196.

Dong Q, Schlueter S D, Brendel V. 2004. Plant GDB, plant genome database and analysis tools. Nucleic Acids Research, 32(suppl 1): D354-D359.

Doolittle R F, Feng D F, Johnson M S, *et al.* 1989. Origins and evolutionary relationships of retroviruses. Quarterly Review of Biology: 1-30.

Downie S R, Katz-Downie D S, Watson M F. 2000. A phylogeny of the flowering plant family *Apiaceae* based on chloroplast DNA rpl16 and rpoC1 intron sequences towards a suprageneric classification of subfamily *Apioideae*. American Journal of Botany, 87: 273- 292.

Droogenbroeck B V, Kyndt T, Maertens I, *et al.* 2004. Phylogenetic analysis of the highland papayas (*Vasconcellea*) and allied genera (*Caricaceae*) using PCR-RFLP. Theoretical and Applied Genetics, 108(8): 1473-1486.

Duan Y B, Guo D L, Guo L L, *et al.* 2014. Genetic diversity analysis of tree peony germplasm using iPBS markers. Genetics and Molecular Research, 14(3): 7556-7566.

Eickbush T H. 1997. Telomerase and retrotransposons: which came first? Science, 277(5328): 911-912.

Ellinghaus D, Kurtz S, Willhoeft U. 2008. LTRharvest, an efficient and flexible software for de novo detection of LTR retrotransposons. BMC Bioinformatics, 9(1): 18.

Eujayl I, Sledge M K, Wang L, *et al.* 2004. *Medicago truncatula* EST-SSRs reveal cross-species genetic markers for *Medicago* spp. Tag. Theoretical and Applied Genetics. theoretische Und Angewandte Genetik, 108(3): 414-422.

Eujayl I, Sorrells M, Baum M, *et al.* 2001. Assessment of genotypic variation among cultivated durum wheat based on EST-SSRs and genomic SSRs. Euphytica, 119(1-2): 39-43.

Fang D, Krueger R R, Roose M L. 1998. Phylogenetic relationships among selected *Citrus germplasm* accessions revealed by inter-simple sequence repeat (ISSR) markers. Journal of the American Society for Horticultural Science, 123(4): 612-617.

Fang J, Chao C T, Roberts P A, *et al.* 2007. Genetic diversity of cowpea [*Vigna unguiculata* (L.) Walp.] in four West African and USA breeding programs as determined by AFLP analysis. Genetic Resources and Crop Evolution, 54(6): 1197-1209.

Fernandez M, Figueiras A, Benito C. 2002. The use of ISSR and RAPD markers for detecting DNA polymorphism, genotype identification and genetic diversity among barley cultivars with known origin. Theoretical and Applied Genetics, 104(5): 845-851.

Ferriol M, Pico B, de Córdova P F, *et al.* 2004. Molecular diversity of a germplasm collection of squash (*Cucurbita moschata*) determined by SRAP and AFLP markers. Crop Science, 44(2): 653-664.

Ferriol M, Pico B, Nuez F. 2003. Genetic diversity of a germplasm collection of *Cucurbita pepo* using SRAP and AFLP markers. Theoretical and Applied Genetics, 107(2): 271-282.

Feschotte C, Jiang N, Wessler S R. 2002. Plant transposable elements: where genetics meets genomics. Nature Reviews Genetics, 3(5): 329-341.

Finnegan D J. 2012. Retrotransposons. Current Biology, 22(11): R432-R437.

Flavell A J, Knox M R, Pearce S R, *et al.* 1998. Retrotransposon-based insertion polymorphisms (RBIP) for high throughput marker analysis. The Plant Journal, 16(5): 643-650.

　参 考 文 献 | 263

Flavell A J, Smith D B, Kumar A. 1992. Extreme heterogeneity of Ty1-*copia* group retrotransposons in plants. Molecular and General Genetics, 231(2): 233-242.

Galindo L M, Gaitán-Solís E, Baccam P, *et al.* 2004. Isolation and characterization of RNase LTR sequences of Ty1-*copia* retrotransposons in common bean (*Phaseolus vulgaris* L.). Genome, 47(1): 84-95.

Gao G, He G, Li Y. 2003a. Microsatellite enrichment from AFLP fragments by magnetic beads. Acta Botanica Sinica-Chinese Edition, 45(11): 1266-1269.

Gao L, Su Y J, Wang T. 2010. Plastid genome sequencing, comparative genomics, and phylogenomics: current status and prospects. Journal of Systematics and Evolution, 48(2): 77-93.

Gao L, Tang J, Li H, *et al.* 2003b. Analysis of microsatellites in major crops assessed by computational and experimental approaches. Molecular Breeding, 12(3): 245-261.

Gao Z, Wu J, Liu Z A, *et al.* 2013. Rapid microsatellite development for tree peony and its implications. Bmc Genomics, 14(4): 491-494.

Garcia-Mas J, Benjak A, Sanseverino W, *et al.* 2012. The genome of melon (*Cucumis melo* L.). Proceedings of the National Academy of Sciences of the United States of America, 109(29): 11872-11877.

Gilmore B, Bassil N, Nyberg A, *et al.* 2013. Microsatellite marker development in peony using next generation sequencing. Journal of the American Society for Horticultural Science, 138(1): 64-74.

Gorji A M, Poczai P, Polgar Z, *et al.* 2011. Efficiency of arbitrarily amplified dominant markers (SCOT, ISSR and RAPD) for diagnostic fingerprinting in tetraploid potato. American Journal of Potato Research, 88(3): 226-237.

Gort G, Koopman W J M, Stein A, *et al.* 2008. Collision probabilities for AFLP bands, with an application to simple measures of genetic similarity. Journal of Agricultural, Biological, and Environmental, 13(2): 177-198.

Goryunova S V, Gashkova I V, Kosareva G A. 2011. Variability and phylogenetic relationships of the *Cucumis sativus* L. species inferred from NBS-profiling and RAPD analysis. Russian Journal of Genetics, 47(8): 931-941.

Grattapaglia D, Sederoff R. 1994. Genetic linkage maps of *Eucalyptus grandis* and *Eucalyptus urophylla* using a pseudo-testcross: mapping strategy and RAPD markers. Genetics, 137(4): 1121-1137.

Grodzicker T, Williams J, Sharp P, *et al.* 1974. Physical mapping of temperature-sensitive mutations of adenoviruses. Now York: Cold Spring Harbor Laboratory Press.

Gulsen O, Karagul S, Abak K. 2007. Diversity and relationships among *Turkish okra* germplasm by SRAP and phenotypic marker polymorphism. Biologia, 62(1): 41-45.

Gulsen O, Uzun A, Canan I, *et al.* 2010. A new citrus linkage map based on SRAP, SSR, ISSR, POGP, RGA and RAPD markers. EUPHYTICA, 173(2): 265-277.

Guo D L, Guo M X, Hou X G, *et al.* 2014c. Molecular diversity analysis of grape varieties based on iPBS markers. Biochemical Systematics and Ecology, 52: 27-32.

Guo D L, Hou X G, Jia T. 2014b. Reverse transcriptase domain sequences from tree peony (*Paeonia suffruticosa*) long terminal repeat retrotransposons: sequence characterization and phylogenetic analysis. Biotechnology & Biotechnological Equipment, 28(3): 438-446.

Guo D L, Hou X G, Jing Z. 2009a. Sequence-related amplified polymorphism analysis of tree peony (*Paeonia suffruticosa* Andrews) cultivars with different flower colours. Journal of Horticultural Science & Biotechnology, 84(2): 131-136.

Guo D L, Hou X G, Zhang X. 2014a. A Simple and efficient method to isolate LTR sequences of plant retrotransposon. Biomed Research International, (2): 175-185.

Guo D L, Luo Z R. 2006. Genetic relationships of some PCNA persimmons (*Diospyros kaki* Thunb.)

from China and Japan revealed by SRAP analysis. Genetic Resources and Crop Evolution, 53(8): 1597-1603.

Guo D L, Zhang J Y, Liu C H. 2012. Genetic diversity in some grape varieties revealed by SCoT analyses. Molecular Biology Reports, 39(5): 5307-5313.

Guo Y, Zhao Y, Liu C, et al. 2009b. Construction of a molecular genetic map for longan based on RAPD, ISSR, SRAP and AFLP markers. Acta Horticulturae Sinica, 5: 8.

Gupta M, Verma B, Kumar N, et al. 2012. Construction of intersubspecific molecular genetic map of lentil based on ISSR, RAPD and SSR markers. Journal of Genetics, 91(3): 279-287.

Gupta P K, Rustgi S, Mir R R. 2008. Array-based high-throughput DNA markers for crop improvement. Heredity, 101(1): 5-18.

Gupta P K, Rustgi S. 2004. Molecular markers from the transcribed/expressed region of the genome in higher plants. Functional & Integrative Genomics, 4(3): 139-162.

Gupta P K, Varshney R K, Sharma P C, et al. 1999. Molecular markers and their applications in wheat breeding. Plant Breeding, 118(5): 369-390.

Gustafson P, Blas A L, Yu Q, et al. 2009. Enrichment of a papaya high-density genetic map with AFLP markers. Genome, 52(8): 716-725.

Gutterson N, Reuber T L. 2004. Regulation of disease resistance pathways by AP2/ERF transcription factors. Current Opinion in Plant Biology, 7(4): 465-471.

Hagen L, Khadari B, Lambert P, et al. 2002. Genetic diversity in apricot revealed by AFLP markers: species and cultivar comparisons. Theoretical and Applied Genetics, 105(2-3): 298-305.

Hakki E E, Akkaya M S. 2000. Microsatellite isolation using amplified fragment length polymorphism markers: no cloning, no screening. Molecular Ecology, 9(12): 2152-2154.

Hamidi H, Talebi R, Keshavarzi F. 2014. Comparative efficiency of functional gene-based markers, start codon targeted polymorphism (SCoT) and conserved DNA-derived polymorphism (CDDP) with ISSR markers for diagnostic fingerprinting in wheat (Triticum aestivum L.). Cereal Research Communications, 42(4): 558-567.

Han X Y, Wang L S, Liu Z A, et al. 2008b. Characterization of sequence-related amplified polymorphism markers analysis of tree peony bud sports. Scientia Horticulturae, 115(3): 261-267.

Han X Y, Wang L S, Shu Q Y, et al. 2008a. Molecular characterization of tree peony germplasm using sequence-related amplified polymorphism markers. Biochemical Genetics, 46(3-4): 162-179.

Hao Q, Liu Z A, Shu Q Y, et al. 2008. Studies on Paeonia cultivars and hybrids identification based on SRAP analysis. Hereditas, 145(1): 38-47.

Harris S A, Ingram R. 1991. Chloroplast DNA and biosystematic: the effects of intraspeceific diversity and plastid transmission. Taxon, 40: 393-412

He L, Suo Z, Zhang C, et al. 2012. Classification of Chinese medicinal tree peony cultivars based on chloroplast DNA sequences. AASRI Procedia, 1: 344-352.

Heuertz M, Fineschi S, Anzidei M, et al. 2004. Chloroplast DNA variation and postglacial recolonization of common ash(Fraxinus excelsior L.) in Europe. Molecular Biotechnology, 13(11): 3437-3452.

Hill P, Burford D, Martin D M, et al. 2005. Retrotransposon populations of Vicia species with varying genome size. Molecular Genetics and Genomics, 273(5): 371-381.

Hirochika H, Fukuchi A, Kikuchi F. 1992. Retrotransposon families in rice. Molecular and General Genetics, 233(1-2): 209-216.

Homolka A, Berenyi M, Burg K, et al. 2010. Microsatellite markers in the tree peony, Paeonia suffruticosa (Paeoniaceae). American Journal of Botany, 97(6): e42-e44.

Hong D Y, Pan K Y, Pei Y L. 1996. The Identity of *Paeonia decomposita* Hand.-Mazz. Taxon, 45(1): 67-69.

Hong D Y, Pan K Y, Yu H. 1998. Taxonomy of the *Paeonia delavayi* Complex (Paeoniaceae). Missouri Botanical Garden Press, 85(4): 554-564.

Hong D Y, Pan K Y. 2005. Notes on taxonomy of Paeonia sect. *Moutan* DC. (Paeoniaceae). Acta Phytotaxonomica Sinica, 43(2): 169-177.

Hong D Y. 2011. *Paeonia rotundiloba* (D. Y. Hong) D. Y. Hong: a new status in tree peonies (Paeoniaceae). Journal of Systematics & Evolution, 49(5): 464-467.

Hosoki T, Kimura D, Hasegawa R, *et al*. 1997. Comparative study of Chinese tree peony cultivars by random amplified polymorphic DNA (RAPD) analysis. Scientia Horticulturae, 70(1): 67-72.

Hou X G, Guo D L, Cheng S P, *et al*. 2011a. Development of thirty new polymorphic microsatellite primers for *Paeonia suffruticosa*. Biologia Plantarum, 55(4): 708-710.

Hou X G, Guo D L, Wang J. 2011b. Development and characterization of EST-SSR markers in *Paeonia suffruticosa* (Paeoniaceae). American Journal of Botany, 98(11): e303-e305.

Howell E C, Newbury H J, Swennen R L, *et al*. 1994. The use of RAPD for identifying and classifying *Musa germplasm*. Genome, 37(2): 328-332.

Hu D C, Zhang Q L, Luo Z R, 2008. Phylogenetic analysis in some *Diospyros* spp. (Ebenaceae) and Japanese persimmon using chloroplast DNA PCR-RFLP markers. Scientia Horticulturae, 117: 32-38

Hu J, Vick B A. 2003. Target region amplification polymorphism: a novel marker technique for plant genotyping. Plant Molecular Biology Reporter, 21(3): 289-294.

Huang J C, Sun M. 2000. Genetic diversity and relationships of sweetpotato and its wild relatives in *Ipomoea series* Batatas (Convolvulaceae) as revealed by inter-simple sequence repeat (ISSR) and restriction analysis of chloroplast DNA. Theoretical and Applied Genetics, 100(7): 1050-1060.

Huang L, Huang X, Yan H, *et al*. 2014a. Constructing DNA fingerprinting of *Hemarthria cultivars* using EST-SSR and SCoT markers. Genetic Resources and Crop Evolution, 61(6): 1047-1055.

Huang X, Zhang X, Huang L, *et al*. 2014b. Genetic diversity of *Hemarthria altissima* and its related species by EST-SSR and SCoT markers. Biochemical Systematics and Ecology, 57: 338-344.

Hwang I, Kim Y, Kim S, *et al*. 2003. Annealing control primer system for improving specificity of PCR amplification. Biotechniques, 35(6): 1180-1191.

Jena S, Kumar K, Nair N. 2009. Molecular phylogeny in Indian *Citrus* L. (Rutaceae) inferred through PCR-RFLP and trnL-trnF sequence data of chloroplast DNA. Scientia Horticulturae, 119: 403-416

Jennings T N, Knaus B J, Mullins T D, *et al*. 2011. Multiplexed microsatellite recovery using massively parallel sequencing. Molecular Ecology Resources, 11(6): 1060-1067.

Jia W. 2006. Study on optimization for ISSR reaction system of peony with orthogonal design. Journal of Anhui Agricultural Sciences, 34(24): 6465-6466, 6484.

Jiang C Z, Gu X, Peterson T. 2004. Identification of conserved gene structures and carboxy-terminal motifs in the *Myb* gene family of *Arabidopsis* and *Oryza sativa* L. ssp. *Indica*. Genome Biology, 5(7): R46.

Jiang J M, Lilly J W, Havey M J, *et al*. 2001. Cytogenomic analyses reveal the structural plasticity of the chloroplast genome in higher plants. Plant Cell, 13(2): 245-254.

Johnson M, Zaretskaya I, Raytselis Y, *et al*. 2008. NCBI BLAST: a better web interface. Nucleic Acids Research, 36(suppl_2): W5-W9.

Johnson R C, Kisha T J, Evans M A. 2007. Characterizing safflower germplasm with AFLP molecular markers. Crop Science, 47(4): 1728-1736.

Jones C J, Edwards K J, Castaglione S, *et al*. 1997. Reproducibility testing of RAPD, AFLP and SSR markers in plants by a network of European laboratories. Molecular Breeding, 3(5): 381-390.

Joshi S P, Gupta V S, Aggarwal R K, *et al*. 2000. Genetic diversity and phylogenetic relationship as revealed by inter simple sequence repeat (ISSR) polymorphism in the genus *Oryza*. Theoretical and Applied Genetics, 100(8): 1311-1320.

Kafkas S, Ozkan H, Ak B E, *et al*. 2006. Detecting DNA polymorphism and genetic diversity in a wide pistachio germplasm: comparison of AFLP, ISSR, and RAPD markers. Journal of the American Society for Horticultural Science, 131(4): 522-529.

Kalendar R, Antonius K, Sm Kal P, *et al*. 2010. iPBS: a universal method for DNA fingerprinting and retrotransposon isolation. Theoretical and Applied Genetics, 121(8): 1419-1430.

Kalendar R, Flavell A J, Ellis T H, *et al*. 2011. Analysis of plant diversity with retrotransposon-based molecular markers. Heredity, 106(4): 520-530.

Kalendar R, Grob T, Regina M, *et al*. 1999. IRAP and REMAP: two new retrotransposon-based DNA fingerprinting techniques. Theoretical and Applied Genetics, 98(5): 704-711.

Kalendar R, Schulman A H. 2014. Transposon-based tagging: IRAP, REMAP, and iPBS. Methods in Molecular Biology, 1115: 233-255.

Kalendar R, Tanskanen J, Chang W, *et al*. 2008. Cassandra retrotransposons carry independently transcribed 5S RNA. Proceedings of the National Academy of Sciences, 105(15): 5833-5838.

Kamiya K, Harada K, Clyde M M, *et al*. 2002 . Genetic variation of *Trigonobalanus verticillata*, a primitive species of Fagaceae, in Malaysia revealed by chloroplast sequences and AFLP markers. Genes & Genetic systems, 77(3) : 177- 186.

Kanno M, Yokoyama J, Suyama Y, *et al*. 2004. Geographical distribution of two haplotypes of chloroplast DNA in four oak species (*Quercus*) in Japan. Japan PlantRes, 117(4) : 311- 317.

Kantety R V, Rota M L, Matthews D E, *et al*. 2002. Data mining for simple sequence repeats in expressed sequence tags from barley, maize, rice, sorghum and wheat. Plant Molecular Biology, 48(5-6): 501-510.

Kantety R V, Zeng X, Bennetzen J L, *et al*. 1995. Assessment of genetic diversity in dent and popcorn (*Zea mays* L.) inbred lines using inter-simple sequence repeat (ISSR) amplification. Molecular Breeding, 1(4): 365-373.

Kato S, Yamagach H, Shimaoto Y, *et al*. 2000. The chloroplast genomes of azuki bean and its close relatives: a deletion mutation found in weed azuki bean. Hereditas, 132(1): 43-48.

Kejnovsky E, Hawkins J S, Feschotte C. 2012. Plant transposable elements: biology and evolution. New York: Springer: 17-34.

Khlestkina E K, Than M H M, Pestsova E G, *et al*. 2004. Mapping of 99 new microsatellite-derived loci in rye (*Secale cereale* L.) including 39 expressed sequence tags. Theoretical and Applied Genetics, 109(4): 725-732.

Kim J M, Vanguri S, Boeke J D, *et al*. 1998. Transposable elements and genome organization: a comprehensive survey of retrotransposons revealed by the complete *Saccharomyces cerevisiae* genome sequence. Genome Research, 8(5): 464.

Kim Y, Kwak C, Gu Y, *et al*. 2004. Annealing control primer system for identification of differentially expressed genes on agarose gels. Biotechniques, 36(3): 424-426.

King R A, Ferris C. 1998. Chloroplast DNA phylogeography of *Alnus glutinosa* (L.) Gaertn. Molecular Ecology, 7: 1157-1161.

Kitamura S，Tanaka A，Inoue N. 2005. Genomic relationships among Nicotioana species with different ploidy levels revealed by 5S rDNA spacer sequences and FISH/GISH. Genes & Genetic Systems, 80: 251-260.

Kramerov D A, Vassetzky N S. 2005. Short retroposons in eukaryotic genomes. International Review of Cytology, 247: 165-221.

Kramerov D A, Vassetzky N S. 2011. SINEs. Wiley Interdisciplinary Reviews: RNA, 2(6): 772-786.

Kroutter E N, Belancio V P, Wagstaff B J, et al. 2009. The RNA polymerase dictates ORF1 requirement and timing of LINE and SINE retrotransposition. Plos Genetics, 5(4): e1000458.

Kubis S E, Heslop-Harrison J S, Desel C, et al. 1998. The genomic organization of non-LTR retrotransposons (LINEs) from three Beta species and five other angiosperms. Plant Molecular Biology, 36(6): 821-831.

Kugita M, Kaneko A, Yainamoto Y, et al. 2003. The complete nucleotide sequence of the homwort (Anthoceros formosae) chloroplast genome: insight into the earliest land plants. Nucleic Acids Research, 31(2): 716-721.

Kumar A, Bennetzen J L. 1999. Plant retrotransposons. Annual Review of Genetics, 33(1): 479-532.

Kumar A, Hirochika H. 2001. Applications of retrotransposons as genetic tools in plant biology. Trends in Plant Science, 6(3): 127-134.

Kumar A. 1996. The adventures of the Ty1-copia group of retrotransposons in plants. Trends in Genetics, 12(2): 41-43.

Kumar V, Chambon P. 1988. The estrogen receptor binds tightly to its responsive element as a ligand-induced Homodimer. Cell, 55(1): 145-156.

Kumar V, Sharma S, Kero S, et al. 2008. Assessment of genetic diversity in common bean (Phaseolus vulgaris L.) germplasm using amplified fragment length polymorphism (AFLP). Scientia Horticulturae, 116(2): 138-143.

Kurata N, Nagamura Y, Yamamoto K, et al. 1994. A 300 kilobase interval genetic map of rice including 883 expressed sequences. Nature Genetics, 8(4): 365-372.

Laurentin H E, Karlovsky P. 2006. Genetic relationship and diversity in a sesame (Sesamum indicum L.) germplasm collection using amplified fragment length polymorphism (AFLP). BMC Genetics, 7(1): 10.

Lavrentieva I, Broude N E, Lebedev Y, et al. 1999. High polymorphism level of genomic sequences flanking insertion sites of human endogenous retroviral long terminal repeats. FEBS Letters, 443(3): 341-347.

Li G, Quiros C F. 2001. Sequence-related amplified polymorphism (SRAP), a new marker system based on a simple PCR reaction: its application to mapping and gene tagging in Brassica. Theoretical and Applied Genetics, 103(2-3): 455-461.

Li L, Cheng F, Zhang Q. 2011. Microsatellite markers for the Chinese herbaceous peony Paeonia lactiflora (Paeoniaceae). American Journal of Botany, 98(2): e16-e18.

Li T, Li Y, Ning H, et al. 2013. Genetic diversity assessment of chrysanthemum germplasm using conserved DNA-derived polymorphism markers. Scientia Horticulturae, 162: 271-277.

Liang X, Chen X, Hong Y, et al. 2009. Utility of EST-derived SSR in cultivated peanut (Arachis hypogaea L.) and Arachis wild species. BMC Plant Biology, 9(35).

Lim J, Moon Y H, An G. 2000. Two rice MADS domain proteins interact with OsMADS1. Plant Molecular Biology, 44(4): 513-27.

Lisch D. 2013. How important are transposons for plant evolution? Nature Reviews Genetics, 14(1): 49-61.

Liu, Y. G. , Chen, Y. 2007. High-efficiency thermal asymmetric interlaced pcr for amplification of unknown flanking sequences. Biotechniques, 43(5), 649-656.

Lsshiki S, Uchiyama T, Tashiro Y, et al. 1998. RFLP analysis of a PCR-amplified region of chloroplast DNA in eggplant and related Solanum species. Euphytica, 102: 295-299

Luo C, He X, Chen H, et al. 2011. Genetic diversity of mango cultivars estimated using SCoT and ISSR markers. Biochemical Systematics and Ecology, 39(4): 676-684.

Luo C, He X, Chen H, *et al*. 2012. Genetic relationship and diversity of *Mangifera indica* L. : revealed through SCoT analysis. Genetic Resources and Crop Evolution, 59(7): 1505-1515.

Maggini F, Marrocco R, Gelati M T, *et al*. 1998. Lengths and nucleotide sequences of the internal spacers of nuclear ribosomal DNA in gymnosperms and pteridophytes. Plant Systematics and Evolution, 213(3-4): 199-205.

Malausa T, Gilles A, Meglécz E, *et al*. 2011. High-throughput microsatellite isolation through 454 GS-FLX Titanium pyrosequencing of enriched DNA libraries. Molecular Ecology Resources, 11(4): 638-644.

Maliga P. 2003. MobilePlastidgenes. Nature, 422: 31-32.

Marino C L. 2013. Retrotransposons and their use as molecular markers in eucalyptus species. Plant and Animal Genome.

Marsano R M, Caizzi R. 2005. A genome-wide screening of BEL-Pao like retrotransposons in *Anopheles gambiae* by the LTR_STRUC program. Gene, 357(2): 115-121.

Massimiliano M R, Ruggiero C. 2005. A genome-wide screening of *BEL-Pao* like retrotransposons in *Anopheles gambiae* by the LTR_STRUC program. Gene, 357(2): 115-121.

Matsuoka Y K T. 1996. Wheat retrotransposon families identified by reverse transcriptase domain analysis. Molecular Biology and Evolution, 13(10): 1384.

McCarthy E M, McDonald J F. 2003. LTR_STRUC: a novel search and identification program for LTR retrotransposons. Bioinformatics (Oxford, England), 19(3): 362-367.

Mcgregor C E, Lambert C A, Greyling M M, *et al*. 2000. A comparative assessment of DNA fingerprinting techniques (RAPD, ISSR, AFLP and SSR) in tetraploid potato (*Solanum tuberosum* L.) germplasm. Euphytica, 113(2): 135-144.

Mehmood A, Jaskani M J, Ahmad S, *et al*. 2013. Valuation of genetic diverisity in open pollinated guava by iPBS primers. Pakistan Journal of Agricultural Sciences, 50(4): 591-597.

Melnikova N V, Kudryavtseva A V, Speranskaya A S, *et al*. 2012. The FaRE1 LTR-retrotransposon based SSAP markers reveal genetic polymorphism of strawberry (*Fragaria* × *ananassa*) cultivars. Journal of Agricultural Science, 4(11): 111-118.

Mes T H M, Friesen N, Fritsch R M, *et al*. 1997. Criteria for sampling in *Allium* based on chloroplast DNA PCR-RFLP's. Systematic Botany, 22: 701-712.

Meudt H M, Clarke A C. 2007. Almost forgotten or latest practice? AFLP applications, analyses and advances. Trends in Plant Science, 12(3): 106-117.

Mian M A R, Saha M C, Hopkins A A, *et al*. 2005. Use of tall fescue EST-SSR markers in phylogenetic analysis of cool-season forage grasses. Genome, 48(4): 637-647.

Mohammadi S A, Prasanna B M. 2003. Analysis of genetic diversity in crop plants—salient statistical tools and considerations. Crop Science, 43(4): 1235-1248.

Monden Y, Yamaguchi K, Tahara M. 2014. Application of iPBS in high-throughput sequencing for the development of retrotransposon-based molecular markers. Current Plant Biology, 1: 40-44.

Moore S S, Sargeant L L, King T J, *et al*. 1991. The conservation of dinucleotide microsatellites among mammalian genomes allows the use of heterologous PCR primer pairs in closely related species. Genomics, 10(3): 654-660.

Morgante M, Policriti A, Vitacolonna N, *et al*. 2005. Structured motifs search. Journal of Computational Biology: a Journal of Computational Molecular Cell Biology, 12(8): 1065-1082.

Mudge J, Andersen W R, Kehrer R L, *et al*. 1996. A RAPD genetic map of *Saccharum officinarum*. Crop Science, 36(5): 1362-1366.

Mulpuri S, Muddanuru T, Francis G. 2013. Start codon targeted (SCoT) polymorphism in toxic and non-toxic accessions of *Jatropha curcas* L. and development of a codominant SCAR marker. Plant Science, 207(0): 117-127.

Murakami A. 2001. Structural differences in the intergenic spacer of 18S-26S rDNA and molecular phylogeny using partial external tmnscribed spacer sequence in Hop. Humulus lupulus, 51: 163-170.

Murray M G, Thompson W F. 1980. Rapid isolation of high molecular weight plant DNA. Nucleic Acids Research, 8(19): 4321-4326.

Nagasaki H, Sakamoto T, Sato Y. 2001. Functional Analysis of the Conserved Domains of a Rice KNOX Homeodomain Protein, OSH15. The Plant cell, 13(9): 2085-2098.

Noma K, Ohtsubo E, Ohtsubo H. 1999. Non-LTR retrotransposons (LINEs) as ubiquitous components of plant genomes. Molecular and General Genetics, 261(1): 71-79.

Norusis M. 2008. SPSS 16.0 guide to data analysis. London: Prentice Hall Press.

Nybom H. 2004. Comparison of different nuclear DNA markers for estimating intraspecific genetic diversity in plants. Molecular Ecology, 13(5): 1143-1155.

Okada N, Hamada M, Ogiwara I, et al. 1997. SINEs and LINEs share common 3'sequences: a review. Gene, 205(1): 229-243.

Onofrio C D, Lorenzis G D, Giordani T, et al. 2010. Retrotransposon-based molecular markers for grapevine species and cultivars identification. Tree Genetics & Genomes, 6(3): 451-466.

Orengo C A, Taylor W R. 1996. SSAP: sequential structure alignment program for protein structure comparison. Methods in Enzymology, 266: 617.

Paetkau D. 1999. Microsatellites obtained using strand extension: an enrichment protocol. Biotechniques, 26(4): 690-692.

Pakseresht F, Talebi R, Karami E. 2013. Comparative assessment of ISSR, DAMD and SCoT markers for evaluation of genetic diversity and conservation of landrace chickpea (Cicer arietinum L.) genotypes collected from north-west of Iran. Physiology and Molecular Biology of Plants: an International Journal of Functional Plant Biology, 19(4): 563-574.

Palmer J D. 1985. Comparative organization of chloroplast genome. Annual Review of Genetics, 19: 325-354.

Pamidimarri D S, Mastan S G, Rahman H, et al. 2010. Molecular characterization and genetic diversity analysis of Jatropha curcas L. in India using RAPD and AFLP analysis. Molecular Biology Reports, 37(5): 2249-2257.

Pan J, Zhang D M, Sang T, 2007. Molecular phylogenetic evidence for the origin of a diploid hybrid of Paeonia (Paeoniaceae). American Journal of Botany, 94(3): 400-408

Pan Y B, Burner D M, Legendre B L. 2000. Assessment of the phylogenetic relationship among Sugarcane and related taxa based on the nucleotide sequence of 5S rDNA intergenic spacers. Genetica, 108: 285-295.

Panwar P, Saini R K, Sharma N, et al. 2010. Efficiency of RAPD, SSR and Cytochrome P-450 gene based markers in accessing genetic variability amongst finger millet (Eleusine coracana) accessions. Molecular Biology Reports, 37(8): 4075-4082.

Pazos-Navarro M, Dabauza M, Correal E, et al. 2011. Next generation DNA sequencing technology delivers valuable genetic markers for the genomic orphan legume species, Bituminaria bituminosa. BMC Genetics, 12(2): 251-254.

Pearce S R, Stuart Rogers C, Knox M R, et al. 1999. Rapid isolation of plant Ty1-copia group retrotransposon LTR sequences for molecular marker studies. The Plant Journal, 19(6): 711-717.

Pejic I, Ajmone-Marsan P, Morgante M, et al. 1998. Comparative analysis of genetic similarity among maize inbred lines detected by RFLPs, RAPDs, SSRs, and AFLPs. Theoretical and Applied Genetics, 97(8): 1248-1255.

Pillay M, Ashokkumar K, James A, et al. 2012. Molecular marker techniques in Musa genomic research. Genetics, Genomics, and Breeding of Bananas. Boca Raton: CRC Press: 70-90.

Poczai P, Varga I, Bell N E, et al. 2011. Genetic diversity assessment of bittersweet (Solanum dulcamara, Solanaceae) germplasm using conserved DNA-derived polymorphism and intron-targeting markers. Annals of Applied Biology, 159(1): 141-153.

Poczai P, Varga I, Laos M, et al. 2013. Advances in plant gene-targeted and functional markers: a review. Plant Methods, 9(1): 6.

Powell W, Morgante M, Andre C, et al. 1996. The comparison of RFLP, RAPD, AFLP and SSR (microsatellite) markers for germplasm analysis. Molecular Breeding, 2(3): 225-238.

Pradeep Reddy M, Sarla N, Siddiq E A. 2002. Inter simple sequence repeat (ISSR) polymorphism and its application in plant breeding. Euphytica, 128(1): 9-17.

Primers P. 2007. High-efficiency thermal asymmetric interlaced PCR for amplification of unknown flanking sequences. Biotechniques, 43: 649-656.

Provan J, Powell W, Waugh R. 1996. Microsatellite analysis of relationships within cultivated potato (Solanum tuberosum). Theoretical and Applied Genetics, 92(8): 1078-1084.

Que Y, Pan Y, Lu Y, et al. 2014. Genetic analysis of diversity within a chinese local sugarcane germplasm based on start codon targeted polymorphism. Journal of Biomedicine and Biotechnology, 2014: 1-10.

Queen R A, Gribbon B M, James C, et al. 2004. Retrotransposon-based molecular markers for linkage and genetic diversity analysis in wheat. Molecular Genetics and Genomics, 271(1): 91-97.

Quezada M, Pastina M M, Ravest G, et al. 2014. A first genetic map of Acca sellowiana based on ISSR, AFLP and SSR markers. Scientia Horticulturae, 169: 138-146.

Raina S N, Rani V, Kojima T, et al. 2001. RAPD and ISSR fingerprints as useful genetic markers for analysis of genetic diversity, varietal identification, and phylogenetic relationships in peanut (Arachis hypogaea) cultivars and wild species. Genome, 44(5): 763-772.

Refseth U H, Fangan B R M, Jakobsen K S. 1997. Hybridization capture of microsatellites directly from genomic DNA. Electrophoresis, 18(9): 1519-1523.

Rešetnika I, Satovic Z, Schneeweiss G M, et al. 2013. Phylogenetic relationships in Brassicaceae tribe Alysseae inferred from nuclear ribosomal and chloroplast DNA sequence data. Molecular Phylogenetics and Evolution, 69(3): 772-786.

Rho M, Schaack S, Gao X, et al. 2010. LTR retroelements in the genome of Daphnia pulex. BMC Genomics, 11(1): 425.

Riaz A, Li G, Quresh Z, et al. 2001. Genetic diversity of oilseed Brassica napus inbred lines based on sequence-related amplified polymorphism and its relation to hybrid performance. Plant Breeding, 120(5): 411-415.

Ris H, Plaut W. 1962. Ultrastrueture of DNA containing areas in the chloroplast of Chlamydomonas. Joumal of Cell Biology, 13: 383-391.

Rogers S O, Bendich A J. 1985. Extraction of DNA from milligram amounts of fresh, herbarium and mummified plant tissues. Plant Molecular Biology, 5(2): 69-76.

Rohlf F J. 1992. NTSYS-pc: numerical taxonomy and multivariate analysis system. Version 1.70. New York: Applied Biostatistics.

Rommens J M, Iannuzzi M C, Kerem B, et al. 1989. Identification of the cystic fibrosis gene: chromosome walking and jumping. Science, 245(4922): 1059-1065.

Russell J R, Fuller J D, Macaulay M, et al. 1997. Direct comparison of levels of genetic variation among barley accessions detected by RFLPs, AFLPs, SSRs and RAPDs. Theoretical and Applied Genetics, 95(4): 714-722.

Saito D S, Saitoh T, Nishiumi I. 2005. Isolation and characterization of microsatellite markers in Ijima's leaf warbler, Phylloscopus ijimae (Aves: Sylviidae). Molecular Ecology Notes, 5(3):

666-668.

Salinas M, Xing S, Höhmann S, *et al*. 2012. Genomic organization, phylogenetic comparison and differential expression of the SBP-box family of transcription factors in tomato. Planta, 235(6): 1171-1184.

Sang T, Crawford D J, Stuessy T F. 1995. Documentation of reticulate evolution in peonies (*Paeonia*) using internal transcribed spacer sequences of nuclear ribosomal DNA: implications for biogeography and concerted evolution. Proceedings of the National Academy of Sciences, 92(15): 6813-6817

Sang T, Crawford D J, Stuessy T F. 1997a. Chloroplast DNA phylogeny, reticulate evolution, and biogeography of *Paeonia* (Paeoniaceae). American Journal of Botany, 84(9): 1120-1136.

Sang T, Donoghue M J, Zhang D. 1997b. Evolution of alcohol dehydrogenase genes in peonies (*Paeonia*): phylogenetic relationships of putative nonhybrid species. Molecular Biology and Evolution, 14(10): 994-1007.

Sanguinetti C J, Dias N E, Simpson A J. 1994. Rapid silver staining and recovery of PCR products separated on polyacrylamide gels. Biotechniques, 17(5): 914-921.

Santana M F, Batista A D, Ribeiro L E, *et al*. 2013. Terminal repeat retrotransposons as DNA markers in fungi. Journal of Basic Microbiology, 53(10): 823-827.

Santhosh W G, Shobha D, Melwyn G S. 2009. Assessment of genetic diversity in cashew germplasm using RAPD and ISSR markers. Scientia Horticulturae, 120(3): 411-417.

Sawant S V, Singh P K, Gupta S K, *et al*. 1999. Conserved nucleotide sequences in highly expressed genes in plants. Journal of Genetics, 78(2): 123-131.

Schmidt T. 1999. LINEs, SINEs and repetitive DNA: non-LTR retrotransposons in plant genomes. Plant Molecular Biology, 40(6): 903-910.

Schulman A H, Flavell A J, Ellis T H N. 2004. The application of LTR retrotransposons as molecular markers in plants. Methods in Molecular Biology, 260: 115-153.

Schulman A H. 2007. Molecular markers to assess genetic diversity. Euphytica, 158(3): 313-321.

Schuster S C. 2008. Next-generation sequencing transforms today's biology. Nature Methods, 5(1): 16-18.

Scott K D, Eggler P, Seaton G, *et al*. 2000. Analysis of SSRs derived from grape ESTs. Theoretical and Applied Genetics, 100(5): 723-726.

Seehalak W, Tomooka N, Waranyuwat A, *et al*. 2006. Genetic diversity of the *Vigna germplasm* from Thailand and neighboring regions revealed by AFLP analysis. Genetic Resources and Crop Evolution, 53(5): 1043-1059.

Seibt K M, Wenke T, Wollrab C, *et al*. 2012. Development and application of SINE-based markers for genotyping of potato varieties. Theoretical and Applied Genetics, 125(1): 185-196.

Shepherd N S, Schwarz-Sommer Z, Vel Spalve J B, *et al*. 1984. Similarity of the Cin1 repetitive family of *Zea mays* to eukaryotic transposable elements. Nature, 307(5947): 185-187.

Siebert P D, Chenchik A, Kellogg D E, *et al*. 1995. An improved PCR method for walking in uncloned genomic DNA. Nucleic Acids Research, 23(6): 1087.

Simmons M P, Zhang L, Webb C T, *et al*. 2007. A penalty of using anonymous dominant markers (AFLPs, ISSRs, and RAMS) for phylogenetic inference. Molecular Phylogenetics and Evolution, 42(2): 528-542.

Singer M F. 1982. SINEs and LINEs: highly repeated short and long interspersed sequences in mammalian genomes. Cell, 28(3): 433-434.

Smit A F A, Hubley R, Green P. 1996. RepeatMasker. Open-3. 0. Available from URL: http: //www. repeatmasker. org/. (2012-8-26)

Soltis D E, Moore M J, Burleigh G, *et al*. 2009. Molecular markers and concepts of plant evolutionary relationships: progress, promise, and future prospects. Critical Reviews in Plant Sciences, 28(1-2): 1-15.

Sonah H, Deshmukh R K, Sharma A, *et al*. 2011. Genome-wide distribution and organization of microsatellites in plants: an insight into marker development in *Brachypodium*. PloS one, 6(6): e21298.

Song Y, Wang Z, Bo W, *et al*. 2012. Transcriptional profiling by cDNA-AFLP analysis showed differential transcript abundance in response to water stress in *Populus hopeiensis*. BMC Genomics, 13: 286.

Song Z, Li X, Wang H, *et al*. 2010. Genetic diversity and population structure of *Salvia miltiorrhiza* Bge in China revealed by ISSR and SRAP. Genetica, 138(2): 241-249.

Stern F C. 1946. A study of the genus paeonia. London: Royal Horticultural Society.

Sugiura M. 1992. The chloroplast genome. Plant Mol Biol, 19: 149-168.

Sukhotu T, Kamijima O, Hosaka K. 2004. Nuclear and chloroplast DNA differentiation in Andean potatoes . Genome, 47 (1) : 4625.

Suman A, Kimbeng C A, Edmé S J, *et al*. 2008. Sequence-related amplified polymorphism (SRAP) markers for assessing genetic relationships and diversity in sugarcane germplasm collections. Plant Genetic Resources: Characterization and Utilization, 6(03): 222-231.

Sun Y, Fang K P, Leung P C, *et al*. 2005. A phylogenetic analysis of *Epimedium* (Berberidaceae) based on nuclear ribosomal DNA sequences. Molecular Phylogenetics and Evolution, 35: 287-291.

Suo Z L, Li W Y, Yao J, *et al*. 2005. Applicability of leaf morphology and intersimple sequence repeat markers in classification of tree peony (Paeoniaceae) cultivars. HortScience, 40(2): 329-334.

Syed N H, Flavell A J. 2007. Sequence-specific amplification polymorphisms (SSAPs): a multi-locus approach for analyzing transposon insertions. Nature Protocols, 1(6): 2746-2752.

Syed N H, Rensen A P S, Antonise R, *et al*. 2006. A detailed linkage map of lettuce based on SSAP, AFLP and NBS markers. Theoretical and Applied Genetics, 112(3): 517-527.

Tank D C, Sang T. 2001. Phylogenetic utility of the glycerol-3-phosphate acyltransferase gene: evolution and implications in *Paeonia* (Paeoniaceae). Molecular Phylogenetics and Evolution, 19(3): 421-429.

Tatikonda L, Wani S P, Kannan S, *et al*. 2009. AFLP-based molecular characterization of an elite germplasm collection of *Jatropha curcas* L. , a biofuel plant. Plant Science, 176(4): 505-513.

Tatineni V, Cantrell R G, Davis D D. 1996. Genetic diversity in elite cotton germplasm determined by morphological characteristics and RAPDs. Crop Science, 36(1): 186-192.

Temnykh S, Declerck G, Lukashova A, *et al*. 2001. Computational and experimental analysis of microsatellites in rice (*Oryza sativa* L.): frequency, length variation, transposon associations, and genetic marker potential. Genome Research, 11(8): 1441-1452.

Theo T N, Robert B R, Philip G, *et al*. 1994. Genetic bit analysis: a solid phase method for typing single nucleotide polymorphisms. Nucleic Acids Research, 22(20): 4167-4175.

Thompson E C, Newbury H J, Swennen R L, *et al*. 1994. The use of RAPD for identifying and classifying *Musa germplasm*. Genome, 37(2): 328-332.

Thompson J A, Nelson R L, Vodkin L O. 1998. Identification of diverse soybean germplasm using RAPD markers. Crop Science, 38(5): 1348-1355.

Ungerer M C, Strakosh S C, Stimpson K M. 2009. Proliferation of Ty3/*gypsy*-like retrotransposons in hybrid sunflower taxa inferred from phylogenetic data. Bmc Biology, 7(1): 40.

Valatka S, Mäkinen A, Yli-Mattila T. 2000. Analysis of genetic diversity of *Furcellaria lumbricalis* (Gigartinales, Rhodophyta) in the Baltic Sea by RAPD-PCR technique. Phycologia, 39(2):

109-117.

Varshney R K, Graner A, Sorrells M E. 2005. Genic microsatellite markers in plants: features and applications. Trends in Biotechnology, 23(1): 48-55.

Vassetzky N S, Kramerov D A. 2002. CAN—a pan-carnivore SINE family. Mammalian Genome, 13(1): 50-57.

Venturi S, Dondini L, Donini P, et al. 2006. Retrotransposon characterisation and fingerprinting of apple clones by S-SAP markers. Theoretical and Applied Genetics, 112(3): 440-444.

Verries C, Bes C, This P, et al. 2000. Cloning and characterization of Vine-1, a LTR-retrotransposon-like element in Vitis vinifera L., and other Vitis species. Genome, 43(2): 366-376.

Vershinin A V, Druka A, Alkhimova A G, et al. 2002. LINEs and gypsy-like retrotransposons in Hordeum species. Plant Molecular Biology, 49(1): 1-14.

Vershinin A V, Ellis T H N. 1999. Heterogeneity of the internal structure of PDR1, a family of Ty1/copia-like retrotransposons in pea. Molecular and General Genetics, 262(4-5): 703-713.

Virk P S, Ford-Lloyd B V, Jackson M T, et al. 1995. Use of RAPD for the study of diversity within plant germplasm collections. Heredity, 74(2): 170-179.

Volkov RA, Medina FJ, Zentgraf U, et al. 2004. Molecular cell biology: organization and molecular evolution of rDNA, nucleolar dominance, and nucleus structure. In: Esser K, Luttge Darmstadt U, Lüttge U, et al. Progress in botany. Berlin: Springer: 108-109.

Vos P, Hogers R, Bleeker M, et al. 1995. AFLP: a new technique for DNA fingerprinting. Nucleic Acids Research, 23(21): 4407-4414.

Wall P K, Leebens-Mack J, Chanderbali A S, et al. 2009. Comparison of next generation sequencing technologies for transcriptome characterization. Bmc Genomics, 10(8): 1311.

Wang F, Tong Z, Sun J, et al. 2010. Genome-wide detection of Ty1-copia and Ty3-gypsy group retrotransposons in Japanese apricot (Prunus mume Sieb. et Zucc.). African Journal of Biotechnology, 9(50): 8583-8596.

Wang H, Xu Z, Yu H. 2008. LTR retrotransposons reveal recent extensive inter-subspecies nonreciprocal recombination in Asian cultivated rice. BMC Genomics, 9(1): 565.

Wang J X, Xia T, Zhang J M, et al. 2009. Isolation and characterization of fourteen microsatellites from a tree peony (Paeonia suffruticosa). Conservation Genetics, 10(4): 1029-1031.

Wang J, Guo D L, Hou X G, et al. 2011. SRAP Analysis of genetic relationships of the different tree peony flower forms. Chinese Agricultural Science Bulletin, 27(28): 167-171.

Wang L S, Hashimoto F, Shiraishi A, et al. 2004. Chemical taxonomy of the Xibei tree peony from China by floral pigmentation. Journal of Plant Research, 117: 47-55.

Wang X R, Szmidt A E. 1993. Chloroplast DNA-based phylogeny of Asian Pinus species (Pinaceae). Plant Systematics and Evolution, 188: 197-211.

Wang X, Chiang T, Roux N, et al. 2007. Genetic diversity of wild banana (Musa balbisiana Colla) in China as revealed by AFLP markers. Genetic Resources and Crop Evolution, 54(5): 1125-1132.

Wang Y, Yang C, Liu G, et al. 2006. Generation and analysis of expressed sequence tags from a cDNA library of Tamarix androssowii. Plant Science, 170(1): 28-36.

Waugh R, Mclean K, Flavell A J, et al. 1997. Genetic distribution of Bare-1-like retrotransposable elements in the barley genome revealed by sequence-specific amplification polymorphisms (S-SAP). Molecular and General Genetics, 253(6): 687-694.

Weising K, Gardner R C. 1999. A set of conserved PCR primers for the analysis of simple sequence repeat polymorphisms in chloroplast genomes of dicotyledonous angiosperms. Genome, 42: 9-19.

Williams J G, Kubelik A R, Livak K J, et al. 1990. DNA polymorphisms amplified by arbitrary primers are useful as genetic markers. Nucleic Acids Research, 18(22): 6531-6535.

Witte C, Le Q H, Bureau T, et al. 2001. Terminal-repeat retrotransposons in miniature (TRIM) are involved in restructuring plant genomes. Proceedings of the National Academy of Sciences, 98(24): 13778-13783.

Wolfe K H, Li W H, Sharp P M. 1987. Rates of nueleotide substitution vary greatly among Plant mitochondrial, chloroPlast, andmielearDNAs. Proeeedings of the National Aeademy of scienese, 84: 9054-9058

Woo H J, Lim M H, Shin K S, et al. 2013. Development of a chloroplast DNA marker for monitoring of transgene introgression in Brassica napus L. Biotechnology Letters, 35(9): 1533-1539

Woodrow P, Pontecorvo G, Ciarmiello L F. 2012. Isolation of Ty1-copia retrotransposon in myrtle genome and development of S-SAP molecular marker. Molecular Biology Reports, 39(4): 3409-3418.

Wu J, Cai C, Cheng F, et al. 2014. Characterisation and development of EST-SSR markers in tree peony using transcriptome sequences. Molecular Breeding, 34(4): 1853-1866.

Wu J, Wang Z, Shi Z, et al. 2013. The genome of the pear (Pyrus bretschneideri Rehd.). Genome Research, 23(2): 396-408.

Xie Z, Zhang Z L, Zou X L. et al. 2005. Annotations and functional analyses of the rice WRKY gene superfamily reveal positive and negative regulators of abscisic acid signaling in aleurone cells. Plant Physiology, 137(1): 176-189.

Xu Z, Wang H. 2007. LTR_FINDER: an efficient tool for the prediction of full-length LTR retrotransposons. Nucleic Acids Research, 35(Web Server issue): W265-W268.

Yamamoto T, Kimura T, Shoda M, et al. 2002. Development of microsatellite markers in the Japanese pear (Pyrus pyrifolia Nakai). Molecular Ecology Notes, 2(1): 14-16.

Yamamoto T, Kimura T, Terakami S, et al. 2007. Integrated reference genetic linkage maps of pear based on SSR and AFLP markers. Breeding Science, 57(4): 321-329.

Yan Y, Huang Y, Fang X, et al. 2011. Development and characterization of EST-SSR markers in the invasive weed Mikania micrantha (Asteraceae). American Journal of Botany, 98(1): e1-e3.

Youssef M, James A C, Rivera-Madrid R, et al. 2011. Musa genetic diversity revealed by SRAP and AFLP. Molecular Biotechnology, 47(3): 189-199.

Yu H, Cheng F, Zhong Y, et al. 2013. Development of simple sequence repeat (SSR) markers from Paeonia ostii to study the genetic relationships among tree peonies (Paeoniaceae). Scientia Horticulturae, 164: 58-64.

Yu J, Yu S, Lu C, et al. 2007. High-density linkage map of cultivated allotetraploid cotton based on SSR, TRAP, SRAP and AFLP markers. Journal of Integrative Plant Biology, 49(5): 716-724.

Yuan J H, Cheng F Y, Zhou S L, 2011. The phylogeographic structure and conservation genetics of the endangered tree peony, Paeonia rockii (Paeoniaceae), inferred from chloroplast gene sequences. Conservation Geneties, 12: 1539-1549

Yuan J H, Cheng F Y, Zhou S L. 2010. Hybrid origin of Paeonia× yananensis revealed by microsatellite markers, chloroplast gene sequences, and morphological characteristics. International Journal of Plant Sciences, 171(4): 409-420.

Yuan J H, Cornille A, Giraud O, et al. 2014. Independent domestications of cultivated tree peonies from different wild peony species. Molecular Ecology, 23(1): 82-95.

Yuan Z, Yin Y, Qu J, et al. 2007. Population genetic diversity in Chinese pomegranate (Punica granatum L.) cultivars revealed by fluorescent-AFLP markers. Journal of Genetics and Genomics, 34(12): 1061-1071.

Yunus E, Steffen R, Urs F, et al. 2011. The heterozygous abp1/ABP1 insertional mutant has defects in functions requiring polar auxin transport and in regulation of early auxin-regulated genes The

Plant Journal, 65(2): 282-294.

Zane L, Bargelloni L, Patarnello T. 2002. Strategies for microsatellite isolation: a review. Molecular Ecology, 11(1): 1-16.

Zeng B, Zhang X, Lan Y, et al. 2008. Evaluation of genetic diversity and relationshipsin orchardgrass (*Dactylis glomerata* L.) germplasm based on SRAP markers. Canadian Journal of Plant Science, 88(1): 53-60.

Zhang J J, Shu Q Y, Liu Z A, et al. 2012a. Two EST-derived marker systems for cultivar identification in tree peony. Plant Cell Reports, 31(2): 299-310.

Zhang X Y, Zhang Y, Song C N, et al. 2012b. An efficient identification of Eurasian grape (*Vitis vinifera* L.) cultivars with a strategy of manual cultivar identification diagram (MCID) method using DNA markers. Journal of Agricultural Biotechnology, 20(6): 703-714.

Zhao K G, Zhou M Q, Chen L Q, et al. 2007. Genetic diversity and discrimination of *Chimonanthus praecox* (L.) link germplasm using ISSR and RAPD markers. Hortscience, 42(5): 1144-1148.

Zhao X, Zhou Z Q, Lin Q , et al. 2008. Phylogenetic analysis of *Paeonia* sect. Moutan (Paeoninceae) based on multiple DNA fragments and morphological data. Journal of Systematics and Evolution, 46(4): 563-572.

Zhong R, Lee C, Ye Z. 2010. Functional characterization of poplar wood-associated NAC domain transcription factors. Plant Physiology, 152(2): 1044-1055.

Zhou S L, Zou X H, Zhou Z Q, et al. 2014. Multiple species of wild tree peonies gave rise to the king of flowers, *Paeonia suffruticosa* Andrews. Proceedings of the Royal Society B Biological Sciences, 281(1797): 20141687.

Zhou Z Q, Pan K Y, Hong D Y. 2003. Advances in studies on relationships among wild tree peony species and the origin of cultivated tree peonies. Acta Horticulturae Sinica, 30(6): 751-757.

Zietkiewicz E, Rafalski A, Labuda D. 1994. Genome fingerprinting by simple sequence repeat (SSR)-anchored polymerase chain reaction amplification. Genomics, 20(2): 176-183.

Zou Y P, Ge S, Wang X D. 2001. The molecular markers in systematic and evolutionary botany. Beijing: Science Press.